火电厂湿法烟气脱硫系统检修与维护培训教材

电气设备检修与维护

国能龙源环保有限公司　编

内容提要

本书根据龙源环保特许运维板块30余家石灰石－石膏湿法烟气脱硫系统电气设备的检修与维护经验，以脱硫电气系统相关技术理论、检修维护标准、实际生产需要为基础，对脱硫电气系统的检修与维护标准化管理进行了全面介绍和阐述。本书共分为十二章，第一章针对石灰石－石膏湿法烟气脱硫工艺和脱硫电气系统构成进行概述；第二章针对电气设备检修与维护要点进行介绍，内容包括设备巡检与缺陷、定期工作、等级检修、技术监督、备品备件及相关资料管理；第三章至第九章依次对高压成套配电装置、低压成套配电装置、辅助配电系统、干式变压器、三相交流异步电动机、三相交流电动机的控制、继电保护及自动装置等电气设备的技术理论知识、日常维护管理、检修工序工艺、常见故障分析等几个方面进行讲解；第十章至第十二章详细介绍了脱硫电气设备预防性试验、接地保护、电缆防火封堵的管理要求、工艺标准以及常见问题分析，为完善脱硫电气系统检修标准化管理提供了相关参考。

图书在版编目（CIP）数据

电气设备检修与维护 / 国能龙源环保有限公司编 .—北京：中国电力出版社，2022.5
火电厂湿法烟气脱硫系统检修与维护培训教材
ISBN 978-7-5198-6709-6

Ⅰ.①电… Ⅱ.①国… Ⅲ.①火电厂－湿法脱硫－烟气脱硫－设备检修－技术培训－教材 Ⅳ.①X773.013

中国版本图书馆CIP数据核字（2022）第065238号

出版发行：中国电力出版社
地　　址：北京市东城区北京站西街19号（邮政编码100005）
网　　址：http://www.cepp.sgcc.com.cn
责任编辑：赵鸣志　马雪倩
责任校对：黄　蓓　常燕昆
装帧设计：赵丽媛
责任印制：吴　迪

印　　刷：三河市万龙印装有限公司
版　　次：2022年5月第一版
印　　次：2022年5月北京第一次印刷
开　　本：787毫米×1092毫米　16开本
印　　张：15.75
字　　数：330千字
印　　数：0001—2000册
定　　价：65.00元

《火电厂湿法烟气脱硫系统检修与维护培训教材》

电气设备检修与维护分册

编写人员名单

杨艳春　李华政　刘往瑶　方　超

胡永恒　张来生　李秀娟　苏殿熙

季　开　冯　刚　水兴忠　许佳杰

序

自“十一五”起，我国将加强工业污染防治纳入规划，控制燃煤电厂二氧化硫排放成为环保工作重点之一。经过多年努力，电力环保产业快速健康发展，特别是火电烟气治理取得了长足的进步，助力我国建成全球最大清洁煤电供应体系，为打赢“蓝天保卫战”、推动生态文明建设作出了积极贡献。这其中，脱硫系统等环保设施的高效运行，无疑起到了关键作用。

随着“双碳”目标的提出和能耗“双控”等产业政策的持续推进，“十四五”时期，我国存量煤电机组将从主力电源向调节型电源转型，火电环保设施运维管理必须以持续高质量发展为目标，进一步提高设备可靠性、降低能耗指标、降低污染物排放，保障机组稳定运行和灵活调峰。因此，精细化、标准化和规范化管理，成为提升火电环保设施运维水平的重要着力点。但在实际生产过程中，一些火电企业辅控系统生产管理相对粗放，检修人员技术技能水平偏低，导致重复缺陷、设备损坏、非计划停运、超标排放等现象时有发生，对煤电机组全时段稳定运行和达标排放造成了严重影响，是制约煤电行业高质量转型发展的隐患之一。

国能龙源环保有限公司是国家能源集团科技环保产业的骨干企业，是我国第一家电力环保企业。公司成立近 30 年以来，始终跻身污染防治主战场和最前线，率先引进了石灰石 - 石膏湿法脱硫全套技术，率先开展了燃煤电站环保岛特许经营，在石灰石 - 石膏湿法脱硫设计、建设、运营维护方面开展了大量探索实践，逐渐积累形成了关于脱硫设施检修、维护及过程管理的一整套行之有效的标准化管理经验。

眼前的这套丛书，正是对这些经验的系统梳理和完整呈现。丛书由五个分册构成，分别从检修标准化过程管理和效果评价、脱硫机械设备维护检修、脱硫热控设备维护检修、脱硫电气设备维护检修与试验、脱硫生产现场常见问题及解决案例五个方面，对石灰石 - 石膏湿法脱硫系统的检修管理维护做了深入浅出的讲解与案例分享。丛书是龙源环保团队长期深耕环保设施运维领域的厚积薄发，也是基层技术管理人员从实践中得出的真知灼见。

这套丛书的出版，不仅对推动环保设备检修作业标准化，促进检修人员技能水平快速提升有重要的借鉴意义，对于钢铁、水泥、石化等非电行业石灰石－石膏湿法脱硫技术应用水平的提升，也有一定的参考价值。

2022 年 1 月

前 言

我国燃煤电厂烟气脱硫建设运行初期，由于缺乏统一的管理标准和行业规范，脱硫系统运行维护工作不规范，从业人员技术水平参差不齐，脱硫设备故障率高、系统投运率低、检修维护费用高等问题突出。2007年开展烟气脱硫特许经营试点工作以来，采用建设运营一体化管理的第三方专业治理模式，在系统设计优化、设备集中采购、人员结构及培训等方面具有较大优势，解决了前期烟气脱硫工程建设质量不高、运行检修维护专业化水平低、脱硫行业技术规范不完善、技术创新进展缓慢等问题，显著带动了火电行业烟气脱硫系统设备运维水平的提高。

本书编者所在的国能龙源环保有限公司是国内第一家电力环保企业，掌握脱硫、脱硝、固废处置、装备制造等核心技术。多年来，公司一直致力于科技创新，积极参与燃煤电厂环境污染第三方治理，以提供脱硫、脱硝、除尘、废水和固废处理等环保设施的投资和运维服务为核心业务，以脱硫特许经营、电价总包以及委托运维等方式拥有三十多家电厂的烟气脱硫第三方治理业务。

由于脱硫超低排放政策的全面实施，脱硫设备不断升级改造，这也意味着作为向脱硫生产提供可靠电能的电气系统需要更加稳定、安全、可靠、高效。为满足脱硫生产的更高要求，提高电气设备检修维护成效，编者全面梳理了脱硫电气设备检修维护相关资料，参考了国内外最新的相关标准和规范，结合多年电气设备检修维护的工作经验，编写了本书，作为《火电厂湿法烟气脱硫系统检修与维护培训教材》的第四分册。

本书重点介绍了高压成套配电装置、低压成套配电装置、直流系统、不间断电源、干式变压器、三相交流异步电动机、三相交流电动机的控制、继电保护及自动装置等脱硫系统电气设备的技术理论知识、日常维护管理、检修工序工艺、常见故障分析等内容，并对电气预防性试验、接地保护、电缆防火封堵的基本要求、质量标准、常见问题进行了讲解。本书还从设备巡检与缺陷管理、定期工作、等级检修、技术监督、备品备件及相关资料管理等方面对电气设备检修与维护要点进行了系统、全面介绍，供读者参考。

脱硫系统电气设备检修与维护涉及面广，专业技术性强，新技术、新工艺、新材料、新设备的应用越来越广泛，由于编者的水平所限，书中难免存在疏漏或不当之处，欢迎广大读者批评指正。

编　者

2021年12月

目录

第一章　概　　述

烟气脱硫系统作为火电厂一个重要的环保设施，已经成为继锅炉、汽轮机、发电机三大主机之后的"第四大主机"，与发电设备具有同等重要的地位。做好脱硫系统设备的检修维护工作，实现烟气达标排放，是电力生产企业必须承担的社会责任。

第一节　石灰石－石膏湿法烟气脱硫

石灰石－石膏湿法烟气脱硫以其技术成熟、脱硫效率高、运行可靠性高、煤种适应范围广、石灰石价廉易得以及副产物石膏综合利用率高等优点而得到广泛的应用。脱硫工艺的基本原理是烟气中的二氧化硫与碳酸钙反应生成石膏，脱硫后的净烟气通过除雾器去除携带的雾滴后，达标排放。典型的石灰石－石膏湿法脱硫工艺流程图如图 1-1 所示。

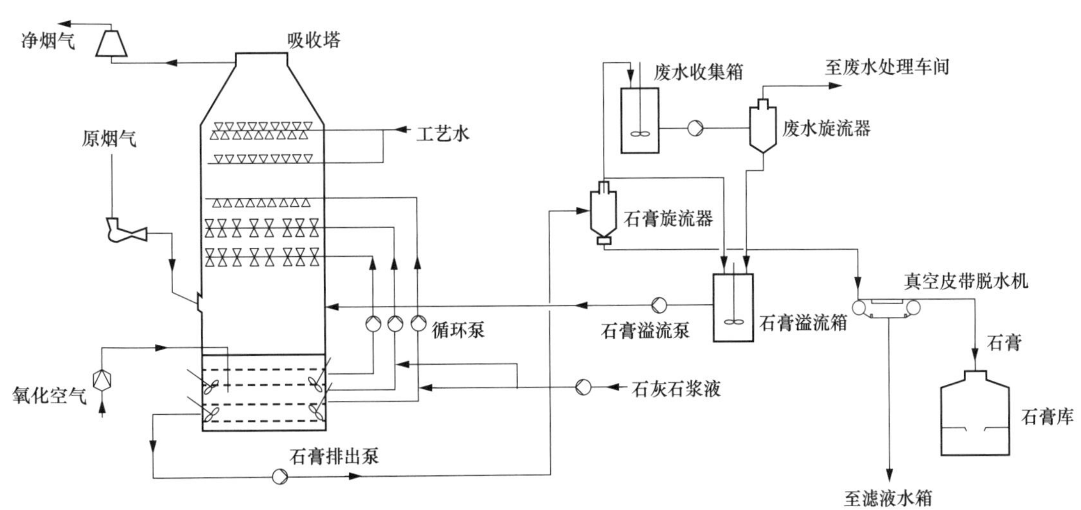

图 1-1　典型的石灰石－石膏湿法脱硫工艺流程图

石灰石－石膏湿法烟气脱硫工艺以石灰石为原料，经过破碎、磨制加工制成石灰石浆液，经石灰石供浆泵输送到吸收塔循环泵入口，"新鲜"的石灰石浆液随浆液循环泵进入喷淋层，形成雾化状态，与逆流而上的原烟气进行反应，生成亚硫酸钙和亚硫酸氢钙，再经过氧化风机鼓入的空气进一步氧化为结构稳定的二水硫酸钙（石膏）；当吸收塔浆液中的石膏含量达到规定值时（一般以吸收塔浆液密度为参考指标），启动石膏脱水系统，脱水后的石膏供水泥厂作为缓凝剂使用，或经深加工后，作为装饰石膏板、建筑喷涂料、自流平砂浆等建材原料。

一套完整的石灰石－石膏湿法脱硫系统主要包括的子系统有：烟风系统、SO_2 吸收系统、吸收剂制备系统、石膏脱水及储存系统、脱硫废水处理系统、公用系统（工艺水系统、压缩空气系统、事故排浆系统等）、电气系统、热工控制系统等。这些子系统相互配合，完成整个湿法脱硫工艺流程。

第二节　脱硫电气系统简介

脱硫电气系统作为厂用电系统的重要分支，为脱硫生产提供可靠的电能，保证脱硫系统设备的正常工作。

脱硫高压配电系统使用国产铠装全封闭开关设备，采用真空断路器作为分断开关，具有分断可靠性高，能够迅速开断故障电流的优点，实现对用电设备的全方位保护。低压配电系统使用万能式断路器或抽屉式动力柜，各个动力单元的备用互换性好，可以快速对负荷恢复供电。这些开关柜与电气二次系统、直流系统、UPS、照明与检修电源系统、防雷接地系统及相关电气设备、设施等共同组成脱硫电气系统。

脱硫系统电气设备处在电除尘后方，常与煤场相邻，属于粉尘、气体、潮湿、腐蚀等综合侵扰的恶劣环境，故障率较高，需加强维护与检修工作。

一、供配电系统

脱硫供配电系统主要包括高压配电系统、低压配电系统、事故保安电源、不间断电源和直流系统。

1. 高压配电系统

脱硫高压配电系统的电压等级一般为 6 kV（也有 10 kV 的），采用单母线分段接线，中性点经低电阻接地，主要向高压电动机和脱硫变等高压设备供电。脱硫 6 kV Ⅰ段、Ⅱ段工作电源分别引接自对应发电机组 6 kV 段，两段母线设置联络开关，可通过手动或快切装置切换。脱硫电气系统典型电气主接线如图 1-2 所示。

脱硫 6 kV 段由进线开关柜、电压互感器柜（TV 柜）、母线联络柜、负荷开关柜（真空断路器柜、真空接触器柜）、隔离开关柜及备用开关柜组成。配电柜内主要包括母线、断路器、接地开关、电缆、电压互感器、电流互感器、避雷器及控制仪表等电气设备。对于额定功率小于等于 1000 kW 的电动机和额定容量 1250 kVA 及以下的变压器，使用真空接触器加熔断器（F+C）方式供电；大于 1000 kW 的电动机和大于 1250 kVA 的变压器，采用真空断路器供电。

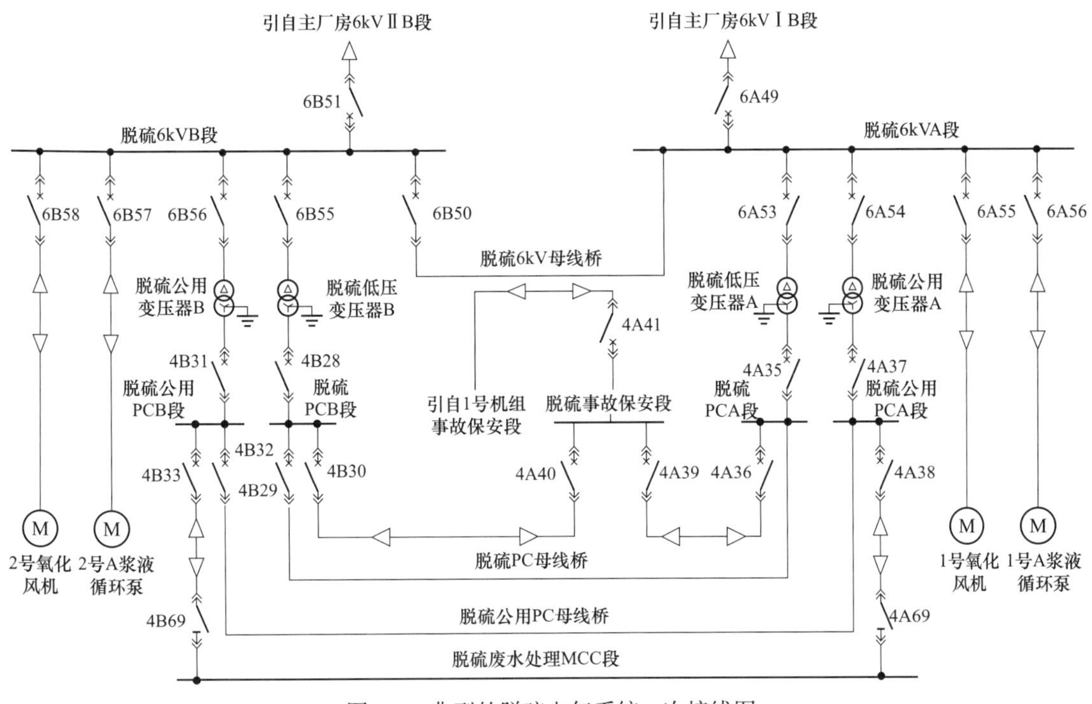

图 1-2 典型的脱硫电气系统一次接线图

2. 低压配电系统

脱硫低压配电系统的电压等级为 380/220 V，典型配置采用单母线分段接线，中性点直接接地，主要向 200 kW 以下电动机和电动机控制中心（motor control center，MCC）等低压设备供电。其中，MCC 段均为双电源供电，单母线配置，两路电源分别引接自脱硫动力中心（power center，PC）Ⅰ、Ⅱ段，在 MCC 段进线柜手动切换；同时设置公用 PC 段和废水处理 MCC 段，分别为公用负荷和脱硫废水处理设备提供电源。

在低压配电系统中 75 kW 及以上的电动机回路、接于 PC 段的馈线回路采用智能框架式空气断路器，配电柜内设备主要包括母线、空气断路器（配套智能控制器）、电流互感器等；75 kW 以下的电动机回路、MCC 段的馈线回路采用抽屉式开关，主要设备包括塑壳式空气断路器、交流接触器、热继电器和二次控制元件。

3. 事故保安电源

事故保安电源采用单元制供电，作用是在整个脱硫装置失电后能够安全停机并确保设备安全。保安 MCC 分别从脱硫 PC Ⅰ、Ⅱ段和锅炉保安段引接，三路电源自动切换。正常情况下，事故保安段由脱硫 PC 段供电，事故时由锅炉保安段供电。脱硫系统保安负荷主要有脱硫事故照明、电（气）动执行机构配电柜电源、重要仪表电源、DCS 机柜电源、UPS 旁路电源等。

为了确保在全厂停电的极端情况下保护脱硫设备，可将一台工艺水泵接入保安 MCC 段供电，实现事故状态下脱硫工艺水系统不会立即中断，确保系统安全。

4. 不间断电源系统

不间断电源系统（uninterruptible power system，UPS），为脱硫 DCS 系统、火灾区域报警控制盘等重要负荷提供可靠而稳定的交流电源，两套脱硫系统设置一套 UPS 装置，容量一般为 30～60 kVA。UPS 正常运行时负荷率不大于 60%，在全厂停电后可维持其所有负荷在额定电压下继续运行不小于 30 min。

5. 直流系统

直流系统主要为脱硫系统内的电气控制、信号监测、继电保护、直流事故照明等负荷提供直流电源。直流系统一般采用单母线分段接线，电压等级采用 DC220 V 或 DC110 V。直流系统由蓄电池组、充电屏、馈线屏组成，交流电源分别取自脱硫 PC Ⅰ、Ⅱ段。直流系统可保证在全厂停电后继续维持其所有负荷在额定电压下运行时间不小于 60 min。

二、电气二次系统

脱硫电气二次系统包括控制回路、信号与测量回路、继电保护及直流操作电源，作用是对脱硫一次设备工作状况进行监视、操作与保护，实现主设备功能并保证系统安全。

1. 控制回路

脱硫电气系统采用控制及就地控制两种模式。

（1）DCS 控制。电气系统与脱硫 DCS 之间采用硬接线或通信方式，通过操作员站对现场电气设备发出启停指令来实现远方控制。纳入脱硫 DCS 控制的电气设备包括：脱硫系统 6 kV 断路器、380 V PC 进线开关、MCC 馈线开关、脱硫变压器、保安电源系统、UPS、直流系统。

（2）就地控制。通过就地控制箱（柜）上的操作按钮对电气设备进行切换、启停操作。

2. 信号与测量回路

脱硫系统所有开关状态信号、电气事故信号及预告信号均送入脱硫 DCS 系统，所有需要在 DCS 上显示的电气模拟量信号采用变送器转换为 4～20 mA 信号送入 DCS。信号（开关量）主要包括：远方 / 就地状态、开关分合闸状态、设备启停状态、控制电源信号、故障报警信号等；测量值（模拟量）主要包括：电压、电流、频率、功率、温度等。

3. 继电保护及自动装置

脱硫继电保护及自动装置为电气系统及相关设备可靠运行提供安全保障，自动、迅速、有选择性地将故障部分切除，及时反映不正常运行状态，并与其他自动化装置配合，尽快恢复系统供电。脱硫继电保护及自动装置主要包括厂用电继电保护和厂用电源快速切换装置。脱硫 6 kV 厂用系统进线开关、联络开关、变压器及高压电动机采用微机式综合保护装置，安装于 6 kV 开关柜仪表室；380 V 厂用系统较小的电动机由热继电器保护，较大容量馈线回路和较大的电动机采用万能式断路器，配有智能控制器。脱硫系统继电保护基本配置见表 1-1。

表 1-1 脱硫系统继电保护基本配置

被保护设备	继电保护配置
380 V 进线及 6 kV 馈线回路	电流速断保护、过电流、过负荷、接地
脱硫低压变压器	差动保护（2 MVA 及以上）或电流速断保护、过电流、过负荷、零序过电流保护、温度保护、断相保护
6 kV 电动机	差动保护（2 MW 及以上）或电流速断保护、过电流、过负荷、接地保护、低电压、断相保护、启动延时保护
低压电动机	相间短路保护、单相接地短路保护、过负荷保护、低电压保护、断相保护（45 kW 以上低压电动机配热继电器保护）

脱硫 6 kV 厂用电系统还配置有厂用电源快速切换装置，其作用是在工作电源因故障断开后，能够自动而迅速地将备用电源投入或将用户切到备用电源供电，从而使用电设备不至于停电，维持脱硫厂用电系统安全可靠运行。

三、照明与检修电源系统

1. 照明系统

照明系统由交流正常照明系统、交流事故照明系统、直流事故照明系统和应急照明系统组成。

交流正常照明系统采用 380/220V TN-S 系统，各场所的照明电源由脱硫电气系统就近或相邻的 PC 或 MCC 供电。

脱硫办公楼、配电室、电子设备间等处设交流事故照明，其电源取自脱硫保安段。脱硫集控室操作台上方设置不少于 2 盏直流事故照明（长明灯），可供全厂停电时使用。

所有重要出入口设置可充电式应急灯，应急照明时间不少于 60 min。

室外照明采用光控开关自动控制，其他场所正常照明、事故照明单独控制。

2. 检修电源系统

脱硫区域内设有专门的检修电源网络，检修电源由就近或相邻的 PC 段或 MCC 段供电，一般设置在配电室、浆液循环泵房、增压风机区域、工艺楼、废水楼、吸收塔、烟道等户内外有设备检修需要的场所。检修电源箱内配置 380 V、220 V 电源，吸收塔平台和人孔附近设置 12 V 低压检修、照明插座箱。

四、防雷与接地系统

脱硫区域一般均处于烟囱防雷保护范围内，故不再单独设置防直击雷保护避雷针。防感应雷保护根据实际需要设计和安装，一般包括脱硫工艺楼、斗提机、吸收塔等。避雷针和避雷带的引下线在距地面 0.3～1.8 m 之间设置断开卡，便于维护和检测，并使用高强度的 PVC 管保护。在需要防雷保护的主要建构筑物进出口处设置防雷均压带，防雷接地与主接地网可靠连接。

脱硫区域内设置独立的闭合接地网，其接地电阻不大于 4 Ω。闭合接地网的接地系统主要由自然接地体和人工接地网组成。自然接地体包括地埋管道、与大地有可靠连接的建筑物的金属结构、管桩等；人工接地网主要由接地极（包括垂直接地极和水平接地极）、接地线和接闪器组成。人工接地网设置在建筑物周围及靠近设备处，以便于设备接地线连接。

为了测量脱硫系统接地网情况，脱硫区域与主厂接地网连接处设置接地井（一般不少于 4 处），接地井内设置接地网断开卡，可以使脱硫区域接地网与电厂主接地网分开，以便单独测试接地电阻，判断脱硫区域接地网状况。

本分册将从技术知识、日常维护管理、检修工序和工艺、常见故障分析等几个方面对脱硫电气系统及重要电气设备进行讲解，主要包括高压成套配电装置、低压成套配电装置、蓄电池、不间断电源、干式变压器、三相异步电动机及其控制、继电保护及自动装置等，同时还将结合设备管理、相关试验、电缆防火封堵等工作进行说明，供读者学习参考。

第二章　电气设备检修与维护要点

脱硫电气系统检修维护的主要任务是通过对电气设备的及时保养和检修，消除设备缺陷，保证脱硫供用电设备的可靠性、完整性，能够达到设备额定出力，并随滚动检修计划开展等级检修工作，以确保脱硫系统能够长周期、安全、稳定运行。

第一节　脱硫电气系统检修维护管理的基本原则

脱硫电气设备检修维护管理工作应遵循“一个方针”“两个实行”“四个坚持”的基本原则，即：

贯彻“安全第一，预防为主，综合治理”的基本方针；实行全过程管理、标准化作业、目标责任制和全程可追溯管理，实行设备检修维护成本控制、预算管理；坚持日常维护与等级检修相结合，坚持“设备治本、应修必修、修必修好”的原则，坚持对未遂、异常、障碍、事故“四不放过”的原则，坚持严格的安全、环境、职业健康、质量控制标准。

第二节　脱硫电气系统检修维护管理要点

电气系统的检修维护管理主要工作有：设备巡检管理、缺陷管理、定期工作管理、备品配件管理、等级检修管理、技术监督管理、检修维护资料管理等。

一、设备巡检管理

设备巡检工作是了解设备健康状况、实现预知性维护的重要手段。电气专业应按照电气设备的分布特点和办公、检修等功能区的分布，将所属的全部电气设备按其在系统中的作用、检修工艺难度、日常维护工作量、工作环境等因素进行划分，明确设备责任人，编制巡检路线，制定巡检标准，指定监督人员；同时根据现场设备的运行情况以及迎峰度夏、迎峰度冬、防汛防台、重大会议及活动等特殊时段要求，适当增加巡检频次，提高巡检级别。

设备巡检工作分为日常巡检、季节性及特殊时段巡检两部分。

1. 日常巡检

日常巡检的目的是检查现场设备的运行情况，及时发现设备缺陷，排查设备隐患，保证设备安全稳定、经济运行。巡检人员应按标准巡检卡规定的时间、路线、项目进行全面或重点检查。

巡检时应携带巡检工器具，通过眼看、耳听、鼻嗅、手摸、仪器测量等方式，全面掌握设备运行情况，并做好检查记录。

眼看：看电气设备状态是否正确、结构是否完整、各部位固定是否牢靠、是否有漏油、接地线是否牢固、电气连接部位是否变色、就地及远方仪表指示是否正常，有无报警信息，电气设备所在场所是否有漏水痕迹等。

耳听：仔细倾听电气设备有无报警声音、电磁声（嗡嗡声）、放电声（嗞嗞声）、机械异响、摩擦、碰撞等异音，与正常状态相比有无异常；细节部位可使用听音棒（听针）仔细辨别。

鼻嗅：通过嗅觉可以感知电气设备是否有气体泄漏、烧毁、过热、起火等现象。当设备发生过电流、击穿、元件烧毁时，会有较为刺鼻的烧焦味道；若闻到了异味，必须立即查找发出异味的部位或设备，分析异味产生的原因，并予以处理，防止故障扩大。

手摸：在确保安全的前提下，在每天擦拭设备的过程中，用手感知其振动有无异常、温度是否正常，还可以感受到设备运行中的诸多细节。

仪器测量：使用巡检仪器或电气仪表对电气设备进行测量，以掌握设备确切的健康状况和量化的必要参数。经常用到的主要仪表有：红外热像仪、测振仪、验电器等，有时还需携带万用表、钳形电流表、绝缘电阻表等。

巡检点（如电动机测温、测振）宜定置管理，即在设备附近地面上标注巡检观察点位置、在区域内或设备上明确标识测量点位置，以消除巡检误差。现场测量装置的显示和记录点应标明上、下限值。

2. 季节性及特殊时段设备巡检

除周期性巡检外，还应针对设备特点和运行方式、机组工况、季节变化、重要节日和重大活动期间等，进行特殊巡检：缩短巡检周期，提高巡检级别，开展精密点检，实行连续监测，确保系统安全。

春季检查主要以防雷、防火、防雨、防小动物、防绝缘事故为重点；南方梅雨季节时，还要特别关注配电室、控制室湿度，避免设备受潮。秋冬季检查主要以防风、防火、防寒防冻为重点，检查电控楼、工艺楼、粉仓等重点区域接地网及防雷引下线，检查电缆沟道、夹层、桥架防火措施，检查室外电气设备防雨设施，检查重要仪表、采样管伴热情况等。

防台防汛及迎峰度夏检查，以应急设备定期试运情况、重要部位防雨、防超温、防涝、防台、防雷措施落实情况，空调、风机运行情况为重点，保证应急设施的可靠性。对防汛应急使用的手电筒要定期充放电，防止电池失效；电源盘要定期检验，粘贴合格证；潜水泵要做电气检验，并通水试转；潜水泵的电源线长度必须满足深坑或长距离排水要求，且标明接线相序，保证在应急情况下能够一次接对转向。

做好重要节日、重大政治活动、冬季供暖期间电气设备设施检查，制定事故应急专项预案，并定期组织演练。电气专业应配合制定全厂失电、电气火灾、触电急救等应急预案，并主持或参与应急演练。

3. 巡检管理

设备巡检实行区域责任制，责任人要熟悉设备工作原理、结构特点、检修工艺、质量标准，以及设备在系统中的作用及与其他设备的配合或联锁关系。同时为了确保电气设备巡检工作的安全和连续性，一般对每个区域设置 2 名巡检人员，一人巡检、另一人监护（兼做记录），二人互为 A、B 角。

区域负责人每天至少对所负责的设备巡检一次并填写巡检记录，发现异常现象及时上报班组负责人及运行主值。一般由运行专业登录缺陷，检修专业按照正常的消缺流程消除缺陷。严禁无票作业，擅自消缺。

随着科技进步，基于工业互联网平台的在线巡检设备、巡检机器人、AI 分析等的应用越来越广泛，加上大数据后台分析、专家知识库支持，对设备劣化、异常指标分析越来越精细，越来越准确。有些系统可以对整套脱硫系统进行运行优化分析，提出维护、调整建议，自动通知设备责任人、自动打出检修工单等，对节约人力，减少判断误差，实现标准化作业和预知性维护起到了关键的作用，将是未来电力企业生产、维护、检修的发展方向。

二、缺陷管理

电气设施运行中，不可避免地会出现各种缺陷，如设备自身缺陷、安全设施缺陷、设备运行周期性缺陷等，还包括配电室漏雨、电缆沟坍塌等环境或装置性缺陷。这些缺陷使设备、设施偏离了原设计和规范的状态，影响脱硫系统的安全、经济运行，甚至危及人身安全，必须及时消除。

1. 电气设备缺陷分类及说明

根据电气设备缺陷对系统影响的程度分为紧急缺陷、重大缺陷、一般缺陷、文明生产缺陷。

紧急缺陷：指危及人身安全或危及脱硫装置主要设备的安全运行，如不及时消除或采取应急措施，在短时间内将造成脱硫系统停运、影响脱硫指标或造成主机组非停或降出力的严重缺陷（如：变压器故障、电缆火灾等）。

重大缺陷：指暂不影响脱硫及主机系统连续运行，对设备安全经济运行或人身安全有一定的威胁，继续发展将导致停止运行或损坏设备，不需停机以及必须停止重要设备运行才能消除的重大缺陷（如：6 kV 开关拒动、6 kV 电动机声音或振动异常等）。

一般缺陷：指不需要停运重要设备或降出力就可以消除的设备缺陷及不影响重要设备正常运行的缺陷；经切换备用设备或系统即可及时消除，以及不需停用或暂时停用设备即可及时消除的缺陷。

文明生产缺陷：指除以上缺陷以外，对脱硫系统的安全经济稳定运行不构成直接影响的设备设施缺陷或不符合现场安全文明标准化管理要求的缺陷，包括但不限于：建构筑物及辅助设施、照明、设备标识牌及划线、介质流向、保温、油漆、设备清洁及电缆设施（桥架及沟道等）缺陷等。

2. 缺陷处理原则

紧急、重大缺陷可能危及系统或人身安全，必须立即组织消除。消缺期间，做好安全措施及技术措施交底工作。项目负责人、负责安全生产的领导或部门主任、技术负责人等必须到场监督指导，确保安全、高效地消除缺陷，消除对机组和人身的安全威胁。

一般缺陷、文明生产类缺陷应在 24 h 内消除；对于不危及安全、经济运行的由运行专业录入缺陷管理系统，由检修班组安排消除；危及安全运行的缺陷要立即安排连续工作，直至处理完毕并作书面的检修交代；不能在规定时限内消除的缺陷应办理延期申请，但原则上只能延期一次，且延期不超过 3 天。

电气设备缺陷处理应按重要设备、主要设备、一般设备、文明生产缺陷顺序，结合脱硫系统运行方式，分清轻重缓急，在确保人身安全的前提下及时消除。对暂不具备条件消除的缺陷（如运行受限、物资受限、技术受限的缺陷），要制定防范措施，控制缺陷的发展，降低缺陷影响的范围或程度，并积极创造条件，尽早消除。

3. 电气设备缺陷的处理方法

查：仔细观察缺陷状态，系统分析缺陷发生的原因，对照厂家图纸、技术说明书或系统原理图、接线图等查找可能存在问题的部位，分析可能导致缺陷发生的因素，找准故障点，针对性地处理缺陷。

测：利用电测仪器测量电气设备各项参数，如电压、电流、波形、频谱、绝缘电阻及吸收比、直流电阻等，分析故障原因，查找故障点。

换：在明知设备已经损坏、不能通过维修的方式消除设备缺陷或影响设备正常运行的情况下，可采取设备整体更换或更换故障元件的方式来恢复运行；更换前，必须根据设备原理仔细判断、论证，确保不会造成新换设备或部件损坏。

4. 电气缺陷闭环管理流程

电气缺陷闭环管理流程图如图 2-1 所示。

（1）缺陷登录：建立缺陷登记簿，运行及点巡检人员发现的设备缺陷，应及时在缺陷管理系统或缺陷登记簿上分类登录，对缺陷发生的部位及缺陷描述、分类的准确性和缺陷登录的正确性负责。

（2）缺陷接收：电气维护人员接收缺陷后，确认缺陷内容，了解缺陷情况，调阅技术资料，做好消缺准备。

（3）缺陷处理：对于危及系统或人身安全的紧急缺陷，可做好安全措施及技术措施交底

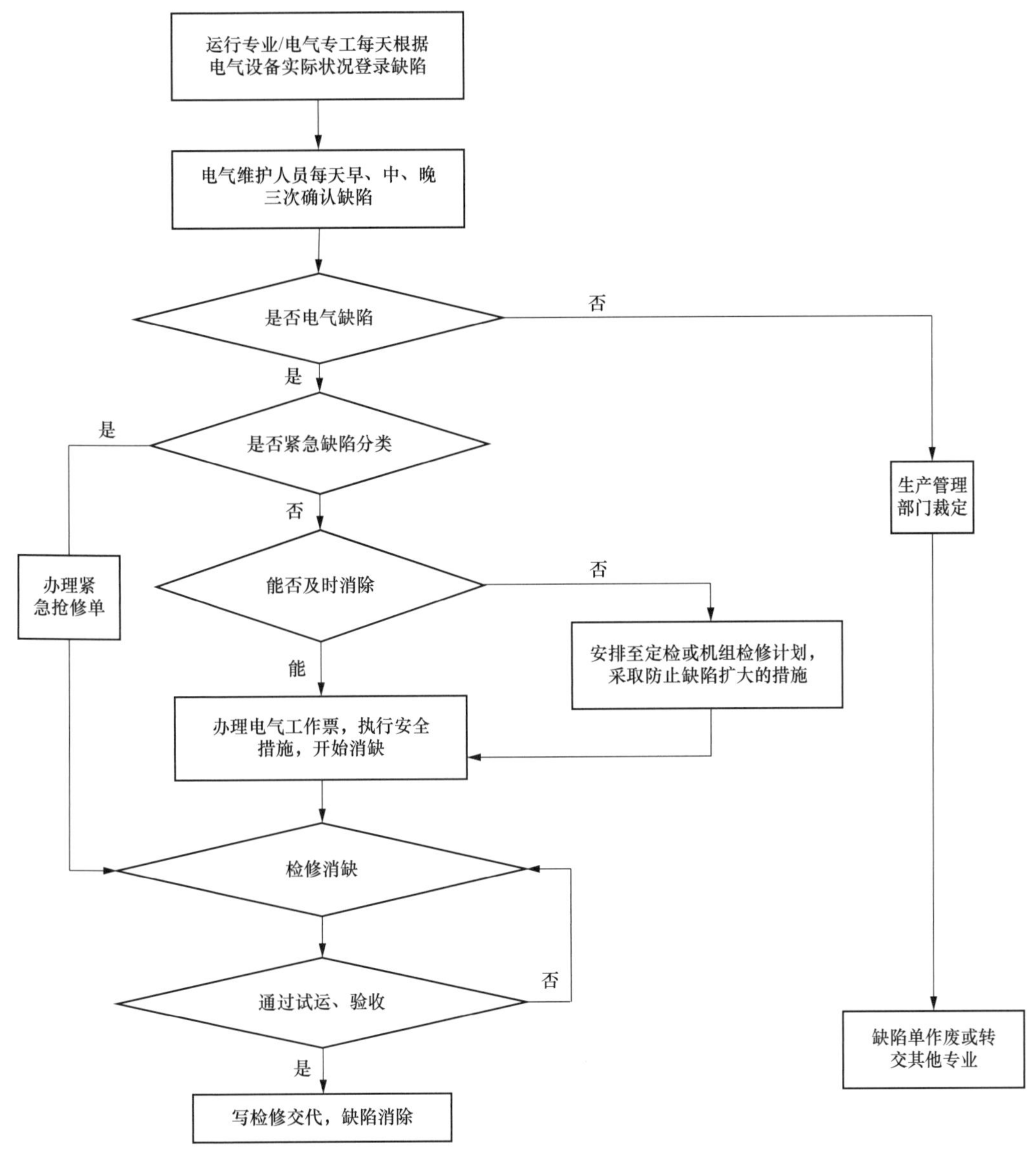

图 2-1 电气缺陷闭环管理流程图

工作，按电业安全规程的规定办理紧急抢修单及时消缺。

对于技术难度大、处理受限的缺陷，不能在短时间内消除，或必须通过技术改造、更换重要部件或更新设备、停运脱硫系统才能消除的，由检修班组提出消缺延期申请，电气专工、生产管理部门对缺陷鉴定后批准延期；并制定监督运行和防止缺陷进一步扩大的安全、技术措施，作为下一次检修项目落实到等级检修或技改计划中。

经现场检查，不属于电气设备原因造成的缺陷（如设备机械部分卡涩造成的电动机过电流跳闸等），可向生产管理部门申请缺陷转移或作废。

缺陷应在规定的时限内消除完成。

（4）缺陷验收：电气维护人员将缺陷处理的情况登录到缺陷管理系统检修交代栏或检修交代记录本上，并向运行当面交代消缺情况；电气维护人员提交设备试运申请单，配合运行人员恢复安全措施，进行设备试运，如设备试运中仍存在缺陷，则应恢复安全措施、继续消缺；设备试运正常后，双方在缺陷单上签名确认，设备恢复备用。

5. 电气月度缺陷管理的主要指标：

$$当月消缺率=\frac{已消除缺陷数}{当月缺陷总数}\times 100\% \quad (2\text{-}1)$$

$$当月重复缺陷发生率=\frac{当月重复缺陷数}{当月缺陷总数}\times 100\% \quad (2\text{-}2)$$

注：重复缺陷是指同类设备或设施在规定的检修周期内发生两次及以上性质相同的缺陷。

6. 缺陷管理的其他措施

（1）缺陷分析会：每月定期组织召开缺陷分析会，编写缺陷分析报告，对本月缺陷发生和处理情况进行分析，并提出针对性意见，制定有效的预防措施，指导下一步的检修、维护工作。

电气月度缺陷分析报告至少应包括：本月主要缺陷情况、消缺率、重复（多发）缺陷的发生原因和预防措施、重大缺陷消除情况、延期缺陷情况、未消除缺陷采取的临时措施等内容。

（2）重点设备巡检卡：一般用于正在试运的设备、处于修后观察期的设备、运行稍有异常但不能及时停运消缺等需要“观察运行”的设备，告知运行、电气检修人员在进行现场巡检时，应对该设备重点巡检。

（3）考核与奖励：建立详细的设备消缺考核和奖励细则，提高缺陷消除的质量和及时性，坚持正向激励、奖惩并举的原则，逐步实现设备“由修变养”，实现“零缺陷”。

三、定期工作管理

电气专业应结合设备说明书、用户手册、等级检修安排和现场设备运行工况，在设备巡检管理的基础上，根据预知性维护的原则和设备巡检结果、设备管理经验和季节性工作特点，确定电气设备定期清理、定期润滑、定期维护与更换、定期核对、定期试验等设备定期工作标准，制定电气设备定期工作计划表，并严格按计划实施。

附录一列出了某脱硫公司电气专业定期工作计划表，供读者参考。

1. 定期清理

电气设备需要保持干、净，以保证其绝缘良好、运行可靠。

以真空皮带脱水机变频器为例，工作环境较为恶劣，有害气体、蒸汽、粉尘较多，严重影响变频器的正常工作，经常会出现清理不及时导致的变频器故障或烧毁，影响系统的正常运行。再如，直流充电模块积灰引发的散热不良，最终导致模块故障或烧毁；配电室空调滤网积灰，导致空调停运；电动机油封处积灰，导致油封与轴接触部位磨损加剧，最终发生渗漏现象。因此，电气设备定期清理工作极为重要，是电气设备维护管理的一项基础性工作，必须扎实地做到位。

2. 定期润滑

凡是有机械结构的设备均离不开良好的润滑，转动设备管理的“最后一块淘宝金地就在 10 μm 润滑油膜之上”。

设备润滑要做好“五定”工作，即：

定点：规定每台设备的润滑部位及润滑点。

定人：规定每个润滑点的负责人。

定质：规定每个润滑点的油（脂）品种、牌号及质量要求。

定时：规定每台设备加油（脂）的周期。

定量：规定补加、更换油（脂）的数量。

若现场设备需要变更润滑油（脂）牌号时，必须征求设备厂家的意见，并按照设备异动管理要求办理手续，更新设备润滑信息表。

3. 定期维护与更换

易损易耗易老化配件更换、设备零部件定期调整或紧固等均属于定期维护内容。

4. 定期核对

为确保系统安全运行，需定期对电气保护装置定值进行核对。定值核对时，至少两人进行，一人核对一人记录，完成一项打钩一项，最后由核对人和记录人一起签字确认，核对文件及时存档。

5. 定期试验

根据 DL/T 995—2016《继电保护和电网安全自动装置检验规程》、DL/T 724—2021《电力系统用蓄电池直流电源装置运行与维护技术规程》、DL/T 596—2021《电力设备预防性试验规程》《防止电力生产事故的二十五项重点要求》等规定，对电气设备进行定期的试验、校验和检测，起到发现隐患、预防事故的效果。

总之，定期工作是一项根据设备属性制定的较为有规律性的维护工作，与设备巡检、设备缺陷处理、技术监督等相辅相成。定期工作应与机组等级检修和临停检修相结合，在临近等级检修时段需要开展的定期工作，应根据实际情况统筹安排，尽量安排在等级检修中进行。

四、备品配件管理

备品配件的管理工作是保障设备正常运行、及时消除缺陷的先决条件。为满足电气系统日常维护和定期检修等工作需要，根据电气设备零部件损耗规律，需要储备一定数量的备品配件。

1. 备品配件的储备遵循“必须、适量、节约”的原则

结合现场实际情况和相关的备品配件储备定额制定备品配件清单；并根据备品配件清单、年度检修计划和设备点检情况，合理制定采购计划，保证及时消除设备缺陷，满足设备维护、检修需要。

对规模化、集群化经营的企业，可以实行就近多个项目或区域化联合储备的方式，降低备品配件储备数量，以减少资金占用，满足各项目检修、维护需求。

2. 电气备品配件存放要求

存放电气备品配件的库房应能密闭，装有空调和排气扇，有防雨、防潮、防气体腐蚀等功能。对库存轴承、金属制品等定期检查、维护，防止锈蚀和油脂干硬；电子产品应恒温恒湿保存；高压备品配件的预防性试验随在运配电装置一起进行，并定期测量绝缘电阻，防止受潮失去备用。

3. 备品配件分类

对脱硫电气专业来说，宜按照常规备品配件、计划检修用备品配件、事故备品配件、消耗性材料分类。

常规备品配件是指在日常的电气设备维护工作中常用的、易采购、通用性或需要定期轮换以提升设备性能的备品配件，如常用的接触器、继电器、熔断器、断路器、电动机轴承、风扇扇叶等。常规备品配件储备量需满足正常维护需要，实行滚动管理，保证合理的储备数量。

计划检修用备品配件是指根据等级检修计划上报的备品配件，这部分备品配件与常规备品配件有重复时，应根据现场实际情况进行平衡利库，以节约资金，减少库存量。计划检修用的国产材料、备品配件至少在等级检修前 3 个月上报，进口备品配件及技术复杂的国产备品配件计划至少在等级检修前 6 个月上报。

事故备品配件是指在正常运行情况下不易损坏、失效，正常检修不需要更换，但损坏后将造成设备或系统不能正常运行，影响环保参数检测或传输，而且损坏后不易修复，制造周期长或加工须用特殊材料的设备或零部件。事故备品应根据备品范围、结合设备历年运行的健康状况制定储备定额。动用事故备品配件需经生产主管领导批准，且动用后要及时补充。

消耗性材料是指在检修、维护工作中除设备、备件以外的，需要用到的一次性使用、不能再利用的维修材料，如油漆、润滑脂、绝缘纸、尼龙扎带等。

附录二列出了某脱硫公司电气专业的备品配件储备范围，供读者参考。

五、等级检修管理

脱硫系统等级检修一般随电厂机组检修计划进行，是一种以时间为基础、根据设备磨损和老化的规律，对设备进行的定期检查、维修、检验、试验，以使设备达到最佳的运行状态和恢复设计出力的一种计划性检修活动。与系统连续运行相关的技改工作一般随等级检修进行。

脱硫电气系统的等级检修按本丛书第一分册《检修标准化管理》执行，本章仅对脱硫电气等级检修的具体管理要求做简要介绍。

1. 脱硫电气系统等级检修的安全管理

所有电气检修工作必须按规定开具工作票，并正确执行停电、验电、接地、挂牌或设置遮栏、设专人监护等安全措施。检修开工前，应组织参修人员参加安全和技术交底，A/B级检修前还应进行安全规程和检修规程的考试，考试合格的人员方可参加检修工作；不合格的要补考，直至考试合格。

2. 脱硫电气系统等级检修项目工序管理

电气系统等级检修的主线工作是对正常情况下不能退出运行或不便检修的电气设备进行检修维护，如高 / 低压配电装置检修、循环泵电动机检修等，也可能是电气专业技改工作（如配电柜增容、更换）等工期较长、必须在停机检修中才能完成的工作。UPS 装置检修、直流系统检修在条件具备且能确保系统安全时进行，其他电气设备检修根据检修计划任务书合理安排。

机组停运初期，烟温较高，需保留一台循环泵运行，其他辅助电气系统暂不具备停运检修条件。此时，电气专业可指导运行专业开展电气系统隔离工作，确保正确、可靠隔离检修设备与运行设备。同时，可根据事先填好的脱硫高压电动机检修工作票（除正在运行的一台循环泵电动机外，其他几台循环泵高压电动机共用一张电气第一种工作票），与运行人员一起执行安全措施；布置检修现场及工器具，做好开工准备。高 / 低压配电装置的检修和试验工作需安排在检修机组电气系统可以彻底停电时进行，必要时安排在夜间检修，以最大程度地减小停电对检修工作的影响。

吸收塔排空后，安排吸收塔搅拌器电动机检修工作，吸收塔地坑泵、地坑搅拌器在吸收塔彻底冲洗干净后立即进行，防止系统冲洗、消防用水等导致地坑进水、设备运转，影响电气检修工作。

石灰石浆液制备系统、石膏脱水系统、废水系统等公用系统的检修视运行机组工况、结合检修网络计划图灵活安排开工。

3. 脱硫电气系统等级检修工艺质量纪律

检修工艺质量纪律是在设备检修过程中，为保证检修工艺和质量文件的正确执行而制定的铁的规章和纪律，必须严格执行。

附录三列出了脱硫等级检修电气专业工艺质量纪律，供读者参考。

六、技术监督管理

技术监督是运用科学的试验、测量方法，通过对电气设备进行定期检查、测试、检验、监测等，了解掌握电气设备的技术状况及其变化规律，及时发现并消除设备隐患，为设备的运行调整、检修维护和制定反事故措施提供依据，不断改善电气设备健康状况，防止事故发生。

脱硫电气技术监督主要包括绝缘技术监督、继电保护技术监督、电测技术监督等三项监督内容，并配合运行专业开展节能及环保技术监督工作。

1. 绝缘技术监督

绝缘技术监督以电气设备可靠性为中心、技术标准为依据、状态评估为手段开展工作，目的是掌握电气设备的绝缘变化规律，及时发现和消除绝缘缺陷，是保证电气设备安全、稳定、经济运行的重要手段之一，也是发电企业生产技术管理的一项重要基础工作。

脱硫电气绝缘技术监督的电气设备主要包括：额定电压 6 kV 及以上电压等级的变压器、开关设备（如：断路器、接触器、隔离开关）、互感器、避雷器、电动机、电力电缆、接地装置等。

脱硫电气绝缘技术监督工作分为日常监督和检修监督两类。

（1）日常监督主要工作内容：在规定的时间间隔内巡视设备运行状况，观察电气设备及其绝缘体有无渗漏、变色、过热、裂纹、电蚀痕迹等；定期测量绝缘电阻；按照 DL/T 664—2016《带电设备红外诊断应用规范》规定的红外检测周期、方法、要求进行定期红外检测；对电气连接部位定期测温；高压电气设备每月至少进行一次夜间全闭灯巡视；定期组织召开绝缘技术监督会议。

（2）检修监督主要工作内容：执行检修文件包有关技术监督的相关工作，包括：检修项目、工艺、质量、工时和材料消耗等主要内容；按照 DL/T 596—2021《电力设备预防性试验规程》规定及制造厂要求进行预防性试验，并满足其相关要求；接地引下线的导通检测工作应每年进行一次，接地装置试验的项目、周期、要求应符合 DL/T 596—2021《电力设备预防性试验规程》及 DL/T 475—2017《接地装置特性参数测量导则》的规定。

2. 继电保护及安全自动装置技术监督

继电保护及安全自动装置技术监督是提高继电保护及安全自动装置的运行可靠性、提升电力系统安全稳定运行水平、促进安全生产、节能减排、技术进步的重要手段。继电保护及安全自动装置技术监督的目的是不发生继电保护“三误”（即误碰、误整定、误接线）事故，杜绝“原因不明”事故。

脱硫继电保护的技术监督范围主要包括：继电保护装置（变压器、开关、电流互感器、电压互感器、线路、高压电动机等的继电保护装置）；系统安全自动装置（备用设备及备用电源自动投入装置、快切装置、故障录波器及其他保证系统稳定的自动装置等）；与继电保护有关的继电器和元件；连接保护装置的二次回路；直流系统等。

（1）脱硫电气继电保护技术监督工作分为日常监督和检修监督两类。

1）日常监督的主要工作内容：按照 GB/T 14285《继电保护和安全自动装置技术规程》开展工作；定期巡检继电保护和安全自动装置及直流系统的运行状态，及时发现和处理异常报警信息；加强继电保护微机试验装置的检验、管理与防病毒工作，防止因试验设备性能、特性不良而引起对保护装置的误整定、误试验；组织分析和解决装置误动、拒动、报警原因，并彻底排查处理；保持继电保护装置状态良好，防止灰尘及不良气体进入，保持继电保护装置所在室内温湿度符合设备运行要求（温度在 5～30 ℃之间、相对湿度不超过75%）；定期开展直流及 UPS 系统巡检，及时发现缺陷和故障；严格控制浮充电运行的蓄电池组单体电池的浮充电压上、下限，防止蓄电池因充电电压过高或过低而损坏；定期组织召开继电保护技术监督会议。

2）检修监督的主要工作内容：根据 DL/T 995—2016《继电保护和电网安全自动装置检验规程》所规定的周期、项目开展继电保护和安全自动装置的定期检验工作；对保护装置作拉合直流电源的试验，在此过程中保护装置不得出现误动作或误发信号的情况；二次回路接线紧固、插件插拔检查；核对装置定值；根据 DL/T 724—2021《电力系统用蓄电池直流电源装置运行与维护技术规程》要求对直流系统蓄电池进行定期核对性放电试验，确切掌握蓄电池的容量，防止出现因直流电源故障导致的继电保护误动、拒动事件。

（2）继电保护及安全自动装置定值管理：继电保护及安全自动装置定值管理的内容包括定值通知单应有计算人、审核人和批准人签字并加盖“继电保护专用章”；定值通知单应按年度编号，注明签发日期、限定执行日期和作废的定值通知单号等；在无效的定值通知单上应加盖“作废”章，有效的定值单上加盖“有效版本”，并注明有效日期。

3. 脱硫电测技术监督

脱硫电测技术监督工作是保障电力安全生产、经济运行、保障供配电质量的重要手段，是保证计量、测量装置可靠、实现量值有效传递的有效措施。

脱硫电测技术监督工作范围主要包括：电工测量直流仪器（直流电桥、直流电位差计、标准电阻、标准电池、直流电阻箱、直流分压箱等）；电测量指示仪器仪表、电测量数字仪器仪表（包括携带型电测仪表 – 万用表、绝缘电阻表、钳形电流表等）；电测量记录仪器仪表；电能表；电流互感器；电压互感器；电测量变送器（电压变送器、电流变送器等）；交流采样测量装置；电测量系统二次回路；电试类测量仪器（如：继电保护测试仪）等。

（1）脱硫电气电测技术监督工作工作分为日常监督和定期监督两类。

1）日常监督的主要工作内容：建立完整的电测设备台账，保存完整的仪器仪表检定记录，制定齐全的规章制度，完善信息管理；不断开展技术培训，推广成熟、行之有效的新技术、新方法，持续提高电测技术监督的专业水平；完善电测监督管理及技术档案；定期组织召开继电保护技术监督会议。

2）定期监督的主要工作内容：组织对各类电测设备的定期检定、调整、修理和清点，确保主要电测设备调前合格率不低于 98%。

（2）根据电测仪表的形式、精确度等参数，制定电测仪表检定周期。某脱硫现场使用的主要电测仪表检定周期表见表 2-1。

表 2-1　　　　　　　　　脱硫现场使用的主要电测仪表检定周期表

<table>
<tr><th>表计说明</th><th>检定周期</th><th>备注说明</th></tr>
<tr><td>指针式绝缘电阻表</td><td>至少每 2 年检验一次</td><td rowspan="10">注：电测仪表周期检验合格后应粘贴检验合格证，无检定证书或证书过期失效的仪器、仪表、检验装置等必须停用，并在仪器上贴上停用标志</td></tr>
<tr><td>电子式绝缘电阻表、接地电阻表</td><td>不超过 1 年</td></tr>
<tr><td>电磁式电压、电流互感器</td><td>检定周期不超过 10 年</td></tr>
<tr><td>主要测点使用的变送器（6 kV 及以上系统）</td><td>每年检定一次</td></tr>
<tr><td>非主要测点使用的变送器</td><td>检定周期最长不得超过 3 年</td></tr>
<tr><td>交流采样测量装置</td><td>最长不超过 3 年</td></tr>
<tr><td>准确度等级 0.5 级及以上的指示仪表</td><td>周期为 1 年</td></tr>
<tr><td>6 kV 及以上系统准确度等级 0.5 级以下的指示仪表</td><td>周期为 2 年</td></tr>
<tr><td>其他指示仪表</td><td>周期为 4 年</td></tr>
</table>

七、检修、维护资料管理

检修维护资料管理主要包括：常备资料、日常形成的资料、等级检修资料、技术监督资料、其他资料。

（1）常备资料：电气设备台账、电气仪器仪表台账、竣工图（电气部分）、电气系统图、厂家资料（使用说明书、技术说明书、图纸、试验报告等）、电气设备检修规程、电气系统定值清册、定值计算书、电气系统检修标准作业文件包、电气设备给油给脂标准、电气设备定期工作标准、电气设备日常巡检标准等。

（2）日常形成的资料：巡检记录、给油给脂记录、设备异动记录、备品配件更换记录、消缺记录、定期工作记录、保护投退记录、定值修改申请记录（或申请单）、电气物资采购计划、备品配件库存表、电气设备可靠性月报、班长日志、设备主人责任制等。

（3）等级检修资料：电气系统检修修前评估报告、修前修后性能试验报告、电气系统检修项目计划表、电气系统检修质检计划表、电气系统检修网络计划图、电气系统检修特殊项目“三措两案”、设备检修（原始）记录、设备检修文件包、设备异动记录、检修总结等。

（4）技术监督资料：月度（年度）技术监督报告、电气连接部位红外测温记录、高压电气设备闭灯检查记录、继电保护及安全自动装置动作记录、绝缘测试记录、预防性试验报告、继电保护及安全自动装置检验报告、电气安全工器具检验记录、电气仪表校验记录等。

（5）其他资料：电气系统检修三年滚动规划及检修工期计划、电气系统技改项目建议书、电气系统技改工程总结等。

在每次等级检修结束后，将本次检修形成的全部资料装订成册，标注为“××××年××脱硫系统×级检修电气检修资料汇编”，便于管理和查询。

第三章 高压成套配电装置

高压成套配电装置又称高压成套开关柜，是指生产厂家根据电气一次主接线图的要求，将有关的高低压电器（包括控制电器、保护电器、测量电器）以及母线、载流导体、绝缘子等装配在封闭或敞开的金属柜体内，作为电力系统中接收和分配电能的装置。各种完整供配电功能的多个高压开关柜并列安装后便组成高压成套配电装置（如图 3-1 所示）。

图 3-1　高压成套配电装置

对脱硫系统来说，高压成套配电装置的电压等级一般为 6 kV。本章以脱硫系统最常用的 KYN28A-12 型高压开关柜为例，介绍高压成套配电装置的结构、日常维护与检修。

第一节　结构与工作原理

一、高压配电装置技术参数

1. 型号释义

KYN28A-12 铠装型移开式交流金属封闭开关设备（以下简称开关柜）适用于额定电压为 3.6～12 kV、频率为 50 Hz 的交流供配电系统中，用于接收和分配电能。KYN28A-12 型高压开关柜型号释义如图 3-2 所示。

开关应符合以下标准：

GB/T 3906—2020《3.6 kV～40.5 kV 交流金属封闭开关设备和控制设备》

GB/T 11022—2020《高压交流开关设备和控制设备标准的共用技术要求》

DL/T 404—2018《3.6 kV～40.5 kV 交流金属封闭开关设备和控制设备》

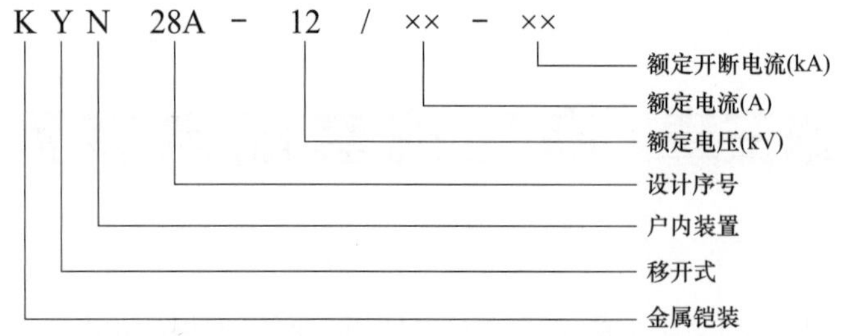

图 3-2　KYN28A-12 型高压开关柜型号释义

2. 基本参数

高压开关柜基本参数见表 3-1。

表 3-1　高压开关柜基本参数

<table>
<tr><th>序号</th><th colspan="2">名称</th><th>单位</th><th colspan="3">数据</th></tr>
<tr><td>1</td><td colspan="2">额定电压（最高工作电压）</td><td>kV</td><td colspan="3">3.6、7.2、12</td></tr>
<tr><td>2</td><td colspan="2">额定频率</td><td>Hz</td><td colspan="3">50</td></tr>
<tr><td>3</td><td colspan="2">断路器额定电流</td><td>A</td><td colspan="3">630、1250、1600、2000、2500、3150</td></tr>
<tr><td>4</td><td colspan="2">开关柜额定电流</td><td>A</td><td colspan="3">630、1250、1600、2000、2500、3150</td></tr>
<tr><td>5</td><td colspan="2">额定热稳定电流（4 s）</td><td>kA</td><td colspan="3">16、20、25、31.5、40、50</td></tr>
<tr><td>6</td><td colspan="2">额定动稳定电流（峰值）</td><td>kA</td><td colspan="3">40、50、63、80、100、125</td></tr>
<tr><td>7</td><td colspan="2">额定短路开断电流</td><td>kA</td><td colspan="3">16、20、25、31.5、40、50</td></tr>
<tr><td>8</td><td colspan="2">额定短路关合电流（峰值）</td><td>kA</td><td colspan="3">40、50、63、80、100、125</td></tr>
<tr><td rowspan="2">9</td><td rowspan="2">额定绝缘水平</td><td>1 min 工频耐受电压</td><td>kV</td><td>24</td><td>32</td><td>42</td></tr>
<tr><td>雷电冲击耐受电压</td><td>kV</td><td>40</td><td>60</td><td>75</td></tr>
<tr><td>10</td><td colspan="2">防护等级</td><td colspan="4">外壳为 IP4X，隔室间、断路器室门打开时为 IP2X</td></tr>
</table>

二、结构及工作原理

开关柜设备按 GB/T 3906—2020《3.6 kV～40.5 kV 交流金属封闭开关设备和控制设备》中的铠装式金属封闭开关设备要求进行设计，由柜体和可抽出部件（中置式手车）两部分组成。当断路器抽出时，开关柜的防护等级为 IP2X；当断路器推进处于运行状态时，防护等级不低于 IP41。本开关设备可以从正面进行安装调试和维护，减少了占地面积，安全性、灵活性较高。

1. 柜体结构

开关柜的柜体被隔板分成多个隔室，由于采用多重折边工艺，柜体比其他同类设备柜体整体质量轻、机械强度高。

每个隔室顶部均设有各自的压力释放通道及释放口。当断路器或母线发生内部故障时，产生的电弧使开关柜内部气压升高，装设在门上的特殊密封结构将柜前封闭，顶部的泄压铝板将自动打开，释放压力和排放气体。

高压开关柜按功能区域划分如图 3-3 所示，主要由母线室、手车室、电缆室、继电器仪表室组成。

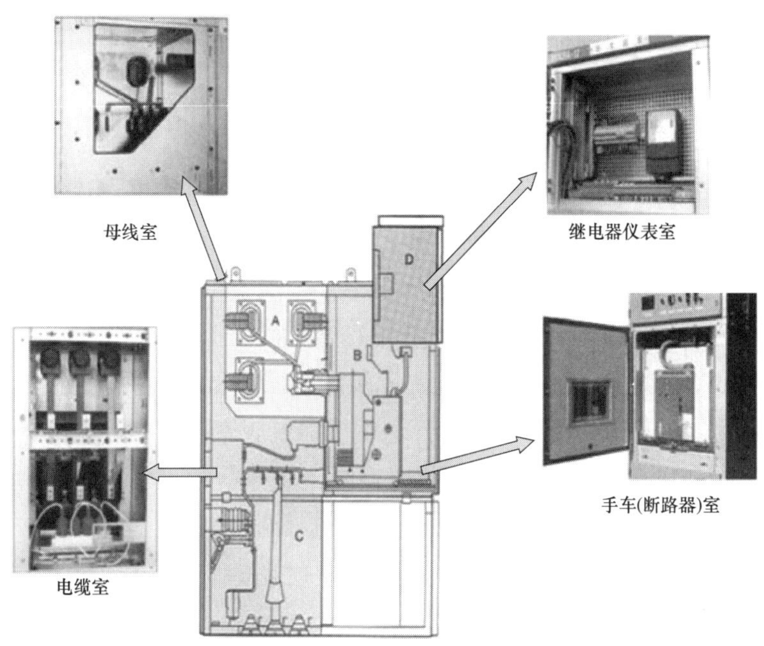

图 3-3 高压开关柜功能区域

（1）母线室。母线室位于盘柜后部上方，用于主母线的安装。主母线采用矩形截面的铜排，垂直布置，使用螺栓拼接相互贯穿连接；分支母线通过螺栓连接于静触头盒和主母线，不需要其他支撑。为确保安全，母线使用热缩套、连接螺栓绝缘套及端帽覆盖。

相邻柜母线室之间采用金属隔板和绝缘套管隔离，主母线穿过套管。如果某个高压柜出现内部故障电弧时，可防止母线贯穿性熔化，能有效地把事故限制在隔室内而不向其他柜蔓延。

（2）手车室。手车室位于开关柜中部，内部两侧安装了特定的导轨，供手车在柜内滑行与定位。手车在柜体中有明显的工作位置、试验位置和检修位置之分，各位置均能自动锁位和安全接地。静触头盒、活门机构安装在手车室的后壁上，当手车从试验 / 断开位置移至工作位置过程中，上下活门自动打开；当手车从工作位置移至试验 / 断开位置时，活门自动关闭。由于上、下活门为单独操动机构，不联动，在检修时可锁定带电侧的活门，从而保证检修维护人员不触及带电体。

手车室门板上有一操作孔，在断路器室门关闭时，手车同样能被操作。操作孔上方的观察窗玻璃能在柜门关闭时方便地观察到手车位置、手车分合闸状态、储能指示，观察窗玻璃应符合防爆要求。

手车室右下角的门柱上设置有接地开关操作孔，当手车位于试验 / 断开位置时，接地开关操作孔活门打开，可以操作接地开关闭合；当接地开关分开时，小车方可推进工作位置，此时，接地开关操作孔活门关闭，不能操作接地开关。

为了防止在湿度高、温度变化大的环境中产生凝露，导致柜体腐蚀及绝缘下降，手车室和电缆室内分别装设有空间加热器。

（3）电缆室。控制电缆从高压柜下部（或上部）进入柜内，敷设在高压柜侧壁的线槽内，并有金属盖板，使其与手车室隔离。

电流互感器、接地开关安装在电缆室的后壁上，避雷器和零序电流互感器安装于电缆室的下方。电缆进柜处配置开缝的可拆卸式非金属封板或不导磁金属封板，供主电缆穿过，方便施工。

（4）继电器仪表室。继电器仪表室位于开关柜正面上部。门板上装设微机型综合保护装置、计量表计、开关状态指示仪、带电显示装置、控制开关、保护连接片等元器件以及特殊要求的二次设备（如电源快切装置等）。继电器仪表室内部安装继电器、控制用熔断器、二次端子、控制和表计电源开关等元器件。

继电器仪表室顶部设置小母线室，用于敷设电压小母线、直流小母线和交流小母线等；顶部留有便于施工的小母线穿越孔，接线时，仪表室顶盖板可以打开，便于小母线的安装。

2. 中置式手车结构

（1）真空断路器结构。真空断路器因其灭弧介质和灭弧后触头间隙的绝缘介质都是高真空而得名，具有体积小、质量轻、适用于频繁操作、灭弧不用检修的优点，在电力系统中应用较为普及。真空断路器的外形如图 3-4 所示。

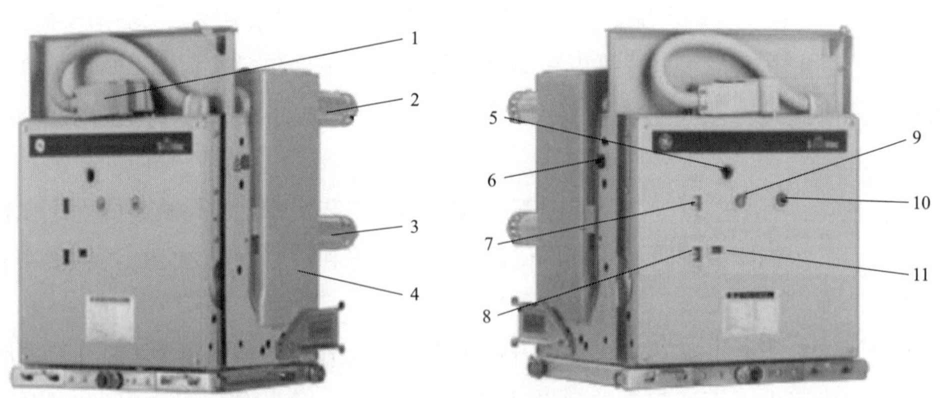

图 3-4　真空断路器外形图

1—二次插头；2—上触臂及梅花触头；3—下触臂及梅花触头；4—组装极柱；5—手动储能手柄插孔；6—吊装孔；7—储能状态指示器；8—合分位置指示器；9—手动分闸按钮；10—手动合闸按钮；11—计数器

真空断路器主要包含三大部分：电气回路、操动机构、支架。

1）电气回路。真空断路器使用真空灭弧室来实现电力电路的接通和分断，采用一次梅花触头配合的方式与开关柜进行一次导电回路连接，通过二次插头连接开关柜的二次回路。

真空断路器面板指示见表 3-2。

表 3-2　　真空断路器面板指示

储能状态指示器		合分位置指示器		手动合、分闸按钮	
	弹簧已储能	│	断路器合闸	│	手动合闸按钮
	弹簧未储能	○	断路器分闸	○	手动分闸按钮

真空灭弧室的结构示意图如图 3-5 所示。真空灭弧室由外壳、触头和屏蔽罩三大部分组成。外壳是由绝缘筒、静端盖板、动端盖板和波纹管所组成的真空密封容器；灭弧室内的静触头固定在静导电杆上，静导电杆穿过静端盖板并与之焊成一体；动触头固定在动导电杆的一端上，动导电杆的中部与波纹管的一个端口焊在一起，波纹管的另一端口与动端盖板的中孔焊接，动导电杆从中孔穿出外壳，在动、静触头和波纹管周围分别装有屏蔽罩，由于波纹管在轴向上可以伸缩，因而这种结构既能实现从灭弧室外操动动触头作分合运动，又能保证外壳密封性。

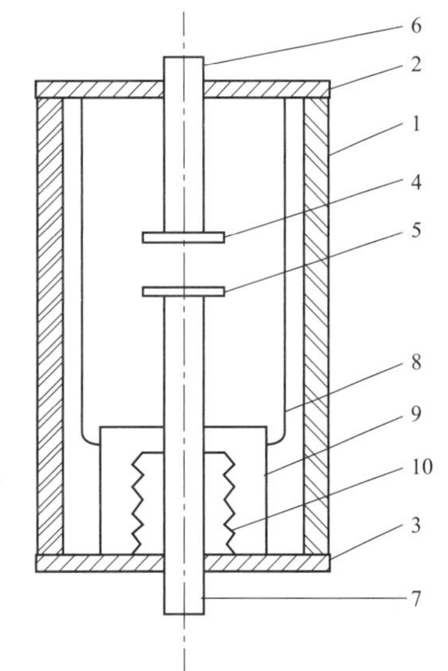

图 3-5　真空灭弧室结构示意图

1—绝缘筒；2—上盖板（静端）；3—下盖板（动端）；4—静触头；5—动触头；6—静导电杆；7—动导电杆；8—主屏蔽罩；9—波纹管屏蔽罩；10—波纹管

2）操动机构。

a. 储能。电动储能：储能机构（如图 3-6 所示）由电动机、减速箱、二级蜗轮副、超越离合器及合闸簧组成。当储能电动机工作时，与电动机键连接的小蜗杆旋转，带动小蜗轮做减速旋转，小蜗轮通过单向轴承固定在大蜗杆上，于是小蜗轮带动大蜗杆一起旋转，大蜗杆又带动大蜗轮再一次做减速旋转，大蜗轮转动带动钢套运动，钢套转动使钢柱与储能轴挤紧产生较大的摩擦力，带着储能轴一起转动，拉长合闸簧储能，然后由合闸掣子顶住凸轮上的滚子，使机构保持在储能状态。

手动储能：当需要进行手动储能时，将储能手柄插进手动储能手柄插孔，操动手把顺时针转动，直接带动大蜗杆进行上述储能过程。上述储能结束时，有“咔嚓”声响，并且储能状态指示器显示已储能状态，断路器等待合闸。

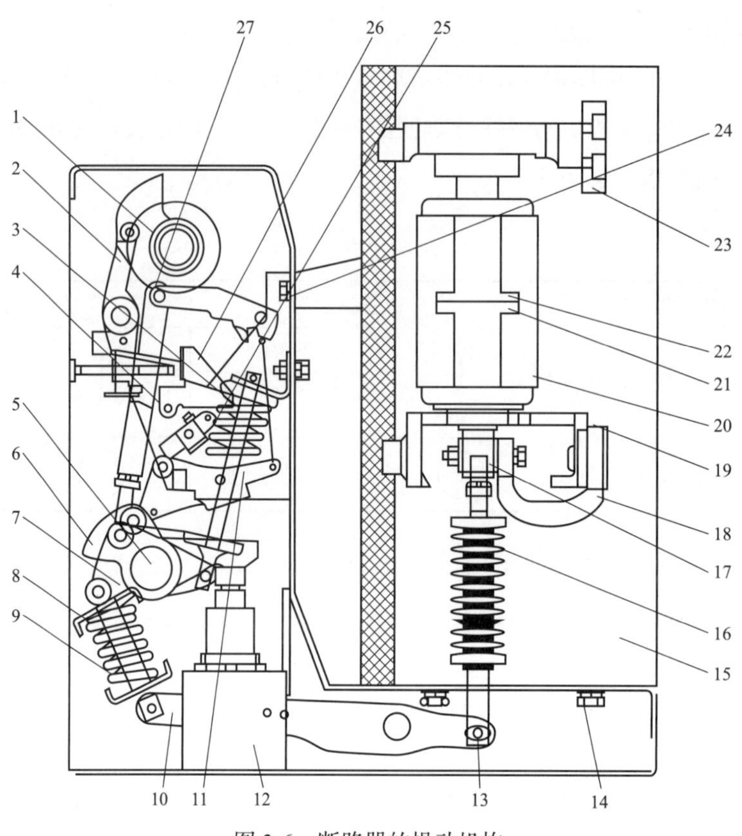

图 3-6　断路器的操动机构

1—凸轮；2—合闸掣子；3—分闸簧；4—连杆；5—主轴；6—拐臂①；7—拐臂②；8—连杆；9—触头簧；10—杠杆；11—分闸掣子；12—油缓冲；13—轴销；14—螺栓；15—绝缘罩；16—绝缘子；17—导电夹；18—软连接；19—下支座；20—灭弧室；21—动触头；22—静触头；23—上支座；24—螺栓；25—抬板；26—分闸脱扣抬板；27—滚子

b. 合闸。当断路器接到合闸指令（手推合闸按钮或启动合闸电磁铁电动合闸），合闸掣子 2 逆时针转动与凸轮 1 上的滚子脱离，凸轮在合闸簧力的作用下逆时针转动，推动滚子 27 使连杆 4 向下运动，带动主轴 5 和杠杆 10 等整个传动系统作逆时针转动，使绝缘子 16 向上直线运动，动触头 21 以适当的速度和静触头 22 闭合；同时压缩触头簧 9 使其产生需要的接触行程（超程），确保动静触头间产生所需压力，而拐臂 6 上的滚子与分闸掣子 11 在此位置顶住，使合闸保持，从而完成合闸过程。

c. 分闸。如图 3-6 所示，当开关接到分闸指令（手推分闸按钮或启动分闸电磁铁电动分闸），分闸脱扣抬板 26 顺时针转动，压迫抬板 25 顺时针转动，使分闸掣子 11 与拐臂 6 上的滚子脱离，在分闸簧与触头压簧作用下，主轴 5 和杠杆 10 等整个传动系统作顺时针运动，绝缘子 16 带着动触头 21 以适当速度与静触头 22 分离，在接近分闸的最终位置，油缓冲器 12 开始动作吸收分闸剩余动能，从而完成整个分闸过程。

d. 重合闸。断路器合闸后，动能释放，机构能够立即储能，因此断路器分闸后能够立即合闸，即具有重合闸功能。

e. 断路器的内部联锁。断路器储能状态与合闸电磁铁线圈电气回路间的联锁是指只有储能弹簧储能完毕，才能接通合闸电磁铁线圈电气回路。

断路器主回路状态与分闸电磁铁线圈电气回路间的联锁是指断路器处于分闸状态时，分闸电磁铁线圈电气回路被切断。

除上述断路器的内部联锁外，断路器还设置供外部使用的联锁接口，通过接口与外部电气回路的连接，可实现断路器处于某种状态时不能进行分合闸操作的联锁。

3）支架。手车支架采用钢板经 CNC 机床加工后铆接而成。手车与柜体绝缘配合，机械联锁，安全、灵活、可靠。

手车支架底盘下部安装有丝杆，转动手柄通过丝杆与手车支架连接，用以控制手车在手车室导轨上推进或者退出。

（2）真空接触器结构。真空接触器结构简单，为立体结构布置，上部为高压主电路部分，下部为低压控制部分。

真空接触器通常由绝缘隔电框架、金属底座、传动拐臂、电磁系统、辅助开关和真空开关管等部件组成。当电磁线圈得到控制电压时，衔铁带动拐臂转动，使真空开关管内主触头接通；电磁线圈断电后，由于分闸弹簧作用，使主触头分断。

真空开关管是以上封盖、下封盖、金属波纹管和陶瓷管等组成，管内封装一对动静触头，触头材料采用耐磨且低截流值的 Cu-W-WC，这样在满足开断性能的条件下，减小开断过程中由于截流引起的过电压，提高了真空开关管使用的电寿命。金属波纹管轴向运动时带动动触头做分合闸动作。

电磁系统吸力特性和反力特性良好配合，并发挥接触器运行时噪声低、节电的优点，采用滞留双线圈（启动和维持），通过辅助开关切换。为了便于用户进行直流电源操作，接触器带有桥式整流装置。

当闭合线圈通电时，接触器吸合，机械锁扣锁住：当脱扣线圈通电时，机械锁扣脱扣，接触器释放。脱扣线圈在热态时，其电压在 85%～110%U_s 范围内使接触器可靠释放。

第二节 日 常 维 护

一、安全用具

（1）电工安全用具是用来直接保护电工人身安全的基本用具，分为基本安全用具、辅助安全用具。

基本安全用具：绝缘强度应能长期承受工作电压，并能在过电压时，保证工作人员的人身安全。

辅助安全用具：绝缘强度不能承受电气设备或线路的工作电压，只能加强基本安全用具的保护作用。

（2）安全工器具应按照 DL/T 1476—2015《电力安全工器具预防性试验规程》的要求定期试验，对于试验不合格的应及时更换。以下对常用的安全工器具的注意事项进行介绍：

1）绝缘靴：

a. 绝缘靴：作用是使人体与大地绝缘，防止跨步电压，分 20 kV（试验电压）和 6 kV 两种。

b. 使用前检查绝缘靴靴底部无断裂，靴面无裂纹，并清洁。

c. 必须按规定进行定期试验。

2）绝缘手套：

a. 绝缘手套可以使人的两手与带电体绝缘；分 12 kV（试验电压）和 5 kV 两种。

b. 使用前检查绝缘手套有无裂纹，表面应清洁、无发黏等现象，可将手套卷起做气密性试验。

c. 必须按规定进行定期试验。

二、工具管理规定

（1）手动工具的手柄应有绝缘防护，要定期检测绝缘，发现绝缘损坏应立即修理。在未修复前，不得继续使用，并做封存处理。

（2）电动工具使用前，应该检查接线是否正确，防止短路和电源相线接错造成电动工具损坏。发现工具外壳、手柄破裂或防护装置不全时应停止使用，在未修复前，不得继续使用，并做封存处理。

（3）高压验电笔使用注意事项：

1）必须与电压等级相符。

2）验电前先检查外观有无损坏，再在带电设备上先进行试验，确认完好后方可使用。

3）验电时，应逐渐靠近带电体。

（4）低压验电笔使用注意事项：

1）使用前，检查试电笔是否有损坏，有无受潮或进水。

2）在测量之前，先在带电设备上先进行试验，确认验电笔完好后方可使用。

三、电工仪表使用方法

电工常用的仪表有万用表、绝缘电阻表、电压表、电流表、电阻测量仪等，以下简单介绍这些仪表的使用方法及注意事项。

1. 万用表

数字式万用表（如图 3-7 所示）能测量直流电流、直流电压、交流电压和电阻等，有的还可以测量功率、电感和电容等，是电工最常用的仪表之一。

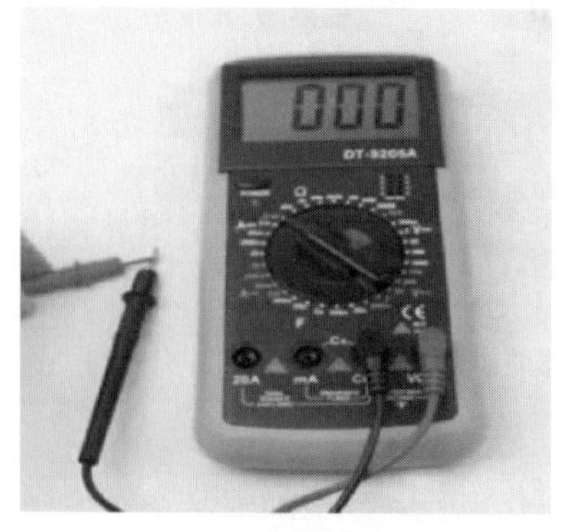

图 3-7　数字式万用表

（1）端钮（或插孔）选择要正确。红色表笔连接线要接到红色端钮上（或标有“+”号插孔内），黑色表笔的连接线应接到黑色端钮上（或接到标有“–”号插孔内）；有的万用表备有交直流 2500 V 的测量端钮，使用时黑色测试棒仍接黑色端钮（或“–”的插孔内），而红色测试棒接到 2500 V 的端钮上（或插孔内）。

（2）转换开关位置的选择要正确。根据测量对象将转换开关转到需要的位置上，如测量电流应将转换开关转到相应的电流挡，测量电压转到相应的电压挡。有的万用表面板上有两个转换开关，一个选择测量种类，另一个选择测量量程。使用时应先选择测量种类，然后选择测量量程。

（3）量程选择要合适。根据被测量的大致范围，将转换开关转至该种类的适当量程上。测量电压或电流时，最好使指针在量程的二分之一到三分之二的范围内，读数较为准确。

（4）正确进行读数。在万用表的标度盘上有很多标度尺，它们分别适用于不同的被测对象。因此测量时，在对应的标度尺上读数的同时，也应注意标度尺读数和量程挡的配合，以避免差错。

（5）欧姆挡的正确使用。

1）选择合适的倍率挡：测量电阻时，倍率挡的选择应以使指针停留在刻度线较稀的部分为宜，指针越接近标度尺的中间，读数越准确，越向左，刻度线越挤，读数的准确度越差。

2）调零：测量电阻之前，应将两根测试棒碰在一起，同时转动“调零旋钮”，使指针刚好指在欧姆标度尺的零位上，这一步骤称为欧姆挡调零。每换一次欧姆挡，测量电阻之前都要重复这一步骤，从而保证测量准确性。如果指针不能调到零位，说明电池电压不足需要更换。

3）不能带电测量电阻：测量电阻时万用表是由干电池供电的，被测电阻决不能带电，以免损坏表头。在使用欧姆挡间隙中，不要让两根测试棒短接，以免浪费电池。

（6）注意操作安全。

1）在使用万用表时要注意，手不可触及测试棒的金属部分，以保证安全和测量的准确度。

2）在测量较高电压或较大电流时，不能带电转动转换开关，否则有可能使开关烧坏。

3）万用表用完后最好将转换开关转到交流电压最高量程挡，此挡对万用表最安全，以防下次测量时疏忽而损坏万用表。

4）当测试棒接触被测线路前应再作一次全面的检查，看一看各部分位置是否有误。

2. 绝缘电阻表

绝缘电阻表（如图 3-8 所示）用来测量大电阻和绝缘电阻，计量单位是兆欧（MΩ），故称兆欧表。绝缘电阻表的种类有很多，但其作用大致相同。

图 3-8　绝缘电阻表

（1）绝缘电阻表选用。规定绝缘电阻表的电压等级应高于被测物的绝缘电压等级，如测量额定电压在 500 V 以下的设备或线路的绝缘电阻时，可选用 500 V 或 1000 V 绝缘电阻表。

测量额定电压在 500 V 以上的设备或线路的绝缘电阻时，应选用 1000～2500 V 绝缘电阻表；测量绝缘子时，应选用 2500～5000 V 绝缘电阻表。

一般情况下，测量低压电气设备绝缘电阻时可选用 0～200 MΩ 量程的绝缘电阻表。

（2）绝缘电阻的测量方法。绝缘电阻表有三个接线柱，上端两个较大的接线柱上分别标有“接地”（E）和“线路”（L），在下方较小的一个接线柱上标有“保护环”（或“屏蔽”）（G）。

1）测量线路对地的绝缘电阻。测量线路对地的绝缘电阻的步骤为将绝缘电阻表的“接地”接线柱（即 E 接线柱）可靠地接地（一般接到某一接地体上），将“线路”接线柱（即 L 接线柱）接到被测线路上，如图 3-9（a）所示。

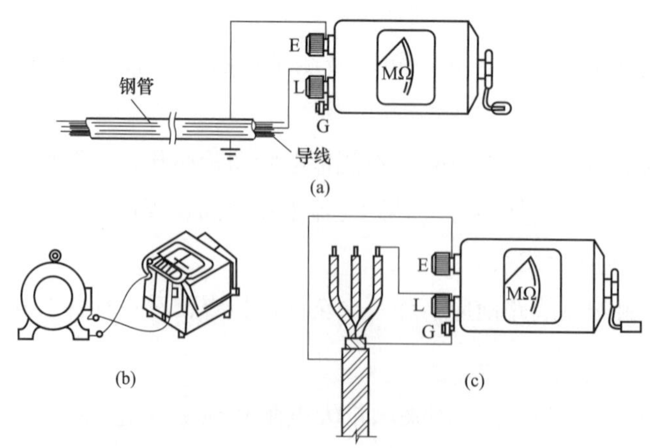

图 3-9　绝缘电阻表接线示意图

（a）测量线路对地的绝缘电阻；（b）测量电动机绝缘电阻；（c）测量电缆绝缘电阻

连接好后，顺时针摇动绝缘电阻表，转速逐渐加快，保持在约 120 转 / 分后匀速摇动，当转速稳定，表的指针也稳定后，指针所指示的数值即为被测物的绝缘电阻值。

实际使用中，E、L 两个接线柱也可以任意连接，即 E 可以与接被测物相连接，L 可以与接地体连接（即接地），但 G 接线柱决不能接错。

2）测量电动机的绝缘电阻。测量电动机的绝缘电阻的步骤为将绝缘电阻表 E 接线柱接机壳（即接地），L 接线柱接到电动机某一相的绕组上，如图 3-9（b）所示，测出的绝缘电阻值就是某一相的对地绝缘电阻值。

3）测量电缆的绝缘电阻。测量电缆的导电线芯与电缆外壳的绝缘电阻时，将接线柱 E 与电缆外壳相连接，接线柱 L 与线芯连接，同时将接线柱 G 与电缆壳、芯之间的绝缘层相连接，如图 3-9（c）所示。

（3）使用注意。

1）使用前应作开路和短路试验。使 L、E 两接线柱处在断开状态，摇动绝缘电阻表，指针应指向"∞"；将 L 和 E 两个接线柱短接，慢慢地转动，指针应指向在"0"处。这两项都满足要求，说明绝缘电阻表是好的。

2）测量电气设备的绝缘电阻时，必须先切断电源，然后将设备进行放电，以保证人身安全和测量准确。

3）绝缘电阻表测量时应放在水平位置，并用力按住绝缘电阻表，防止在摇动中晃动，摇动的转速为 120 r/min。

4）引接线应采用多股软线，且要有良好的绝缘性能，两根引线切忌绞在一起，以免造成测量数据的不准确。

5）测量完后应立即对被测物放电，在绝缘电阻表的摇把未停止转动和被测物未放电前，不可用手去触及被测物的测量部分或拆除导线，以防触电。

3. 接地电阻测量仪

接地电阻是指埋入地下的接地体电阻和土壤散流电阻。接地电阻测量仪的使用方法为：

（1）拆开接地干线与接地体的连接点，或拆开接地干线上所有接地支线的连接点。

（2）将两根接地棒分别插入地面 400 mm 深，一根离接地体 40 m 远，另一根离接地体 20 m 远。

（3）把绝缘电阻表置于接地体近旁平整的地方，然后进行接线。

1）用一根连接线连接表上接线桩 E 和接地装置的接地体 E′。

2）用一根连接线连接表上接线桩 C 和离接地体 40 m 远的接地棒 C′。

3）用一根连接线连接表上接线桩 P 和离接地体 20 m 远的接地棒 P′。

（4）根据被测接地体的接地电阻要求，调节好粗调旋钮（上有三挡可调范围）。

（5）以约 120 r/min 的速度均匀地摇动绝缘电阻表。当表针偏转时，随即调节微调拨盘，直至表针居中为止。以微调拨盘调定后的读数，去乘以粗调定位倍数，即是被测接地体的接地电阻。例如微调读数为0.6，粗调的电阻定位倍数是10，则被测的接地电阻是6 Ω。

（6）为了保证所测接地电阻值的可靠，应改变方位重新进行复测，取几次测得值的平均值作为接地体的接地电阻。

四、日常维护项目

1. 配电室环境检查

（1）进入高压配电室后应立即关好配电室门，防止无关人员或小动物进入。

（2）检查配电室温度是否正常，一般应保持在5～35 ℃之间。若温度过低或过高，应及时打开空调或通风设备，调节空气温度。

（3）检查配电室顶部有无漏水、窗户是否关严、窗台有无渗水痕迹。如屋顶漏水应立即在下部开关柜上使用塑料篷布进行遮挡，防止水漏到开关柜上，找出漏水原因尽快处理。

（4）检查配电室内是否有焦煳气味。如有焦煳味，立即使用热成像仪排查设备过热点，查明后停运设备处理。

（5）检查配电室内的转移手车、专用工具、绝缘用具、高压验电器等是否齐全、完好。

（6）每周检查一次正常照明、事故照明、柜内照明是否完好，每月至少进行一次夜间全闭灯检查，查看开关柜有无放电情况。

2. 高压配电装置设备检查

（1）听真空断路器、互感器等有无放电声或机械振动异响。如有放电声或机械振动异响应立即排查故障点，停运设备处理（在排查放电声时要与设备保持安全距离）。

（2）检查各配电柜前后柜门是否关好。

（3）检查仪表室单元，查看各配电柜综合测量仪表显示的电压、电流数据是否正常；综合保护装置显示是否正常，有无报警信息；开关状态指示仪、带电显示器是否与该柜运行状态相符合。如果保护装置、开关状态指示仪出现异常现象，应立即停运设备检查处理。

（4）检查热备及运行中的开关柜操作转换开关是否在“远方”位置。

（5）检查热备及运行中的开关柜断路器是否已储能。如未储能检查储能开关是否跳闸，并停运设备进行处理。

（6）检查高压电缆头有无变色，支持绝缘子有无放电痕迹。

第三节　检修工艺及质量标准

一、高压配电装置修前准备

1. 图纸和资料准备

图纸和资料准备的内容包括高压配电装置使用说明书、高压配电装置二次接线图、历年高压配电装置试验报告、继电保护及自动装置检验报告及历次检修情况、保护测控装置说明书、保护定值单、配套电力仪表（PD284Z-9S4）说明书。

2. 检修危险源点分析

高压配电装置检修前应进行危险源点分析，并制定相应的预控措施。参见表 3-3。

表 3-3 高压配电装置检修危险源点分析及预控措施

序号	危险源点分析	预控措施
1	触电	不停电配电柜设置隔离围栏，并标明“运行设备”，不停电配电柜柜门锁闭。检修盘柜的带电部位使用绝缘板隔离。检修配电柜负荷侧装设接地线或合上接地开关。遵守安全用电规定，临时照明由专人管理
2	碰伤	遵守安全规定，正确佩戴安全防护用品，同一配电柜内的检修工作一次开展，不交叉作业
3	跌伤	紧固螺栓作业时使用合适的力矩扳手，并应防止用力过猛
4	走错间隔	工作前再次核对、确认检修的设备双重编号（名称和编号）正确，防止误动带电或正在运行的设备

3. 现场作业前准备

（1）办理检修工作票。

（2）随同工作许可人共同到检修现场检查安全措施执行完毕。

（3）准备检修场地，建立工作区，检修场地铺设橡胶垫。

（4）核对工器具与清单（见表 3-4）一致。

（5）核对备件、材料与清单（见表 3-5）一致。

（6）组织召开班前会带领工作班成员学习施工安全注意事项，交代检修工艺要求。

表 3-4 工器具清单（供参考）

序号	名称	规格	单位	数量	备注
1	吹风机	JBL550	台	1	
2	活动扳手	8″～17″	套	2	
3	套筒扳手	6～30	套	2	
4	线轮电源	220 V，16 A	个	1	
5	十字、一字螺丝刀		把	若干	
6	梅花扳手	1	套	2	
7	什锦锉刀		套	1	
8	力矩扳手	配套 M14～M24 套筒头	套	2	力矩可调 60～600 N
9	毛刷	2″、4″	把	各 4	

续表

序号	名称	规格	单位	数量	备注
10	绝缘电阻表	0～2500 V	块	1	
11	绝缘电阻表	0～500 V	块	1	
12	数字万用表	FLUkE 17B+	块	1	
13	温湿度仪	BT-2	块	1	
14	高压验电器	6 kV	只	1	
15	低压验电笔	500 V	只	1	
16	……				

表 3-5　　备件、材料清单（供参考）

序号	名称	规格	单位	数量	备注
1	高压开关主触头配件		套	1	
2	电压表		块	1	
3	万能转换开关		个	1	
4	多功能电力仪表		块	3	
5	过电压保护器		个	1	
6	电压互感器主触头配件		套	1	
7	高压熔断器		个	1	
8	接触器		个	1	
9	电压变送器		个	1	
10	连接片		套	1	
11	中间继电器		个	1	
12	带灯按钮（红）		个	1	
13	带灯按钮（绿）		个	1	
14	接线端子		个	10	
15	白棉布		kg	5	
16	黄油	3 号锂基脂	kg	0.5	
17	无水乙醇	分析纯	kg	2	
18	绘图橡皮		块	1	
19	砂纸	1000 号	张	10	
20	导电膏		盒	1	
21	电气清洗剂		kg	2	
22	……				

二、C/D 级检修项目及质量标准

脱硫系统高压配电装置的 C/D 级检修一般随机组计划检修进行，每年进行一次，检修项目及质量标准见表 3-6。

表 3-6 脱硫系统高压配电装置 C/D 级检修项目及质量标准

项目	检修项目	检修工艺及质量标准
检修前准备	执行安全措施	根据工作内容做好母线停电、二次回路停电、运行区域隔离等安全措施
盘柜卫生清扫	（1）继电器室清扫。 （2）开关室清扫。 （3）母线室清扫。 （4）电缆室清扫	（1）用吸尘器与毛刷清扫继电器室里的灰尘。 （2）断路器摇出并放在检修小车上，用吸尘器与毛刷清扫断路器及断路器室的灰尘、杂物。打开上、下静触头盒隔板用吸尘器与毛刷清扫静触头盒里的灰尘及杂物。 （3）用吸尘器与毛刷清扫母线室里的灰尘。 （4）用吸尘器与毛刷清扫电缆室（接地开关、过电压保护器、电缆及底板）、开关柜顶部、开关柜表面及观察窗口的灰尘。 （5）质量标准：使用白布擦拭，白布无变色
继电器室检查	（1）空气开关检查。 （2）控制元件、回路检查	（1）将清扫过的空气开关及接线用干净的白布擦拭干净；空气开关固定牢固、外观良好无破损；检查确认空气开关进、出线压接牢固，压接口无发黑、烧煳现象；检查空气开关操作过程中开关无卡涩现象，每一次操作用万用表测量空气开关分、断正常，辅助触点动作正常。 （2）转换开关转动灵活，按钮开关按下后反弹无卡涩，用万用表电阻挡测量触点通断正常；指示灯无烧蚀痕迹，安装牢固；二次线路外观无破损变形、发热痕迹，螺栓紧固，线束固定可靠
开关柜内加热器	（1）加热器外观检查。 （2）控制回路检查	（1）毛刷清扫，白布擦拭干净。加热器固定牢固、外观良好无破损。 （2）控制回路接线无松动
手车机构检查	（1）清理柜内及手车卫生。 （2）检查机构。 （3）检查接地开关	（1）抽出手车，清扫柜内和手车上的灰尘及油污。 （2）检查手车抽出过程应灵活，无卡涩，活门机构灵活，打开、关闭到位。 （3）检查接地开关合闸、分闸过程应灵活、分合到位
手车梅花触头检查	（1）触头外观检查。 （2）触头位置检查。 （3）触头弹簧紧力检查	（1）检查手车梅花触头应无过热、烧熔、变色等异常；有烧伤、过热现象时，可用锉刀及细砂布处理，并用无水乙醇擦洗接触面后涂一层凡士林油或导电膏。 （2）三相梅花触头高度应一致，相间距离差不大于 1 mm，梅花触头在水平方向的自由行程应为 3～5 mm，触头与穿心导电杆连接螺钉应坚固。 （3）开关在工作位置时，动触头插入深度不小于 15 mm；每个梅花触头的压力应为 70～100 N，不合格时可调整弹簧的压紧螺钉；开关在试验位置时，动触头与静触头应保持不小于 125 mm 的气隙

续表

项目	检修项目	检修工艺及质量标准
柜体和车体检查	（1）固定螺栓检查。 （2）转动部位润滑	（1）柜体和车体上所有螺栓、销钉齐全，不松动。 （2）操动机构和开关的转动部位、摩擦部位、活门运动轴销部位、接地开关传动机构以及手车推进机构的转动部位，加适量的润滑油（脂）
电缆室	（1）设备检查。 （2）防火封堵检查	（1）查看高压电缆接头、电流互感器、避雷器等应无裂纹和放电痕迹，紧固一次、二次接线。 （2）敲击盘柜底部防火隔板固定可靠，穿电缆孔洞封堵应严密，防火泥密实无空鼓；检查柜外电缆防火涂料厚度大于 1 mm，目视涂刷长度应大于 1.5 m
接地	（1）接地线检查 （2）接地电阻检测	（1）紧固开关柜仪表室柜门接地线、高压电缆屏蔽接地线、柜体接地线应完好、压紧。 （2）开关柜整体接地电阻小于 4 Ω
绝缘检测	绝缘检测	用 2500 V 绝缘电阻表测量开关的绝缘应大于 1000 MΩ；用 500 V 绝缘电阻表测量二次回路（含加热器、照明等交流回路）对地绝缘电阻应大于 1 MΩ
手动试验	手动分合闸试验	手动操作试验可靠（注：手动储能、手动合闸、手动分闸只在手车空载调试和检测时使用）
传动试验	开关传动试验	将手车送入试验位置，进行就地操作试验和远方传动试验，手车动作可靠，开关状态指示仪指示位置正确
“五防”闭锁	“五防”闭锁试验	修后“五防闭锁”试验合格：防止误分、误合断路器；防止带负荷拉、合隔离开关；防止带电挂（合）接地线（接地开关）；防止带接地线（接地开关）合断路器（隔离开关）；防止误入带电间隔
熔断器	高压熔断器检查	检查高压熔断器无断线、导电部位接触良好无变色

三、A/B 级检修项目及质量标准

脱硫系统高压配电装置的 A/B 级检修随机组计划性检修进行，一般每五年进行一次，脱硫系统高压配电装置 A/B 级检修项目及质量标准见表 3-7。

表 3-7　脱硫系统高压配电装置 A/B 级检修项目及质量标准

项目	检修项目	检修工艺及质量标准
修前准备	执行安全措施	（1）根据工作内容做好母线停电、二次回路停电、运行区域隔离等安全措施。 （2）高压成套配电装置检修时，如果有联络母线的，一般为一段停电，一段带电，必须分析联络母线（母线桥）断路器及隔离开关的位置、开关上下口带电情况，防止触电事故发生
修前检查	标识标牌检查	（1）盘柜前后标志齐全，编号正确。 （2）盘前、盘后名称、编号正确，标识牌安装牢固

续表

项目	检修项目	检修工艺及质量标准
盘柜卫生清扫	（1）继电器室清扫。 （2）开关室清扫。 （3）母线室清扫。 （4）电缆室清扫	（1）用吸尘器与毛刷清扫继电器室里的灰尘。 （2）断路器摇出并放在检修小车上，用吸尘器与毛刷清扫断路器及断路器室的灰尘、杂物；打开上、下静触头盒隔板用吸尘器与毛刷清扫静触头盒里的灰尘及杂物。 （3）用吸尘器与毛刷清扫母线室里的灰尘。 （4）用吸尘器与毛刷清扫电缆室（接地开关、过电压保护器、电缆及底板）、开关柜顶部、开关柜表面及观察窗口的灰尘
母线室检查	（1）母线检查 （2）绝缘护套支架检查	（1）将清扫过的母线用干净的白布擦拭干净。检查母线绝缘层完好，无脱落，过热破裂痕迹，如有及时处理。检查母线连接螺栓无缺失、无松动，接触面有无过热变色痕迹，母线固定良好。 （2）检查支持绝缘子和穿墙套管有无裂纹及放电痕迹，接头保护盒无发热痕迹，否则应更换备件；柜体母线相序颜色明显，必要时粘贴相序颜色
继电器室检查	（1）空气开关检查。 （2）控制元件、回路检查	（1）将清扫过的空气开关及接线用干净的白布擦拭干净；空气开关固定牢固、外观良好无破损；检查确认空气开关进、出线压接牢固，压接口无发黑、烧煳现象。检查空气开关操作过程中开关无卡涩现象，每一次操作用万用表测量空气开关分、断正常辅助触点动作正常。 （2）转换开关转动灵活，按钮开关按下后反弹无卡涩，用万用表电阻挡测量触点通断正常；指示灯无烧蚀痕迹，安装牢固；二次线路外观无破损变形、发热痕迹，螺栓紧固，线束固定可靠
断路器室检查	（1）释放储能。 （2）断路器机构检查。 （3）分合闸线圈检查。 （4）储能电动机检查。 （5）传动机构检查	（1）断路器分闸后，拉至试验 / 断开位置，切断储能电动机电源，然后手动操作断路器分合闸各一次，使弹簧释能。 （2）将清扫过的真空断路器用干净的白布擦拭干净；检查连接部位，螺钉、弹簧垫圈、挡圈等紧固件应无松动现象。跳闸弹簧各匝之间应均匀，无锈迹、无断裂等缺陷；断路器触头和母线触头配合良好，无放电痕迹，无卡涩现象。动触头弹簧无松动，动静触头结合良好，表面涂抹导电膏或凡士林；检查断路器辅助分合闸触点状态与断路器状态一致。 （3）检查分合闸线圈颜色正常，电阻符合厂家说明书数据，线圈无过热迹象，铁芯与线圈之间无卡涩、阻滞现象，铁芯拉杆无变形、弯曲。 （4）储能电动机齿轮无裂纹、松动，链条松紧适度；电刷长度不小于原长的 1/2，电刷在刷窝内活动无卡涩。 （5）开关主轴、拐臂、各部连杆的相互连接情况良好，轴销完整齐全，螺钉紧固，发现轴销磨损过多，或连杆弯曲变形时应更换备品；清理拉杆拐臂及连接轴销处油污，并涂抹润滑油。 （6）静触头挡板动作灵活，无卡涩，机构行程到位

续表

项目	检修项目	检修工艺及质量标准
电缆室检查	（1）接地开关检查。 （2）互感器检查	（1）接地开关机构分合正常；接地开关机构分合指示准确清晰。接地开关接触紧密，触头润滑脂充足。 （2）电流互感器主回路检查：外观无发热变形，紧固一次、二次回路接线；电流互感器变比特性检查：外观无发热变形，紧固一次、二次回路接线
开关柜内加热器	（1）加热器外观检查。 （2）控制回路检查	（1）毛刷清扫，白布擦拭干净；加热器固定牢固、外观良好无破损。 （2）控制回路接线无松动
接地	（1）接地线检查。 （2）接地电阻检测	（1）紧固开关柜仪表室柜门接地线、高压电缆屏蔽接地线、柜体接地线应完好、压紧。 （2）开关柜整体接地电阻小于 4 Ω
传动试验	（1）手动分合闸试验 （2）开关传动试验	（1）手动操作试验（注：手动储能、手动合闸、手动分闸只在手车空载调试和检测时使用）可靠。 （2）将手车送入试验位置，进行就地操作试验和远方传动试验，手车动作可靠，开关状态指示仪指示位置正确
“五防”闭锁	（1）“五防”闭锁装置检查。 （2）“五防”闭锁试验	（1）检查“五防”闭锁机构灵活、螺钉等紧固可靠、位置状态正确。 （2）“五防闭锁”试验合格：防止误分、误合断路器；防止带负荷拉、合隔离开关；防止带电挂（合）接地线（接地开关）；防止带接地线（接地开关）合断路器（隔离开关）；防止误入带电间隔
保护、仪表校验	（1）保护、仪表等装置外观检查 （2）保护校验 （3）仪表校验	（1）毛刷清扫的装置及二次接线，并用干净的白布擦拭干净；装置二次接线端子接线紧固，固定牢固、无发热变形痕迹；装置交流采样单元电流接插端子无发热变形痕迹、外观良好；装置其他单元电路板无发热变形痕迹、外观良好；装置液晶面板显示清晰，显示时间准确。装置固定牢固、接地良好。 （2）综合保护测控装置校验要符合 DL/T 995—2016《继电保护和电网安全自动装置检验规程》的要求、定值核对正确。 （3）仪表校验合格符合 DL/T 1473—2016《电测量指示仪表检定规程》的要求
预防性试验	预防性试验	断路器、母线、电流互感器、电压互感器、避雷器等预防性试验符合 DL/T 596—2021《电力设备预防性试验规程》的要求

第四节　常见故障分析及处理

高压配电装置在日常的使用中会出现各种故障，究其原因多与电气方面和机械方面有关。

（1）拒动、误动故障。发生这类故障的原因有两种，第一种是由操动机构或传动系统的机械故障引起的，故障原因有机构卡死、部件扭曲变形、分合闸铁芯松动等；另一种是由电气控制和辅助回路引起的，故障原因有端子松动、接线错误、辅助开关切换不灵等。

（2）“五防”闭锁类故障。高压配电装置都带有防误操作、防设备分合不到位、防柜内外隔离门闭合不到位等“五防”设施。这些“五防”设施有的属机械闭锁装置，有的属电气闭锁装置，有的属机械电气联合闭锁装置，任何一个闭锁装置位置不到位、行程开关故障或机构故障都会造成设备无法正常操作，这就为设备的正常运行增加了更多的故障点。

本节对高压配电装置内的高压断路器、电压互感器、接地开关的常见故障进行介绍，并提供了一些故障分析的方法及故障处理的手段，见表3-8，供检修作业人员参考。

表3-8 高压配电装置常见故障分析及处理

<table>
<tr><th colspan="3">故障现象</th><th>原因分析</th><th>处理方法</th></tr>
<tr><td rowspan="16">断路器拒合</td><td rowspan="9">电气方面</td><td rowspan="5">合闸电磁铁不动作</td><td>合闸线圈烧坏</td><td>更换合闸线圈</td></tr>
<tr><td>合闸电磁铁二次线脱落</td><td>接好二次导线</td></tr>
<tr><td>辅助开关接触不良或辅助触点未动作</td><td>在检修位置用万用表测试辅助触点的通断，如果是辅助触点连杆机构行程问题造成触点未动作就调整辅助触点连杆使触点动作，如果检查辅助开关有问题就更换辅助触点</td></tr>
<tr><td>合闸电压低于额定电压的85%</td><td>测量合闸电压，恢复电压</td></tr>
<tr><td>二次导线接头松动</td><td>检查二次导线，更换问题导线</td></tr>
<tr><td rowspan="4">断路器未储能</td><td>电源是不正常</td><td>检查空气断路器是否跳闸，恢复电源</td></tr>
<tr><td>行程开关损坏</td><td>更换新的行程开关</td></tr>
<tr><td>减速箱内滚柱，有某一个没有完全脱开，凸轮没转到位不能储能</td><td>用杠杆穿入主轴后，下压凸轮使其转到位；如果再次出现，调整或更换减速箱</td></tr>
<tr><td>二次接线脱落或电动机烧坏</td><td>检查二次导线或更换电动机</td></tr>
<tr><td rowspan="6">机械方面</td><td rowspan="4">合闸不能保持</td><td>合闸连杆损坏，或者卡塞使合闸不到位</td><td>调整或更换合闸连杆</td></tr>
<tr><td>机构内储能半月板在合闸半轴卡的部位比较浅或没有卡住，造成机构储完能后紧接着又释放能量</td><td>调整合闸半轴角度，使合闸半轴卡的角度变小。使储能半月板能卡在合闸半轴上</td></tr>
<tr><td>分闸掣子不能保持断路器合闸位置</td><td>调整或更换分闸机构</td></tr>
<tr><td>合闸抬板螺钉松动或变形</td><td>调节行程到规定范围</td></tr>
<tr><td rowspan="2">合闸机构不动作</td><td>合闸抬板螺钉松动或变形</td><td>检修或更换合闸模块</td></tr>
<tr><td>小车不在工作位置，也不在试验位置，机械联锁作用导致不能合闸</td><td>检查小车是否到位，如有零件损坏，及时更换</td></tr>
</table>

续表

故障现象			原因分析	处理方法
断路器拒分	电气方面	分闸电磁铁不动作	分闸电磁铁烧坏	更换分闸电磁铁
			分闸电磁铁二次线脱落	接好二次导线
			辅助开关接触不良或辅助触点未动作	在检修位置用万用表测试辅助触点的通断，如果是辅助触点连杆机构行程问题造成触点未动作就调整辅助触点连杆使触点动作，如果检查辅助开关有问题就更换辅助触点
			分闸电压过低	测量分闸电压，恢复电压
			二次导线接头松动	检查二次导线，更换问题导线
	机械方面	不能电气分闸和手动分闸	分闸脱扣失灵	调整或更换分闸组件
			分闸顶杆未与分闸挡板接触上	调整分闸顶杆的长度
			分闸挡板与连杆连接松动	固定好分闸挡板与连杆的连接
其他问题		错误判断手车位置	手车位置辅助开关失效，或者手车变形	更换辅助开关或者找厂家检修手车
		断路器手车推不到位或拉不出来	（1）手车有没有正确摇到实验位置。 （2）手车底部两个把手没有回位、手车把手销子没有进入销子孔	（1）把手车摇到实验位置。 （2）把手车底部两个把手向外侧推到正确位置，使把手外侧的销子卡进外侧的销子孔内
		接地开关不能操作	一般开关柜都有柜后门与接地开关的闭锁，接地开关操作必须在柜后门关闭状态下才能操作	操作接地开关前检查柜后门是否关好
			闭锁电源电压不正常	检查闭锁电源
			闭锁电磁开关损坏	更换闭锁电磁开关
		电压互感器的故障	电压互感器高压熔丝熔断	更换新的熔断器
			电压互感器烧毁	更换新的电压互感器（在高压接线中注意同名端，二次侧接线一定按照原来方式接线）

第四章 低压成套配电装置

低压成套配电装置又称低压开关柜，是制造厂家按照主接线相关技术要求，将符合要求的低压电气设备装配在封闭或半封闭的金属柜中，构成单元电路分柜，并将各单元分柜进行组合安装，成为具有电能分配控制、保护、无功补偿、电量计算等多功能配电装置。同时低压成套配电装置安装调试等工作应符合 GB 7251.1《低压成套开关设备和控制设备 第 1 部分：总则》相关标准规定要求。低压成套配电装置如图 4-1 所示。

图 4-1 低压成套配电装置

第一节 结构与工作原理

一、低压配电装置的分类

低压配电装置按元件安装方式可分为固定式（即固定式低压配电柜）和抽屉式（又称手车式低压开关柜）两大类。

1. 固定式低压配电柜

固定式低压配电柜为敞开式结构，柜顶安装低压母线，并设有防护罩；配电柜前后有门，前柜门上装有测量仪表、保护装置、控制按钮、操作手柄及低压开关，前柜内装有继电器、二次端子及电能表等元件，后柜内装有隔离开关、熔丝、接线端子、接触器及其他表计；固定式低压配电柜间装有隔板，可限制故障范围。固定式低压配电柜如图 4-2 所示。

图 4-2　固定式低压配电柜

2. 抽屉式低压配电柜

抽屉式低压配电柜为封闭式结构，配电柜顶安装低压母线，并设有防护罩，进出线回路包括断路器、互感器、综合保护器等电器元件，组成具备一定供电功能的单元；功能单元与母线或电缆之间用接地的金属板或塑料板隔开，从而形成母线、功能单元、电缆接线端三个区域。抽屉与配电柜相对应的位置上分别安装一次接插件、二次接插件，用于一次、二次回路的连接。抽屉式低压配电柜正面图、背面图如图 4-3 所示。

图 4-3　抽屉式低压配电柜正面图、背面图

二、低压配电装置内部主要元器件的结构及原理

1. 低压断路器

低压断路器俗称自动空气开关，是指能够关合、承载和开断正常回路条件下的电流并能在规定的时间内关合、承载和开断异常回路条件下的电流的开关装置。低压断路器的功能相当于隔离开关、过电流继电器、失压继电器、热继电器及剩余电流动作保护器等电器部分或全部的功能总和，是低压配电网中一种重要的保护电器。常见的低压断路器外形如图 4-4 所示，在电气图纸中表示符号如图 4-5 所示。

低压断路器的辅助功能有多种，其基本信息可以从断路器的铭牌上读取。基本的型号规则如图 4-6 所示。

低压断路器由导电接触系统、灭弧系统、各种脱扣器、开关机构以及把各部分连接在

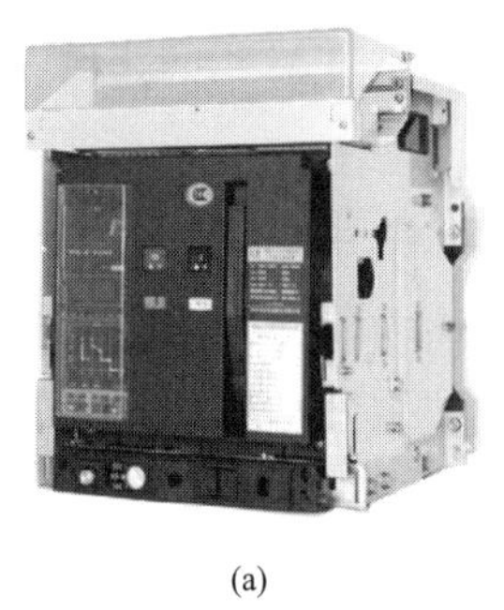

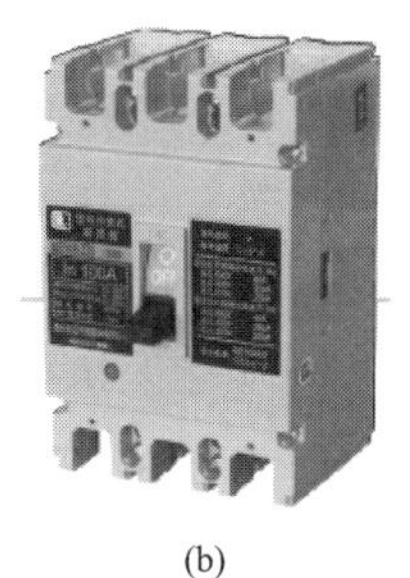

(a) (b) (c)

图 4-4 常见的低压断路器

（a）框架式断路器；（b）塑壳式断路器；（c）微型断路器

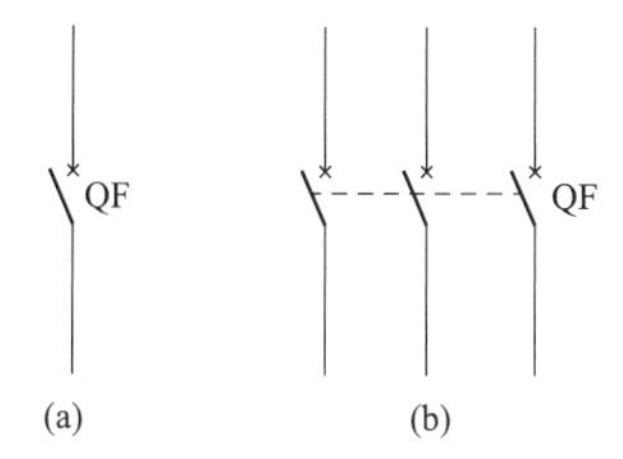

图 4-5 低压断路器电气符号

（a）单极断路器图形符号；（b）三极断路器图形符号

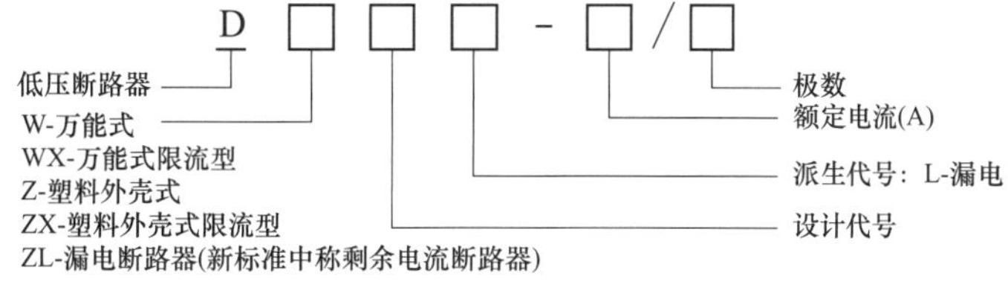

图 4-6 低压断路器的型号

一起的金属框架或塑料外壳部分组成，如图 4-7 所示。低压断路器的工作原理是低压断路器的主触头靠手动操作或电动合闸。主触头闭合后，自由脱扣机构将主触头锁在合闸位置上；过电流脱扣器的线圈和热脱扣器的热元件与主电路串联，欠电压脱扣器的线圈和电源并联。当电路发生短路或严重过负荷时，过电流脱扣器的衔铁吸合，使自由脱扣机构动作，主触头断开主电路；当电路过负荷时，热脱扣器的热元件发热使双金属片上弯曲，

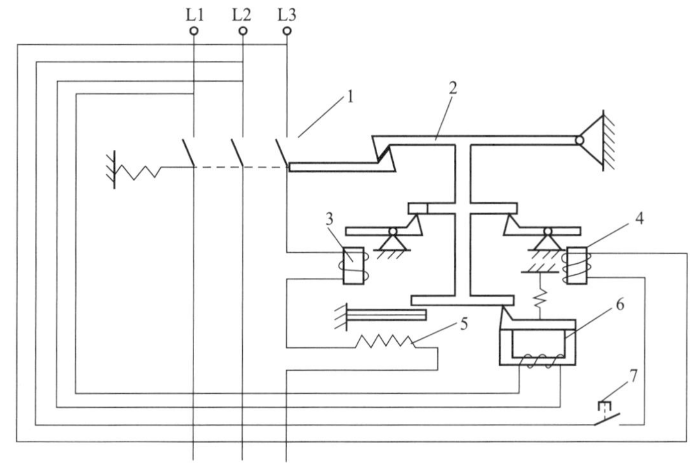

图 4-7 低压断路器基本结构简图

1—主触头；2—搭钩；3—过电流脱扣器；4—分励脱扣器；5—发热元件；6—欠电压脱扣器；7—按钮

推动自由脱扣机构动作；当电路欠电压时，欠电压脱扣器的衔铁释放，也使自由脱扣机构动作。

（1）脱扣器。低压断路器投入运行时，操作手柄已经使主触头闭合，自由脱扣机构将主触头锁定在闭合位置，脱扣器进入运行状态。脱扣器是低压断路器中用来接收跳闸信号的元件。若线路中出现不正常情况或由操作人员、继电保护装置发出信号时，脱扣器会根据信号的情况通过传递元件使触头动作而切断电路。低压断路器的脱扣器一般有电磁脱扣器、热脱扣器、失压脱扣器、分励脱扣器等几种。

1）电磁（过电流）脱扣器。

电磁脱扣器与被保护电路串联。线路中通过正常电流时，电磁铁产生的电磁力小于反作用力弹簧的拉力，衔铁不能被电磁铁吸动，断路器正常运行；当线路中出现短路故障时，电流超过正常电流的若干倍，电磁铁产生的电磁力大于反作用力弹簧的作用力，衔铁被电磁铁吸动通过传动机构推动自由脱扣机构释放主触头，主触头在分闸弹簧的作用下分开切断电路起到短路保护作用。

2）热脱扣器。

热脱扣器与被保护电路串联。线路中通过正常电流时，发热元件发热使双金属片弯曲至一定程度（刚好接触到传动机构）并达到动态平衡状态，双金属片不再继续弯曲；若出现过负荷现象时，线路中电流增大，双金属片将继续弯曲，通过传动机构推动自由脱扣机构释放主触头，主触头在分闸弹簧的作用下分开，切断电路起到过负荷保护的作用。

3）欠电压脱扣器。

欠电压脱扣器并联在断路器的电源侧，可起到欠电压及零压保护的作用。电源电压正常时扳动操作手柄，断路器的动合辅助触头闭合，电磁铁得电，衔铁被电磁铁吸住，自由脱扣机构才能将主触头锁定在合闸位置，断路器投入运行；当电源侧停电或电源电压过低时，电磁铁所产生的电磁力不足以克服反作用力弹簧的拉力，衔铁被向上拉，通过传动机构推动自由脱扣机构使断路器跳闸，起到欠电压及零压保护作用。

电源电压为额定电压的 75%～105% 时，失压脱扣器保证吸合，使断路器顺利合闸；当电源电压低于额定电压的 40% 时，失压脱扣器保证脱开使断路器跳闸分断。

就地分闸操作时，一般是使用串联在失压脱扣器电磁线圈回路中的动断按钮分断合闸保持回路，实现分闸操作。

4）分励脱扣器。

分励脱扣器用于远距离操作低压断路器分闸控制。分励脱扣器的电磁线圈并联在低压断路器的电源侧。需要进行分闸操作时，按动动合按钮使分励脱扣器的电磁铁得电吸动衔铁，通过传动机构推动自由脱扣机构，使低压断路器跳闸。

在一台低压断路器上同时装有两种或两种以上脱扣器时，则称这台低压断路器装有复式脱扣器。

（2）触头系统。

低压断路器的主触头在正常情况下可以接通、分断负荷电流，在故障情况下还必须可靠分断故障电流。主触头有单断口指式触头、双断口桥式触头、插入式触头等几种形式。主触头的动、静触头的接触处焊有银基合金触点，其接触电阻小，可以长时间通过较大的负荷电流。在容量较大的低压断路器中，还常将指式触头做成两挡或三挡，形成主触头、副触头和弧触头并联的形式。弧触头用耐弧金属材料制成，主触头和弧触头在断路器分闸、合闸时有不同的作用和操作次序。开关合闸时，弧触头承担合闸的电磨损；开关分闸时，弧触头承担电路分断时的强电弧，起保护主触头的作用；主触头承担长期通过负荷电流的任务。所以在合闸时弧触头先闭合、主触头后闭合；分闸时主触头先断开、弧触头后断开。

（3）灭弧系统。灭弧是断路器的一个重要应用之一，由于电弧不仅会对设备线路造成破坏，甚至还会影响人身安全。对用低压断路器而言常用的灭弧方法，主要有以下四种：

1）机械灭弧：通过极限装置将电弧迅速拉长。这种方法多用于开关电器中。

2）磁吹灭弧：在一个与触头串联的磁吹线圈产生的磁场作用下，电弧受电磁力的作用而拉长，被吹入有固体介质构成的灭弧罩内，与固体介质相接触，电弧被冷却而熄灭。

3）窄缝（纵缝）灭弧法：在电弧所形成的磁场电动力的作用下，可使电弧拉长并进入灭弧罩的窄（纵）缝中，几条纵缝可将电弧分割成数段并且与固体介质相接触，电弧便迅速熄灭。这种结构多用于交流接触器。

4）栅片灭弧法：当触头分开时，产生的电弧在电动力的作用下被推入一组金属栅片中而被分割成数段，彼此绝缘的金属栅片的每一片都相当于一个电极，因此就有许多个阴阳极压降。对交流电弧来说，近阴极处，在电弧过零时就会出现一个 150～250 V 的介质强度，使电弧无法继续维持而熄灭。由于栅片灭弧效应时要比直流时强得多，所以交流电器常常采用栅片灭弧。

（4）电操机构。电操机构也是一种远距离操作断路器的附件，既可用来实现断路器的远距离分闸操作，也能实现断路器的合闸操作。电操机构有电动操动机构和电磁操动机构两种：

1）电动操动机构由电动机驱动，一般适用于 630 A 及以上大容量框架式断路器的操作。

2）电磁操动机构由电磁铁驱动，适用于 100～225 A 等小容量断路器。此外还有辅助手柄、手柄闭锁装置、机械联锁装置等附件。

2. 交流接触器

交流接触器是一种依靠电磁力的作用，使主触点进行闭合，分断动作从而实现自动控制有载线路的电气元件，同时还具有欠电压、失电压保护的功能，但却不具备短路保护和过负荷保护功能。接触器的主要控制对象是电动机回路，其工作原理概述为线圈加额定电压，衔铁吸合，动断触头断开，动合触头闭合；线圈电压消失，触头恢复常态。为防止铁芯振动，铁芯上加有短路环。

常见的交流接触器如图 4-8 所示，在电气图纸中表示符号如图 4-9 所示。

常见的交流接触器的基本型号的含义，如图 4-10 所示。

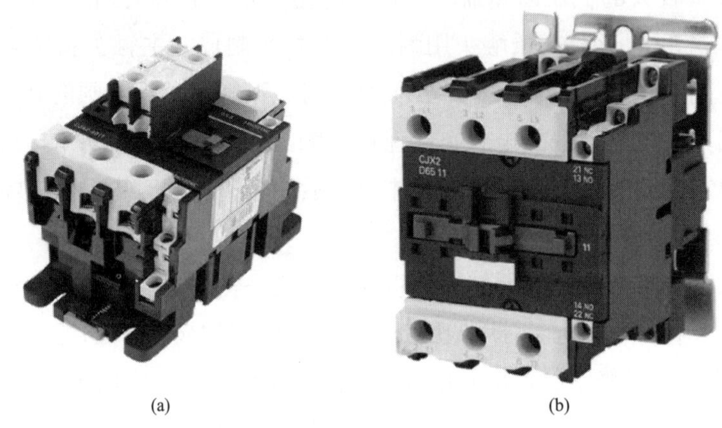

(a)　　(b)

图 4-8　常见的交流接触器样式

（a）顶部带辅助触点挂件的接触器；（b）侧边带辅助触点挂件的接触器

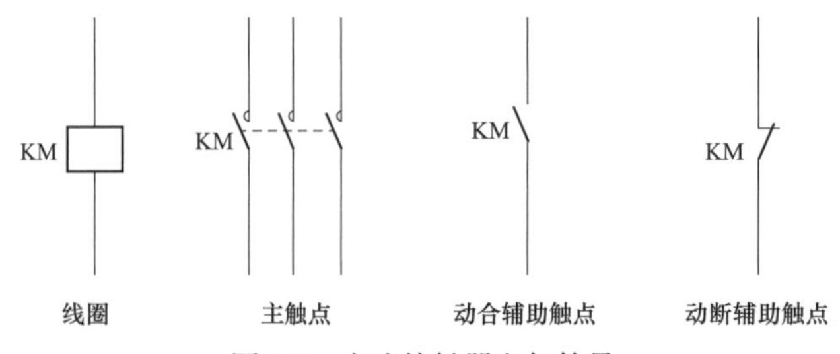

图 4-9　交流接触器电气符号

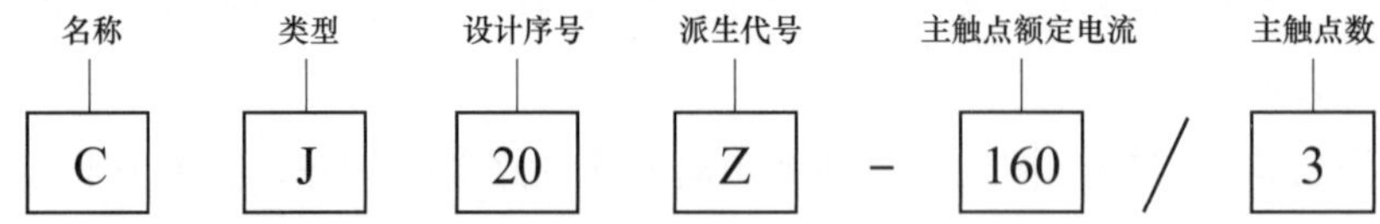

- 名称：用字母“C”标识，表示接触器。
- 类型：用字母表示。
  “J”表示交流接触器，“JX”表示小容量交流接触器，
  “Z”表示直流接触器，“KJ”表示真空接触器，
  “P”表示中频接触器。
- 设计序号：用数字表示。
- 派生代号：用字母表示。
  “T”表示改进型，“J”表示节电型，
  “Z”表示重任务型，“W”表示增容型，
  “S”表示电磁锁扣型，“F”表示纵缝灭弧型。
- 主触点额定电流：额定电流的标识。
- 主触点数：常用数字表示。

图 4-10　常见的交流接触器基本型号含义

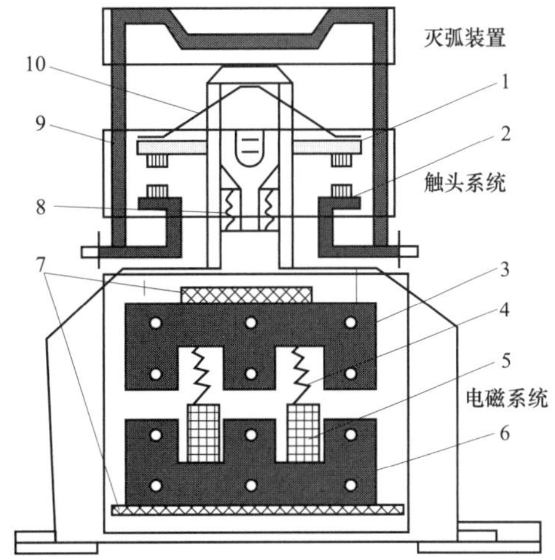

图 4-11 交流接触器结构示意图

1—动触头；2—静触头；3—衔铁；4—弹簧；5—线圈；6—铁芯；7—垫毡；8—触头弹簧；9—灭弧罩；10—触头压力弹簧

交流接触器由电磁机构、触点系统、灭弧系统、反力装置、支架和底座等几部分组成，交流接触器结构示意图如图 4-11 所示。

（1）电磁机构。电磁机构的主要作用是将电磁能量转换成机械能量，将电磁机构中吸引线圈的电流转换成电磁力，带动触头动作，完成通断电路的控制作用。

电磁机构由铁芯、衔铁和线圈等几部分组成，其作用原理：当线圈中有工作电流通过时，电磁吸力克服弹簧的反作用力，使得衔铁与铁芯闭合，由连接机构带动相应的触头动作；当线圈失去或低于设定电压值时，弹簧的反作用力大于电磁吸力，使得衔铁与铁芯分开，线路断开。

（2）触头系统。触头系统是接触器的执行元件，用来接通或断开被控制电路，包括主触点和辅助触点。 主触点是用在通断电流较大的主电路中； 辅助触点是用于接通或断开控制电路，只能通过较小的电流。触头系统按其原始状态可分为动合触点和动断触点。触点系统包括主触点和辅助触点。 动合触点是原始状态时（即线圈未通电）断开，线圈通电后闭合的触点叫动合触点； 动断触点是原始状态闭合，线圈通电后断开的触点叫动断触点（线圈断电后所有触点复原）。

（3）灭弧系统。灭弧系统在容量为 10 A 以上的接触器中均有安装，常采用纵缝灭弧罩及栅片灭弧装置。

（4）反力装置包括弹簧、传动机构、接线柱及外壳等。

（5）支架和底座用于接触器的固定和安装。

3. 热继电器

热继电器是用于防止线路或电气设备长时间过负荷的低压保护电器，主要适用于电动机的过负荷保护。电动机在实际运行中，如拖动生产机械进行工作，若机械出现不正常的情况或电路异常使电动机遇到过负荷，则电动机转速下降、绕组中的电流增大，使电动机的绕组温度升高。若过负荷电流不大且过负荷的时间较短，电动机绕组不超过允许温升，这种过负荷是允许的；但若过负荷时间长，过负荷电流大，电动机绕组的温升就会超过允许值，使电动机绕组老化，缩短电动机的使用寿命，严重时甚至会使电动机绕组烧毁，这种过负荷是电动机不能承受的。热继电器利用电流的热效应原理，在出现电动机不能承受的过负荷时切断电动机电路，为电动机提供过负荷保护。常见的热继电器的样式如图 4-12 所示，在电气图纸中表示的热继电器电气符号如图 4-13 所示。

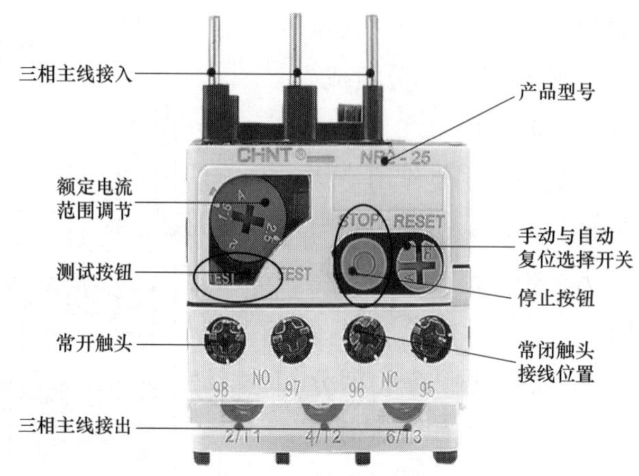

图 4-12　常见的热继电器的样式

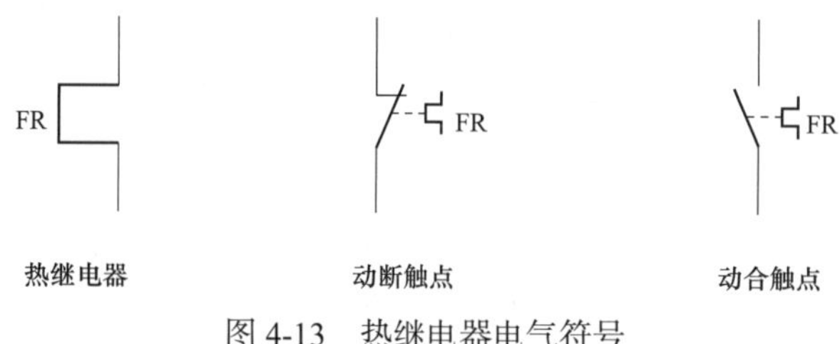

图 4-13　热继电器电气符号

常见的热继电器的基本型号的含义，如图 4-14 所示。

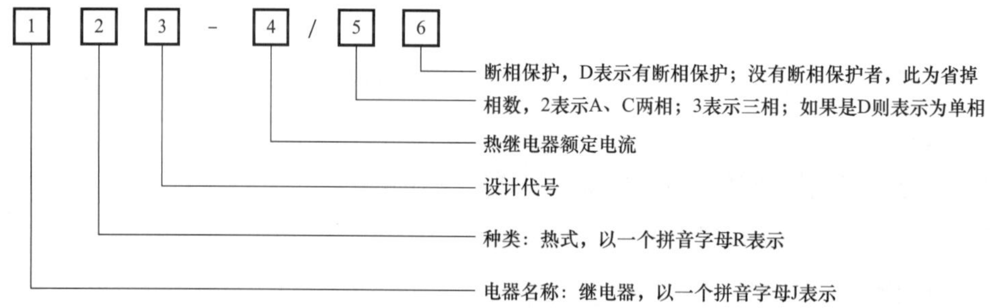

图 4-14　热继电器电气符号

热继电器是利用电流的热效应原理，使内部的热元件发生形变，从而断开回路，保护设备不受到进一步的破坏。如图 4-15 和图 4-16（a）所示，使用热继电器对电动机进行过负荷保护时，将热元件与电动机的定子绕组串联，将热继电器的动断触头串联在交流接触器的电磁线圈的控制电路中，并调节整定电流调节旋钮，使人字形拨杆与推杆相距适当距离。当电动机正常工作时，通过热元件的电流即为电动机的额定电流，热元件发热，双金属片受热后弯曲，使推杆刚好与人字形拨杆接触，而又不能推动人字形拨杆。动断触头处于闭合状态，交流接触器保持吸合，电动机正常运行；若电动机出现过负荷情况，绕组中电流增大，通过热继电器元件中的电流增大使双金属片温度升得更高，弯曲程度加大，推动人字形拨杆，人字形拨杆推动动断触头，使触头断开而断开交流接触器线圈电路，使接触器释放、切断电动机的电源，电动机停车而得到保护。

如图 4-15 所示为热继电器原理图，如图 4-16 所示为热继电器内部结构图。

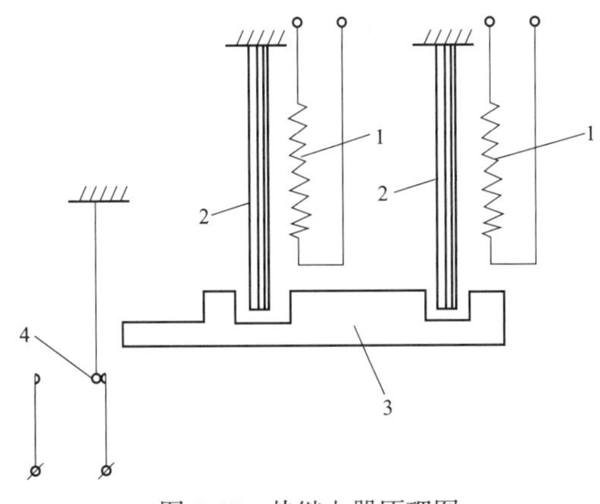

图 4-15　热继电器原理图

1—热元件；2—双金属片；3—导板；4—触点

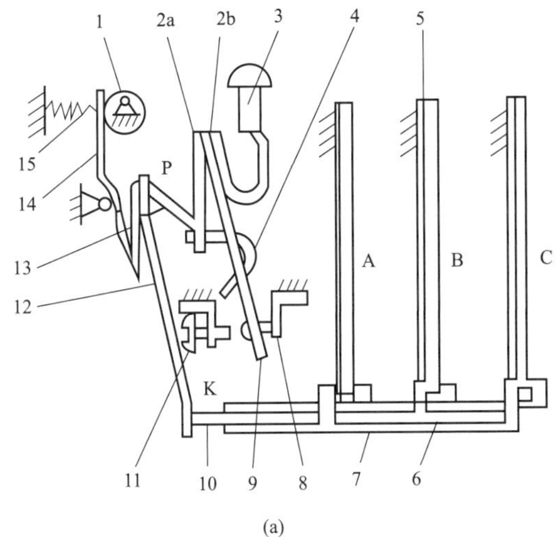

(a)

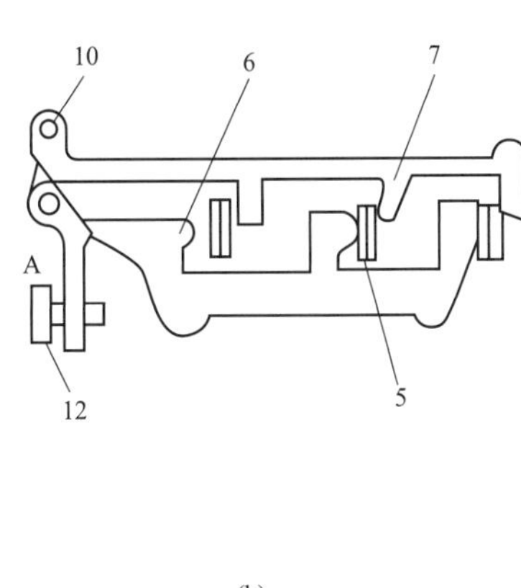

(b)

图 4-16　热继电器内部结构图

（a）结构示意图；（b）差动式断相保护示意图

1—电流调节凸轮；2a、2b—片簧；3—手动复位按钮；4—弓簧片；5—主金属片；6—外导板；7—内导板；8—动断静触点；9—动触点；10—杠杆；11—动合静触点（复位调节螺钉）；12—补偿双金属片；13—推杆；14—连杆；15—压簧

热继电器主要由热元件及双金属片、联动触点装置、定值调整、温度补偿装置、断相保护装置、复位装置等元件组成。

（1）热元件及双金属片。热元件及双金属片的作用是直热式热继电器就是利用双金属片本身作热元件；间热式则用通电导体缠绕在双金属片上作为热元件；热继电器的同一种外壳内可装几种不同额定电流的热元件。

（2）联动触点装置。联动触点装置指热继电器中的双金属片借助于一个绝缘的联动板，将双金属片受热弯曲变形传递到触头簧片的触发机构上，当双金属片变形达到一定程度，就通过联动板使触发机构动作，从而使触点状态瞬时间变动并保持下来。

（3）定值调整。定值调整指在热继电器上面有一调节旋钮，上有定值电流刻度，旋钮的长轴通到热继电器内部与联动触点装置的触发机构相联，转动该旋钮就能改变触发装置的动作条件，从而改变了热继电器的动作整定值。

（4）温度补偿装置。温度补偿装置指的是在热继电器侧面有一个螺钉，拧动此螺钉就可以作用于触发装置上，改变其触发条件，从而补偿了热继电器安全环境温度与被保护设备安装处环境温度的差别所引起的保护定值的误差，保证热继电器动作的准确性；但这种温度补偿的范围是有限的，两个环境温度的差别最大不超过 25 ℃。

（5）断相保护装置。断相保护装置并不是所有的热继电器都有这种装置，另外这断相保护装置只能装在三相热继电器中，三相中若一相断路，则该相电流为零，该相双金属片不会受热弯曲；另两相电流相等且比平常运行电流要大，这两相双金属片迅速弯曲，通过机械方式将这三相双金属片变形的不平衡性，作用于触发机构上，使其迅速动作，实现了断相保护。热继电器的断相保护功能是由内、外推杆组成的差动放大机构提供的，当电动机正常工作时，通过热继电器热元件的电流正常，内外两推杆均向前移至适当位置；当出现电源一相断线而造成缺相时，该相电流为零，该相的双金属片冷却复位，使内推杆向右移动，另两相的双金属片因电流增大而弯曲程度增大，使外推杆更向左移动，由于差动放大作用，在出现断相故障后很短的时间内就推动动断触头使其断开，使交流接触器释放，电动机断电停车而得到保护。如图 4-17 所示差动式断相保护装置示意图。

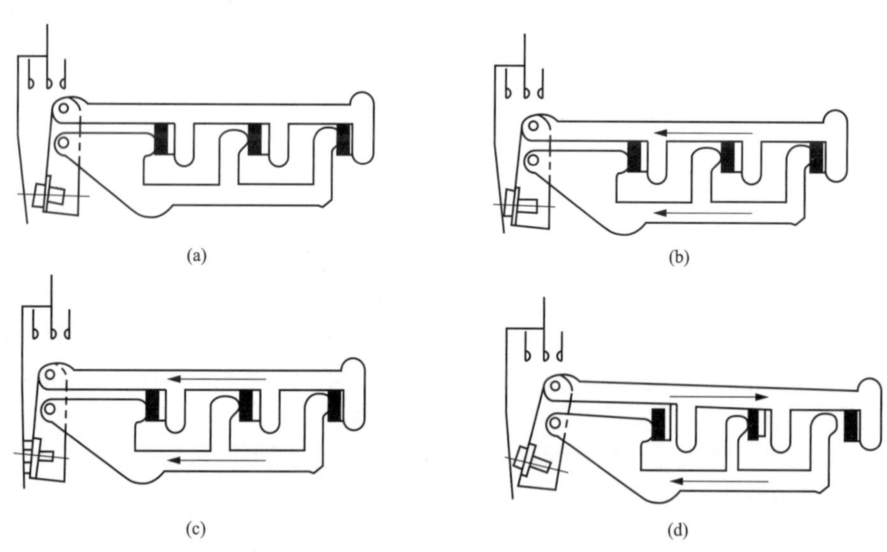

图 4-17　差动式断相保护装置示意图

（a）通电前；（b）三相通有额定电流；（c）三相均衡过负荷；（d）一相断电故障

（6）复位装置。动断触头复位方式为调节螺钉。当螺钉位置靠左时，电动机过负荷后，动断触头断开，电动机停车后，热继电器双金属片冷却复位，动断触头的动触头在弹簧的作用下会自动复位，此时热继电器为自动复位状态；将螺钉逆时针旋转向右调到一定位置时，若这时电动机过负荷，热继电器的动断触头断开，其动触头将摆到右侧一新的平衡位置，电动机断电停车后，动触头不能复位，必须按动复位按钮后动触头方能复位，此时热继电器为手动复位状态；若电动机过负荷是故障性的，为了避免再次轻易地启动电动机，热继电器宜采用手动复位方式。若要将热继电器由手动复位方式调至自动复位方式，只需将复位调节螺钉顺时针旋进至适当位置即可。

热元件受热弯曲，推动触发装置使热继电器动作后，主回路电流被切断了。双金属片一边散热一边恢复原状，显然，这是需要时间的，热继电器的复位有两种方式，手动和自动，手动复位一般不小于 2 min；自动复位不大于 5 min。

热继电器的型号较多，常见的有：双金属片式、热敏电阻式、易熔合金式，在上述三种形式中，以双金属片热继电器应用最多，并且常与接触器构成磁力启动器。

除了以上介绍的低压配电装置中的电气元件外，还有其他辅助性电气元件，如中间继电器，在某些情况下可以代替交流接触器，也可以增加触点的容量和数量。电动机保护器是一种综合性的电动机保护元件，它可以从过电流，断相，堵转，短路，零序等多方面对回路进行检测，提高设备运行的安全性。

三、低压配电装置系统图简介

如图 4-18 所示为脱硫系统 380 V 低压配电系统接线图。为便于读图，选取了 KKS 编码为 10BFK09 的低压开关柜为例。

由图 4-18 可知，该开关柜外形尺寸为：600 × 1000 × 2200（宽 × 深 × 高，mm × mm × mm），主要由母线组件、开关元件、电缆出线等三部分组成，图 4-18 中同时标明各回路元件型号配置。

1. 母线组件

低压母线承担着电能汇集和分散的功能。低压系统的负载容量（额定电流）决定着母线的选取截面面积，一般按照经济电流密度核算。同时要进行母线的动热稳定校核。图 4-18 中，三相母线额定电流为 2500 A，每相母线导体选取为 2 根铜母线，单根宽 100 mm，厚 10 mm，截面面积为 1000 mm^2，母线总截面面积为 2000 mm^2；中性线和保护接地母线的截面面积选取按照母线的动热稳定校核的面积，取 1000 mm^2；分支母线的截面面积选择与主母线原则相同。

2. 开关元件

开关元件是指在一次回路中承担正常和事故开断电流的开关及接触器、电流互感器等一次元件的总称。馈线回路的容量（额定电流）决定了开关元件的选型。馈线开关应满足以下要求：

（1）额定电流应大于馈线额定电流。

（2）短路分断电流和短路热稳定电流应大于馈线中发生的短路电流和短路热稳定电流。

接触器的选择主要考虑额定电流应大于馈线额定电流。热继电器同样考虑额定电流应

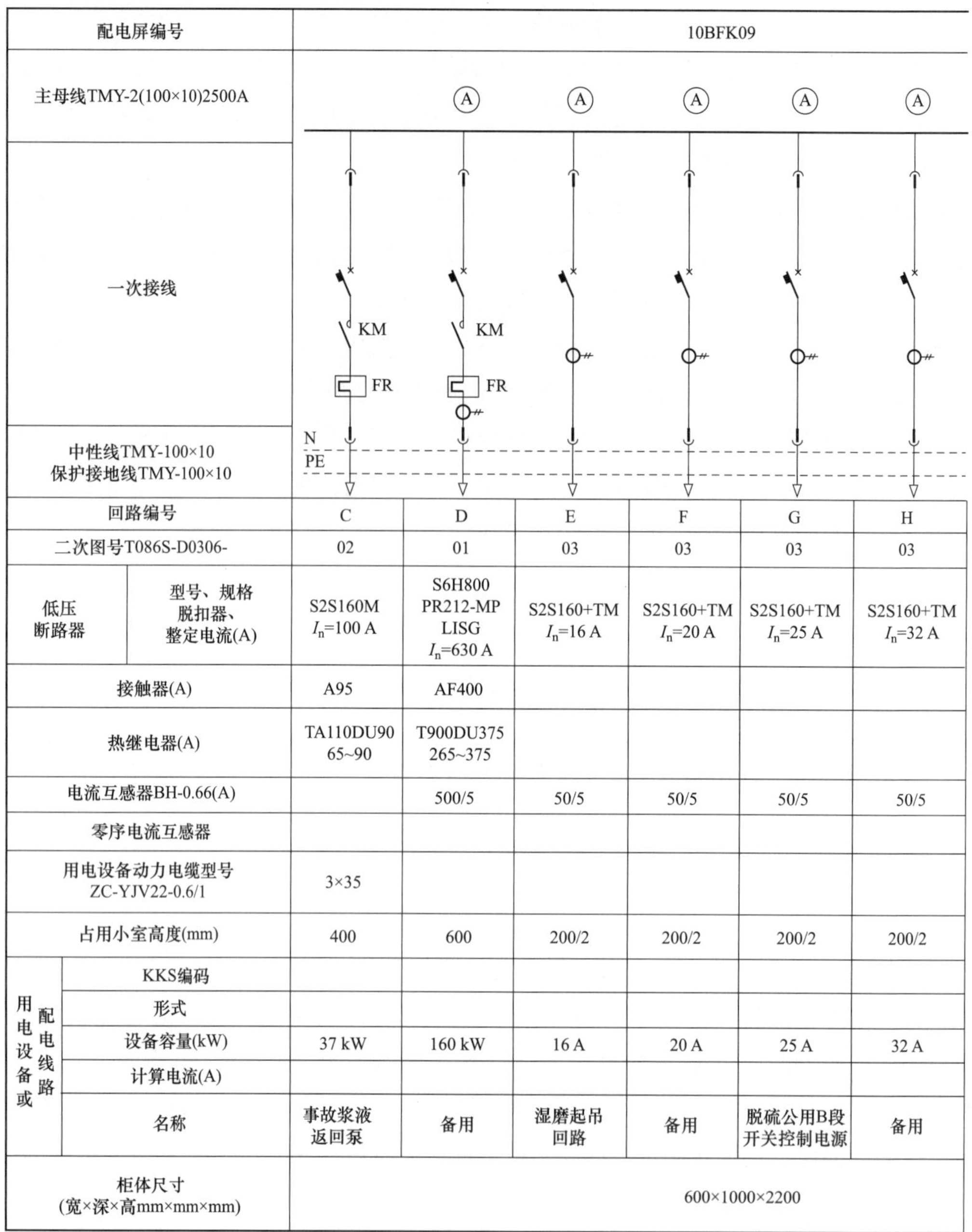

配电屏编号	10BFK09					
主母线TMY-2(100×10)2500A	Ⓐ		Ⓐ	Ⓐ	Ⓐ	Ⓐ
一次接线	KM FR	KM FR				
中性线TMY-100×10 保护接地线TMY-100×10	N PE					
回路编号	C	D	E	F	G	H
二次图号T086S-D0306-	02	01	03	03	03	03
低压断路器 型号、规格 脱扣器、整定电流(A)	S2S160M I_n=100 A	S6H800 PR212-MP LISG I_n=630 A	S2S160+TM I_n=16 A	S2S160+TM I_n=20 A	S2S160+TM I_n=25 A	S2S160+TM I_n=32 A
接触器(A)	A95	AF400				
热继电器(A)	TA110DU90 65~90	T900DU375 265~375				
电流互感器BH-0.66(A)		500/5	50/5	50/5	50/5	50/5
零序电流互感器						
用电设备动力电缆型号 ZC-YJV22-0.6/1	3×35					
占用小室高度(mm)	400	600	200/2	200/2	200/2	200/2
用电设备或配电线路 KKS编码						
用电设备或配电线路 形式						
用电设备或配电线路 设备容量(kW)	37 kW	160 kW	16 A	20 A	25 A	32 A
用电设备或配电线路 计算电流(A)						
用电设备或配电线路 名称	事故浆液返回泵	备用	湿磨起吊回路	备用	脱硫公用B段开关控制电源	备用
柜体尺寸 (宽×深×高mm×mm×mm)	600×1000×2200					

图 4-18　脱硫系统 380 V 低压配电系统接线图（局部）

与馈线额定电流配合，电流范围从馈线的额定电流的 80%～120% 电流互感器的变比一次电流应大于馈线回路的额定电流。准确等级因根据是否有计量需求可以选择 0.2、0.5 或 1.0 至 D 等级。

3. 电缆出线

电缆截面应满足持续允许电流、短路热稳定、允许电压降等要求，当最大负荷利用小时 T>5000 h 且长度超过 20 m 时，还应按经济电流密度选取。动力回路中铝芯电缆截面面积不宜小于 6 mm^2、铜芯电缆截面面积不宜小于 2.5 mm^2。常用的电线电缆有 ZR-BV、ZR-BVV、NH-VV、ZR-YJV 等。ZR-BV 是指阻燃型铜芯聚氯乙烯绝缘电缆；ZR-BVV 是指阻燃型铜芯聚氯乙烯绝缘聚氯乙烯护套电缆；NH-VV 是指耐火型铜芯聚氯乙烯绝缘聚氯乙烯护套电力电缆；ZR-YJV 是指阻燃型铜芯交联聚乙烯绝缘聚氯乙烯护套电力电缆。低压电缆耐压等级一般为 0.6～1 kV。电线电缆常用标称截面面积（mm^2）规格为：1、1.5、2.5、4、6、10、16、25、35、50、70、95、120、150、185、240、300 等。

4. 回路编号

回路编号是为了区分每一个线路而赋予各线路的名称（代号），以便于看图和查找。一般用阿拉伯数字或英文字母表示，如 01，02，03、A、B、C 等，图 4-18 中用英文字母表示。当回路较多时，使用不同性质负载代号来区分。如照明线路用“WL”表示，插座线路用“WX”表示，电力线路用“WP”表示，应急照明线路用“WE/WEL”，混合型线路一般用“WL”表示；有时在一个配电系统中设计师都用“WL”表示，用阿拉伯数字分级区分，例如：1WL、1WL1、1WL1-1、1WL1-1-1，这样整个系统的回路有且只有一个代号了。

三线五线制 TN-S 低压配电接地保护系统编号：电源由 3 条相线（L1、L2、L3）、1 条中性线（N）和 1 条地线（PE）组成。

下面以 D 回路为例，介绍回路中的电气设备的配置，

D 回路馈线电动机容量 160 kW，采用 ABB S6 H8 型塑壳开关，额定电流 I_n=630 A，配置 MP 型电动机智能脱扣器，设置长短延时保护和接地保护。接触器选用 ABB AF400，线圈额定电压 220 V，额定电流 400 A。热继电器带断相功能电流调节量程 265～375 A。电缆选用 ZR-YJV$_{22}$-1kV-3X120（阻燃交联聚乙烯绝缘聚氯乙烯护套金属铠装铜芯电缆）。

第二节 日 常 维 护

一、设备外观日常维护

（1）检查设备铭牌是否完好。

（2）各柜体的风扇运转正常，无异音异味，通风顺畅。

（3）定期查看各柜内是否有虫鼠活动的痕迹，定期进行诱杀。

（4）检查设备的清洁程度，使用清洁干布擦掉灰尘和油迹，较为顽固的污渍可使用非腐蚀性洗涤剂。

（5）检查抽屉式开关推入或抽出是否灵活，其机械闭锁可靠，接触器触头是否良好。

（6）为了消除积尘对绝缘性能的影响，定期做好各柜体的保洁除尘工作。

（7）开关柜上的金属部件应做好防锈防腐蚀，定期进行除锈处理。

（8）查看绝缘子无损伤、无歪斜或无放电现象及痕迹，母线固定卡子无脱落。

（9）电缆芯线和所配导线的端部均应标明其回路编号，编号应正确，字迹清晰且不易脱色。

（10）配线应整齐、清晰、美观，导线绝缘应良好，无损伤。

（11）母线两侧要有标明其代号或名称的绝缘标志牌，字迹应清晰、工整，且不易脱色。

（12）引入盘、柜的电缆要排列整齐，编号清晰，避免交叉，应固定牢。

（13）盘、柜内的电缆芯线，要按垂直或水平有规律地配置，不得任意歪斜交叉连接。

二、二次回路接线维护

（1）端子排应无损坏，端子应有序号，便于更换且接线方便。

（2）端子连接的螺栓都正确地紧固，确认端子上没有局部过热的迹象；通过观察接触部分的颜色未改变可以识别未发热，接触部分通常都是银白色。

（3）每个接线端子的每侧接线宜为 1 根，不得超过 2 根。

（4）插接式端子，不同截面的两根导线不得接在同一端子上。

（5）螺栓连接端子，当接两根导线时，中间应加平垫片。

（6）导线与电气元件间采用螺栓连接、插接、焊接或压接等，均应牢固可靠。

三、开关柜内设备维护

（1）开关柜内是否有焦煳气味。如有焦煳味，立即使用热成像仪排查设备过热点，查明后停运设备处理。

（2）开关柜内有无放电声或机械振动异响。如有放电声或机械振动异响应立即排查故障点，停运设备处理（在排查放电声时要与设备保持安全距离）。

（3）检查各配电柜前后柜门是否关好，防止小动物进入。

（4）检查开关柜内测量仪表显示的电压、电流数据是否正常。

（5）指示灯与该柜运行状态相符合。

（6）综合保护装置显示是否正常，有无报警信息。

（7）抽屉式开关柜中的备用抽屉应完好，能够互换；开关内部各元器件固定牢固、可靠；各电气元件连接部分连接可靠，动触头与静触头接触可靠，并涂中性凡士林；查看连接点有无过热（一般都为银色）、螺母有无松动或脱落、发黑现象；接地线有无锈蚀（焊接点是否正常）。

第三节　检修工艺及质量标准

一、低压配电装置修前准备

1. 图纸和资料准备

图纸和资料准备包括低压配电装置二次接线图、保护测控装置说明书、保护定值单、配套电力仪表说明书、历次检修情况。

2. 检修危险源点分析

检修作业前应做好风险辨识，熟知现场危险点及相应的预防安全措施。具体内容可参考表4-1。

表4-1 检修危险点分析及预防安全措施

序号	检修危险点分析	预防安全措施
1	触电	不停电配电柜设置隔离围栏，并标明“运行设备”，不停电配电柜柜门锁闭。检修盘柜与带电部位间隔位用隔板隔离，并有防止误触电措施。检修配电柜母线装设接地线。遵守安全用电规定，临时照明由专人管理
2	碰伤	遵守劳动安全规定，正确佩戴安全防护用品。工作时避免交叉作业，先上后下，依次拆卸
3	跌伤	紧固螺栓作业时应注意防止用力过猛
4	走错间隔	工作前再次确认检修的设备名称和标识，防止误动带电或正在运行的设备

3. 现场作业前准备

（1）办理检修工作票。

（2）随同工作许可人共同到施工现场检查安全措施执行完毕。

（3）准备检修场地，建立工作区，检修场地铺设橡胶垫。

（4）核对工器具与清单一致（见表4-2）。

（5）核对备件、材料与清单一致（见表4-3）。

（6）组织召开班前会带领工作班成员学习施工安全注意事项，交代检修工艺要求。

表4-2 工器具清单

序号	名称	规格	单位	数量	备注
1	吹风机	JBL550	台	1	
2	活动扳手	8″～17″	套	2	
3	套筒扳手	6″～30″	套	2	
4	线轮电源	220 V 16 A	个	1	
5	十字、一字螺丝刀		把	若干	
6	梅花扳手	1	套	2	
7	什锦锉刀		套	1	
8	力矩扳手	配套M14-M24套筒头	套	2	力矩可调60～600 N
9	毛刷	2″、4″	把	各4	

续表

序号	名称	规格	单位	数量	备注
10	低压验电笔	500 V	只	1	
11	绝缘电阻表	0～500 V	块	1	
12	数字万用表	FLUKE 17B+	块	1	
13	……				

表 4-3　　备件、材料清单

序号	名称	规格	单位	数量	备注
1	互感器		只	1	
2	多功能电力仪表		块	1	
3	电压变送器		个	1	
4	综合保护器		个	1	
5	中间继电器		个	1	
6	交流接触器		个	1	
7	熔断器		只	10	
8	万能转换开关		个	1	
9	带灯按钮（红）		个	2	
10	带灯按钮（绿）		个	2	
11	接线端子		个	10	
12	白棉布		kg	5	
13	黄油	3 号锂基脂	kg	0.5	
14	无水乙醇	分析纯	kg	2	
15	导电膏		盒	1	
16	电气清洗剂		kg	2	
17	……				

二、C/D 级检修项目及质量标准

脱硫系统低压配电装置的 C/D 级检修一般随机组计划性检修进行，每年进行一次，脱硫系统低压配电装置 C/D 级检修项目及质量标准见表 4-4。

表 4-4　　脱硫系统低压配电装置 C/D 级检修项目及质量标准

项目	检修项目	检修工艺及质量标准
检修前准备	执行安全措施	根据工作内容做好母线停电、二次回路停电、运行区域隔离等安全措施

续表

项目	检修项目	检修工艺及质量标准
盘柜卫生清扫	清扫柜体及内部设备卫生	（1）将开关柜抽屉、框架式断路器抽出，放至指定检修区域，用吸尘器、电动吹风机与毛刷清扫开关抽屉柜里的灰尘及杂物。 （2）用吸尘器与毛刷清扫柜体抽屉间隔的灰尘及杂物。 （3）用吸尘器、电动吹风机与毛刷清扫柜体、母线、接线柱的灰尘及杂物
空气开关及控制元件检查	（1）空气开关检查 （2）控制元件、回路检查	（1）将清扫过的空气开关及接线用干净的白布擦拭干净；空气开关固定牢固、外观良好无破损；检查确认空气开关进、出线压接牢固，压接口无发黑、烧煳现象；检查空气开关操作过程中开关无卡涩现象，每一次操作用万用表测量空气开关分、断正常辅助触点动作正常。 （2）转换开关转动灵活，按钮开关按下后反弹无卡涩，用万用表电阻挡测量触点通断正常。指示灯无烧蚀痕迹，安装牢固；二次线路外观无破损变形、发热痕迹，螺栓紧固，线束固定可靠
开关柜内加热器	（1）加热器外观检查。 （2）控制回路检查	（1）毛刷清扫，白布擦拭干净。加热器固定牢固、外观良好无破损。 （2）控制回路接线无松动
抽屉机构检查	（1）清理抽屉卫生。 （2）检查推进机构。 （3）检查合闸、闭锁机构	（1）抽出抽屉，清扫柜内和抽屉里的灰尘及油污。 （2）检查抽屉抽出过程应灵活，无卡涩，活门机构灵活，打开、关闭到位。 （3）检查抽屉合分闸过程应灵活、分合到位，检查防误闭锁装置，动作灵活，无卡涩
抽屉一次插片检查	（1）一次插片外观检查。 （2）一次插片位置检查	（1）检查一次插片应无过热、烧熔、变色等异常；有烧伤、过热现象时，可用锉刀及细砂布处理，并用无水乙醇擦洗接触面后涂一层凡士林油或导电膏。 （2）三相一次插片安装位置应一致，与母线排接触应坚固
柜体和抽屉检查	（1）固定螺钉检查。 （2）转动部位加注润滑油	（1）柜体和抽屉上所有螺钉、销钉齐全，不松动。 （2）操动机构和开关的转动部位、摩擦部位、活门运动轴销部位、闭锁传动机构以及抽屉推进机构的转动部位，加适量的润滑油
电缆检查	（1）动力电缆检查。 （2）防火封堵检查	（1）查看动力电缆接头、电流互感器等应无裂纹和放电痕迹，紧固一次、二次接线。 （2）敲击盘柜底部防火隔板固定可靠，穿电缆孔洞封堵应严密，防火泥密实无空鼓；检查柜外电缆防火涂料厚度大于 1 mm，目视长度应大于 1.5 m
接地	（1）接地线检查。 （2）接地电阻检测	（1）紧固开关柜门接地线、电缆屏蔽接地线、柜体接地线应完好、压紧。 （2）开关柜整体接地电阻小于 4 Ω
绝缘检测	绝缘检测	用 500 V 绝缘电阻表测量一次、二次回路绝缘电阻值应大于 1 MΩ
传动试验	开关传动试验	将抽屉送入试验位置，进行就地操作试验和远方传动试验，手车动作可靠，开关状态指示仪指示位置正确

续表

项目	检修项目	检修工艺及质量标准
保护定值	保护定值核对	（1）按照定值清单核对电动机保护器定值。 （2）按照定值清单核对框式断路器定值
闭锁装置	闭锁试验	（1）将断路器放入间隔导轨内试验位置：手动合闸，机构闭锁，断路器不应被摇入工作位置。 （2）将断路器送至工作位置：手动合闸，机械闭锁，断路器不应被摇出工作位置或联锁跳闸

三、A/B 级检修项目及质量标准

脱硫系统低压配电装置的 A/B 级检修一般随机组计划性检修进行，每五年进行一次，脱硫系统低压配电装置 A 级检修项目及质量标准见表 4-5。

表 4-5　脱硫系统低压配电装置 A 级检修项目及质量标准

项目	检修项目	检修工艺及质量标准
修前准备	执行安全措施	（1）根据工作内容做好母线停电、二次回路停电、运行区域隔离等安全措施。 （2）低压成套配电装置检修时，如果有联络母线的，一般为一段停电，一段带电，必须分析联络母线（母线桥）断路器及隔离开关的位置、开关上下口带电情况，防止触电事故发生
修前检查	标识标牌检查	（1）盘柜前后标志齐全，编号正确。 （2）盘前、盘后名称、编号正确，标识牌安装牢固
盘柜清扫	清扫柜体及内部设备卫生	（1）将开关柜抽屉、框架式断路器抽出，放至指定检修区域，用吸尘器、电动吹风机与毛刷清扫开关抽屉柜里的灰尘及杂物。 （2）用吸尘器与毛刷清扫柜体抽屉间隔的灰尘及杂物。 （3）用吸尘器、电动吹风机与毛刷清扫柜体、母线、接线柱的灰尘
框架式断路器检修	（1）检查灭弧罩。 （2）检查触头。 （3）检查机构。 （4）检查储能电动机。 （5）检查二次回路。	（1）将清扫过的框架式断路器用干净的白布擦拭干净。 （2）检查灭弧罩：确定框架式断路器储能机构在释能状态，断路器在分闸状态，拆除断路器灭弧罩电弧烧灼情况，用 1000 号砂纸、细锉刀将灭弧栅上的电弧烧灼痕迹磨除，并用白布蘸取无水乙醇清理烟熏痕迹。 （3）检查主触头：用 1000 号砂纸、细锉刀将触点表面电弧烧灼痕迹磨除，修整后的触点表面平整光洁，使用绘图橡皮清理动触点、静触点表面氧化层，使触点恢复原有光泽；紧固动触头、静主触头导流板连接螺栓。烧蚀严重的需更换触头。 （4）检查弧触头（如有）：用 1000 号砂纸、锉刀将触点表面电弧烧灼痕迹磨除，修整后的触点表面平整光洁，使用绘图橡皮清理动触点、静触点表面氧化层，使触点恢复原有光泽；紧固动静弧触头导流板连接螺栓。 （5）检查机械机构：打开前面板，清理机械机构浮灰，紧固机械机构螺栓、储能电动机传动机构螺栓；对传动轴加注润滑脂，手动触动分合闸机械机构活动部位，各部拉力弹簧无变形，动作灵活无阻塞。

续表

项目	检修项目	检修工艺及质量标准
框架式断路器检修	（6）检查闭锁及进出机构	（6）检查储能电动机电刷压力和磨损情况，压力不足或磨损超过20%需更换电刷。 （7）检查本体二次回路：紧固二次回路端子螺钉，紧固分励电磁机构固定螺钉，对二次辅助动触点、静触点组件加注导电膏。 （8）手动分合闸检查：机械机构及二次回路检查完毕后，恢复前面板，操作储能手柄，棘轮机构止回应正常，储能到位指示正常；手动合闸，动静触头闭合；手动分闸，动静触头断开。 （9）主触头接触面积测试：用导电膏均匀涂在三相动触头表面，白纸放置在净触头上部，手动合闸，动静触头闭合；手动分闸，动静触头断开；取出白纸，观察接触面积应不小于65%主触头面积。 （10）断路器间隔闭锁机构及进出机构检查：用酒精布擦除机构表面脏污，将机械传动部位涂抹适量的润滑油脂，手动试验机械闭锁机构，动作灵活无卡涩
塑壳断路器检查	（1）操动机构检查。 （2）脱扣机构检查。 （3）接线端子检查	（1）断路器操动机构检查：用毛刷清扫结构，用润滑脂润滑传动连杆。 （2）断路器脱扣器检查：检查脱扣器无发热变形，整定刻度与定值要求相符。 （3）断路器接线端子检查：检查接线端子无变色，连接导线无变色，紧固连接螺栓
接触器、热继电器检查	（1）交流接触器检查。 （2）中间继电器。 （3）热继电器检查	（1）检查灭弧罩：拆除接触器灭弧罩，检查灭弧罩的电弧烧灼情况，用1000号砂纸、锉刀将灭弧栅上的电弧烧灼痕迹磨除，并用白布清理烟熏痕迹。 （2）检查主触头：用1000号砂纸、锉刀将触点表面电弧烧灼痕迹磨除，修整后的触点表面平整光洁，使用绘图橡皮清理动触点、静触点表面氧化层，使触点恢复原有光泽；紧固动静主触头导流板连接螺栓。 （3）检查电磁系统：解体接触器，用1000号砂纸电磁铁铁芯表面浮锈、油泥清除平整，检查压接铆钉牢固，短路环无脱落；手压反力弹簧弹力适合；电磁线圈无发热变色痕迹。 （4）复装接触器：复装接触器，手动分合接触器触点，机构应灵活顺畅；恢复接触器灭弧罩；紧固连接导线螺栓。 （5）热继电器主回路检查：热元件是否变形，紧固一次、二次回路接线。 （6）热继电器定值检查：整定刻度指示与定值一致。复位方式为手动位
互感器检修	（1）回路检查。 （2）变比特性检查	（1）电压互感器、电流互感器主回路检查：外观无发热变形，紧固一次、二次回路接线。 （2）电压互感器、电流互感器变比特性检查：外观无发热变形，紧固一次、二次回路接线

续表

项目	检修项目	检修工艺及质量标准
母线及分支母线检查	（1）母线绝缘设备检查。 （2）螺栓紧力检查	（1）检查母线支持绝缘子无破损，紧固母线支持绝缘子螺栓。 （2）检查母线绝缘护套无磨损，连接螺栓处护套完整。 （3）使用力矩扳手对母线连接螺栓进行力矩校核；母线螺栓按照20% 抽检；出线螺栓 100% 紧固
控制回路设备检查	（1）转换开关检查。 （2）按钮开关检查。 （3）指示灯检查。 （4）控制回路检查	（1）转换开关转动灵活，用万用表电阻挡测量转换开关就地、远方位触点通断正常。 （2）按钮开关按下后反弹无卡涩，用万用表电阻挡测量触点通断正常。 （3）指示灯无烧蚀痕迹，安装牢固。 （4）二次线路外观无破损变形、发热痕迹，螺栓紧固，线束固定可靠
开关柜内加热器	（1）加热器外观检查。 （2）控制回路检查	（1）毛刷清扫，白布擦拭干净；加热器固定牢固、外观良好无破损。 （2）控制回路接线无松动
接地	（1）接地线检查。 （2）接地电阻检测	（1）紧固开关柜仪表室柜门接地线、高压电缆屏蔽接地线、柜体接地线应完好、压紧。 （2）开关柜整体接地电阻小于 4 Ω
传动试验	（1）手动分合闸试验。 （2）开关传动试验	（1）手动操作试验（注：手动储能、手动合闸、手动分闸只在手车空载调试和检测时使用）可靠。 （2）将手车送入试验位置，进行就地操作试验和远方传动试验，手车动作可靠，开关状态指示仪指示位置正确
闭锁装置	（1）闭锁装置检查。 （2）闭锁试验	（1）检查闭锁装置机构动作灵活，螺丝紧固无松动，闭锁装置机械机构状态位置指示正确。 （2）修后试验。将断路器放入间隔导轨内试验位置：手动合闸，机构闭锁，断路器不应被摇入工作位置；将断路器送至工作位置：手动合闸，机械闭锁，断路器不应被摇出工作位置或联锁跳闸
保护、仪表校验	（1）保护、仪表等装置外观检查。 （2）保护校验。 （3）仪表校验	（1）毛刷清扫的装置及二次接线，并用干净的白布擦拭干净。装置二次接线端子接线紧固，固定牢固、无发热变形痕迹；装置交流采样单元电流接插端子无发热变形痕迹、外观良好；装置其他单元电路板无发热变形痕迹、外观良好；装置液晶面板显示清晰，显示时间准确。装置固定牢固、接地良好。 （2）综合保护测控装置校验要符合 DL/T 995—2016《继电保护和电网安全自动装置检验规程》的要求、定值核对正确。 （3）仪表校验合格符合 DL/T 1473—2016《电测量指示仪表检定规程》的要求
预防性试验	预防性试验	断路器、母线、电流互感器、电压互感器、避雷器等预防性试验符合 DL/T 596—2021《电力设备预防性试验规程》的要求

第四节　常见故障分析及处理

从技术与安全角度来看，低压配电设备的故障率会要远远高于高压配电设备，及时发现并采取正确措施处理这些故障对维持脱硫系统安全稳定运行具有十分重要的意义。

当出现开关不能正常合切时，在判断故障操作前应先把开关转到“试验位置”，观察指示灯显示是否正确，如指示灯显示正常，保护装置没有“断线”告警，则说明控制回路完好，具备操作条件。在发出操作命令时，要边“看”边“听”，即看指示灯是否有变位显示，听开关是否有动作声音，如果开关拒动且指示灯全灭，则应迅速断开控制电源，防止合切闸线圈长期通电而烧毁；如果只听到线圈吸合的声音，而开关没有变位，则应判断问题可能出在机械方面或电磁合闸、电动机储能回路方面。

运行中的开关如出现红灯熄灭故障时，应首先排查电源和指示灯，再排查开关辅助触点，具体可采用测量直流对地电压法。

在操作有特殊工艺要求的开关前，应先按规程规定的步骤满足各种联锁条件；如条件已满足，仍无法操作，应采用“屏蔽触点”法，即用短路线，短接联锁条件来判断是否触点接触不良。

总之，控制回路故障查找，需要“冷静、耐心、善于观察”，通过观察首先排除最可能的外部原因；其次通过合切操作，进一步判断故障是在控制回路还是在电动机储能或电磁合闸回路；大方向定准后，可通过使用万用表对二次线测量对地电位，和短接屏蔽触点等方法进一步确定故障部位。

本节对低压配电装置内断路器、交流接触器、热继电器等元件常见故障进行介绍，并提供了一些故障分析及处理的方法，低压配电装置常见故障原因分析及处理见表4-6，可供检修作业人员参考。

表 4-6 低压配电装置常见故障分析及处理

故障现象	原因分析	处理方法
框架断路器不能合闸	（1）控制回路故障。 （2）智能脱扣器动作后，面板上的红色按钮没有复位。 （3）储能机构未储能或储能电路出现故障。 （4）抽出式开关是否摇到位。 （5）电气联锁故障。 （6）合闸线圈坏。 （7）欠电压脱扣器无电压或损坏。 （8）储能弹簧变形，闭合力减小	（1）先检查确保控制回路电源正常，后用万用表检查控制回路开路点。 （2）查阅智能脱扣器脱扣动作代码，排除故障后按下复位按钮。 （3）手动或电动储能，如不能储能，再用万用表逐级检查电动机或开路点。 （4）将抽出式开关摇到位。 （5）检查联锁线是否接入。 （6）用万用表测量合闸线圈电压正常，线圈未产生磁场，更换合闸线圈。 （7）用万用表检查电压如不无电压则继续检查控制回路其他原因，如有电压检查脱扣器故障元件更换损坏元件。 （8）更换弹簧
塑壳断路器不能合闸	（1）机构脱扣后，没有复位。 （2）断路器带欠电压线圈而进线端无电源。 （3）操动机构没有压入	（1）查明脱扣原因并排除故障后复位。 （2）使进线端带电，将手柄复位后，再合闸。 （3）将操动机构压入后再合闸

续表

故障现象	原因分析	处理方法
断路器经常跳闸	（1）断路器过负荷。 （2）断路器过电流参数设置偏小。 （3）热元件变质疲劳。 （4）断路器温度过高。 1）触头压力过低。 2）触头表面磨损或接触不良。 3）导电零件的连接螺钉松动	（1）适当减小用电负荷。 （2）重新设置断路器参数值。 （3）更换热元件。 （4）更换断路器或紧固螺钉
断路器合闸就跳	出线回路有短路现象	切不可反复多次合闸，必须查明故障，排除后再合闸。 用 500 V 绝缘电阻表，检查电动机线圈绝缘大于或等于 0.5 MΩ 为合格，小于 0.5 MΩ 应维修电动机；检查电缆绝缘大于或等于 0.5 MΩ 为合格，小于 0.5 MΩ 应维修电缆
接触器异响	（1）接触器受潮，铁芯表面锈蚀或产生污垢。 （2）有杂物掉进接触器，阻碍机构正常动作。 （3）操作电源电压不正常。 （4）铁芯短路环损坏	（1）清除铁芯表面的锈或污垢。 （2）清除杂物。 （3）检查操作电源开关断开，合闸送电恢复正常。 （4）更换短路环
不能就地控制操作	（1）控制回路有远控操作，而远控线未正确接入。 （2）负载侧电流过大，使热元件动作。 （3）热元件整定值设置偏小，使热元件动作。 （4）控制回路故障	（1）正确接入远控操作线。 （2）查明负载过电流原因，将热元件复位。 （3）调整热元件整定值并复位。 （4）检查控制回路开路点
热继电器不动作	（1）热继电器中的热元件额定电流值与被保护设备的额定电流值不相当。 （2）调节盘的整定值偏大	（1）按被保护设备的容量来更换或整定热继电器。 （2）合理调整调节盘的整定值
热继电器控制电路不通	（1）触头烧毁或动触片弹性消失，选成动触头、静触头不能接触。 （2）调整螺钉位置不对而将触头顶开	（1）修理触头和触片。 （2）重新调整螺钉位置
热继电器误动作	调节盘的整定值偏小	合理调整整定值。如无法满足要求，则更换产品

第五章 辅助配电系统

为满足电气安全运行需要，脱硫电气系统除 6 kV、380 V 主供配电系统外，还包括直流系统、UPS 装置、保安电源等辅助配电系统。本章将逐一介绍以上辅助配电系统的维护与检修。

第一节 直 流 系 统

脱硫直流系统电压等级一般采用 220 V 或 110 V，为继电保护及安全自动装置、断路器（开关）分合闸操作、信号监测设备等提供控制或动力电源。直流系统是一个独立系统，在外部交流电中断的情况下，由蓄电池组继续提供直流电源，保障系统设备正常运行。直流系统的用电负荷极为重要，对供电的可靠性要求很高，因而直流系统的可靠运行是保障脱硫系统安全运行的决定性条件之一。

一、直流系统结构及工作原理

直流系统一般由充电屏、馈线屏、蓄电池屏组成，包括交流输入、充电装置、监控系统（包括监控装置、绝缘监测装置等）、蓄电池组、放电装置（固定式放电屏或移动式放电小车）等单元。如图 5-1 所示为某电厂脱硫直流系统盘柜布置图。

1. 充电屏

直流系统充电屏的主要功能是进行交直流转换，同时实现系统控制和告警。系统控制功能分为自动和手动两种工作方式，在自动工作方式下，充电装置接收来自监控系统的指令。

脱硫系统过去普遍采用相控电源和磁饱和式电源，存在稳压、稳流精度差、纹波系数大及对输入电网谐波污染大等缺点，已经不能满足我国电力工业发展的需要。高频开关电源具有体积小、质量轻、效率高、噪声小、稳压稳流精度高、响应速度快的优点，可以实现“四遥”（遥测、遥信、遥控、遥调）功能和 N+1 冗余备份，目前已在直流系统中得到广泛应用。

高频开关电源模块自身有较为完善的保护功能，如：输入过电压保护、输出过电压保护、输出限电流保护和输出短路保护等。模块采用交流三相三线制 380 V 平衡输入，经过尖峰抑制电路、电磁干扰（EMI）吸收电路及全桥整流滤波电路将三相交流电压整流为脉动的直流电压，由高频脉宽调制变换器将脉动的直流电压变换为高频方波电压，再经输出

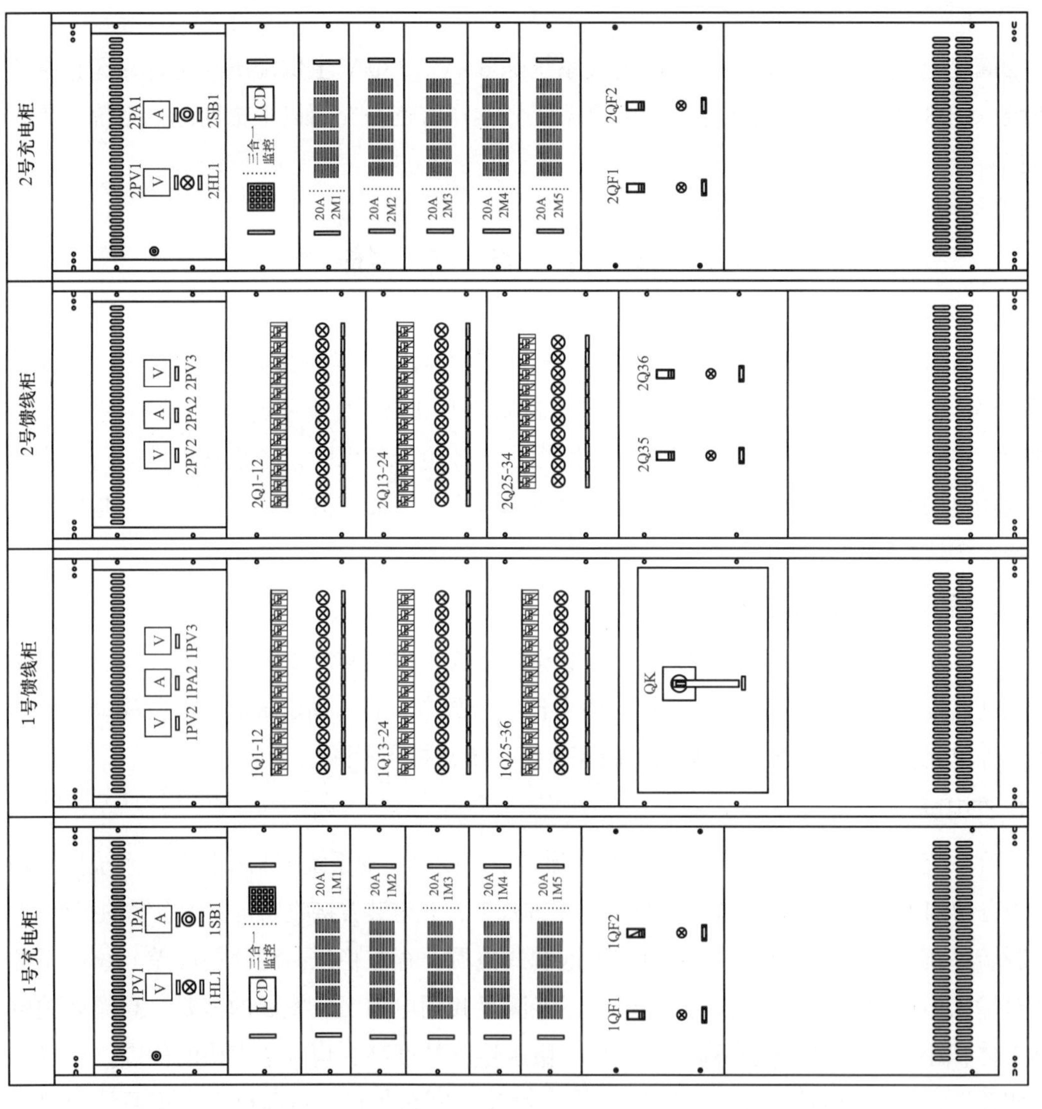

图 5-1　某电厂脱硫直流系统盘柜布置图

整流滤波电路，得到稳定的输出电压和电流，在电网电压和负载发生变化时反馈调整电路控制脉宽调制电路，使得输出电压和电流保持稳定。

2. 监控系统

监控系统是整个直流系统的控制、管理核心，其主要任务是对系统中各功能单元和蓄电池进行长期自动监测，获取系统中的各种运行参数和状态，根据测量数据及运行状态及时进行处理，并以此为依据对系统进行控制，实现电源系统的全自动管理。

直流电源智能监控系统具备如下功能：

（1）运行参数。监控系统可显示三相交流电源的电压、电流、交流接触器的工作状态等交流参数，合母电压、控母电压电流、电池电压电流等直流参数，以及每一个充电模块的输出电压、输出电流、开关机状态等模块信息。

（2）电池巡检单元。系统自动根据用户配置的电池节数和电池类型进行巡检，并显示单体电池电压和单体电池内阻等巡检结果；当有单体蓄电池电压高于或低于设定值时，就会发出告警信号，并能通过监控系统显示出发生故障蓄电池的编号，帮助运行、维护人员快速找准故障位置。

（3）绝缘检测单元。绝缘监测单元是监视直流系统绝缘情况的一种装置，可实时监测各母线、各支路对地电压和对地电阻值；当线路对地绝缘降低到设定值时，就会发出告警信号。直流系统绝缘监测单元目前有母线绝缘监测、支路绝缘监测。

（4）故障信息。历史故障信息可显示以前出现且现在已经排除的故障，系统可自动记录每条故障的产生时间和排除时间。实时故障将显示在状态栏中，使运行、维护人员能够清楚看到目前的故障状态，并配以声光报警提醒故障发生。

（5）充放电曲线。按照设定时间间隔实时记录蓄电池组充放电时的电压、电流变化情况，用于直流系统故障溯源。

3. 馈线屏

馈线屏通过直流母线将直流电源分配到各用户。

直流负荷按功能可分为控制负荷和动力负荷两种。控制负荷一般包括：电气控制、信号、测量负荷；热工控制、信号、测量负荷；继电保护、自动装置和监控系统负荷。动力负荷包括：各类直流电动机（如断路器储能电动机）、高压断路器电磁操动合闸机构；交流不间断电源装置；直流应急照明负荷；DC/DC 变换装置；热工动力负荷等。

4. 蓄电池屏

蓄电池屏对蓄电池组在线电压情况循环检测。当单节蓄电池电压高于或低于设定时，就会发出告警信号。

蓄电池组由若干个单体蓄电池串联而成，形成 220 V 或 110 V 直流电压。

蓄电池种类主要包括固定型排气式和阀控式两类。根据 DL/T 5044—2014《电力工程

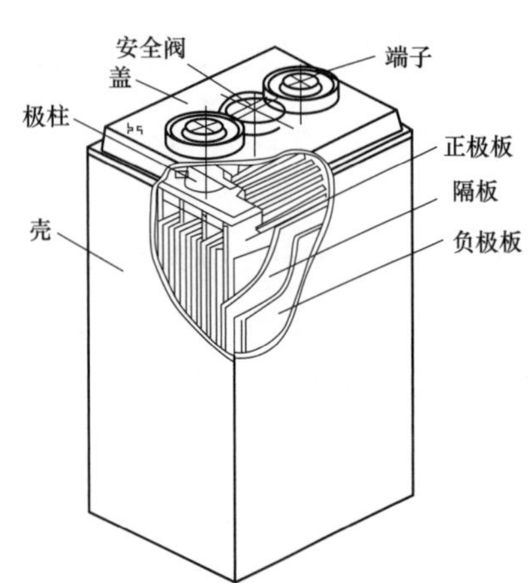

图 5-2　阀控式铅酸电池结构图

直流电源系统设计技术规程》，脱硫直流系统蓄电池通常采用阀控式密封铅酸蓄电池，具有放电性能好、技术指标先进、占地面积小和维护工作量小等优点。阀控式铅酸蓄电池的结构如图 5-2 所示，主要部件是正负极板、电解液、隔膜、电池壳和盖、安全阀，此外还有一些零件如端子、连接板、极柱等。

5. 蓄电池放电装置

针对各类蓄电池组容量测试、维护等需求而设计，适合于蓄电池的验收、核对性放电试验及定期深度放电场合使用；能够对蓄电池组进行核对性容量测试，可以按照设定的各种放电停止条件自动工作，并监测放电过程中电池组的电压，测量电池的容量。

6. 基本术语

恒流充电：充电电流在充电电压范围内，维持在恒定值的充电。

恒压充电：充电电压在充电电流范围内，维持在恒定值的充电。

恒流限压充电：先以恒流方式进行充电，当蓄电池组电压上升到限压值时，充电装置自动转换为恒压充电，直到充电完毕。

浮充电：在充电装置的直流输出端始终并接着蓄电池和负载，以恒压充电方式工作。正常运行时充电装置在承担经常性负荷的同时向蓄电池补充充电，以补偿蓄电池的自放电，使蓄电池组以满容量的状态处于备用。

均衡充电：为补偿蓄电池在使用过程中产生的电压不均现象，使其恢复到规定的范围内而进行的充电。

恒流放电：蓄电池在放电过程中，放电电流值始终保持恒定不变，直至放到规定的终止电压为止。

核对性放电：在正常运行中的蓄电池组，为了检验其实际容量，将蓄电池组脱离运行，以规定的放电电流进行恒流放电，只要其中的一个单体蓄电池放到了规定的终止电压，应停止放电。

7. 蓄电池容量试验

新安装的蓄电池组，按规定的恒定电流进行充电，将蓄电池充满容量后，按规定的恒定电流进行放电，当其中一个蓄电池放至终止电压时为止，按式（5-1）进行容量计算：

$$C=I_{\mathrm{f}}t \tag{5-1}$$

式中　C——蓄电池组容量，Ah；

I_{f}——恒定放电电流，A；

t——放电时间，h。

8. 直流系统的性能指标

稳流精度：交流输入电压在额定电压 ±10% 范围内变化、输出电流在 20%～100% 额定值的任一数值，充电电压在规定的调整范围内变化时，其稳流精度按式（5-2）计算，其值应在 ±1% 之间。

$$\delta I=(I_M-I_Z)/I_Z\times 100\% \tag{5-2}$$

式中 δI——稳流精度；

I_M——输出电流波动极限值；

I_Z——输出电流整定值。

稳压精度：交流输入电压在额定电压 ±10% 范围内变化，负荷电流在 0%～100% 额定值变化时，直流输出电压在调整范围内的任一数值时其稳压精度按式（5-3）计算，其值应在 ±1% 之间。

$$\delta U=(U_M-U_Z)/U_Z\times 100\% \tag{5-3}$$

式中 δU——稳压精度；

U_M——输出电压波动极限值；

U_Z——输出电压整定值。

纹波系数：充电装置输出的直流电压中，脉动量峰值与谷值之差的一半，与直流输出电压平均值之比，按式（5-4）计算，其值应在 ±0.5% 之间。

$$\delta U=(U_f-U_g)/2U_p\times 100\% \tag{5-4}$$

式中 δU——纹波系数；

U_f——直流电压中脉动峰值；

U_g——直流电压中脉动谷值；

U_p——直流电压平均值。

二、直流系统运行方式

脱硫直流系统的运行方式有两种，即蓄电池充电－放电运行方式和蓄电池浮充电运行方式。正常情况下应为浮充电运行方式。如图 5-3 所示脱硫某电厂直流系统图。

1. 充电－放电运行方式

充电－放电运行方式就是将充好电的蓄电池组接在直流母线上对直流负荷供电，同时断开充电装置；当蓄电池放电到其容量的 75%～80% 时，为保证直流供电系统的可靠性，即自行停止放电，准备充电，改由已完成充电的另一组蓄电池供电。

2. 浮充电运行方式

浮充电运行方式就是将已完成充电的蓄电池组与浮充电整流器并联工作，即由整流器供给直流负荷用电的同时向蓄电池组浮充电，以补充电池因有漏电而使其电压下降的缺陷，使蓄电池处于满充电状态。浮充电运行的蓄电池组能承担短时冲击负荷（如断路器合闸电流）和事故负荷。直流系统工作时的能量流如图 5-4 所示。

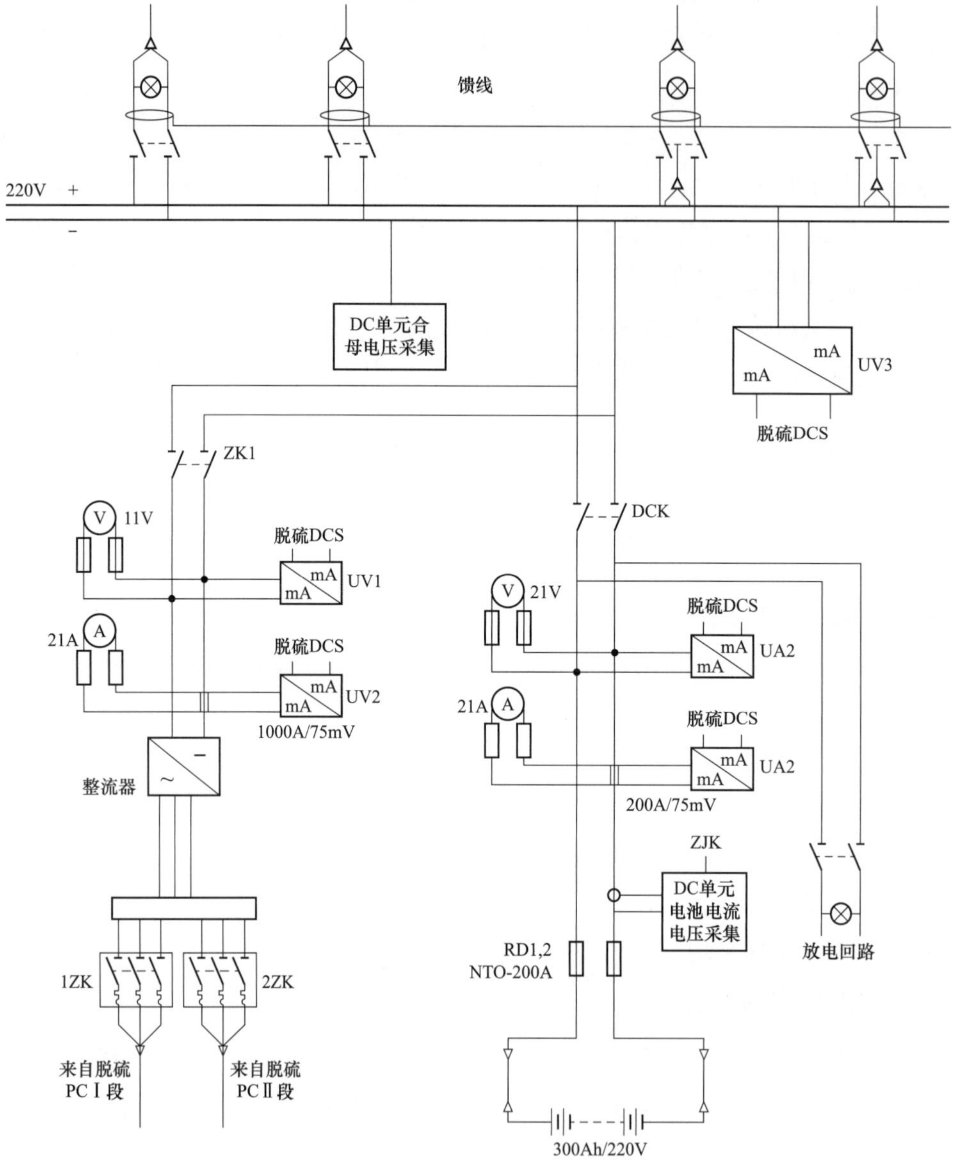

图 5-3　某电厂脱硫直流系统图

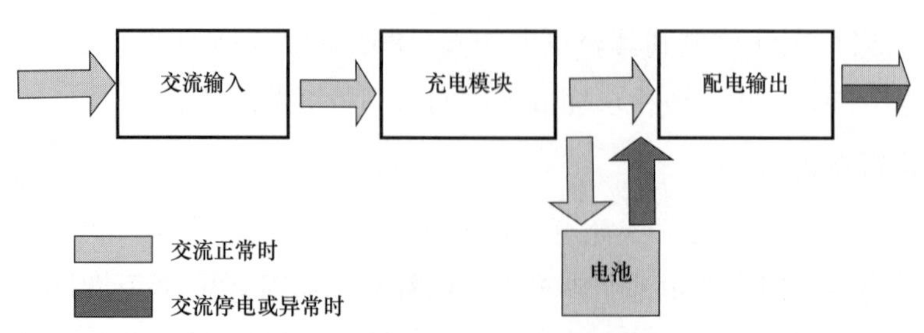

图 5-4　直流系统工作时的能量流

第二节 不间断电源

不间断电源（uninterruptible power supply，UPS），是利用蓄电池（储能装置）在停电时给需要持续运转的设备提供不间断的电力供应，为脱硫系统 DCS 负荷及火灾区域报警控制盘等重要负荷提供可靠而稳定的交流电源。

一、UPS 装置结构和工作原理

UPS 装置结构方块图如图 5-5 所示，基本结构包括整流器、逆变器、切换开关和蓄电池。蓄电池在交流电正常供电时储存能量且维持在一个正常的充电电压上，一旦供电中断时，蓄电池立即对逆变器供电以保证 UPS 电源交流输出电压。

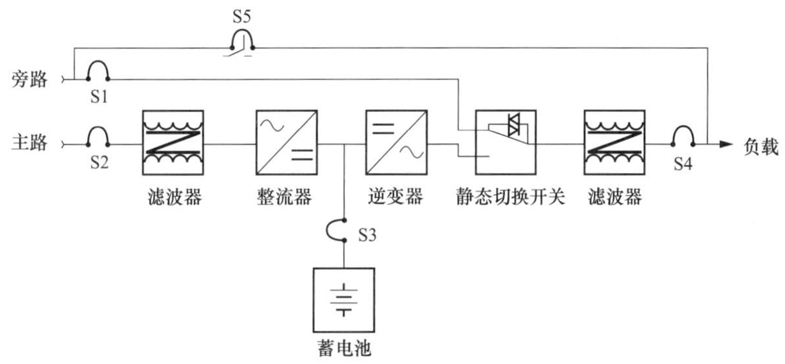

图 5-5 UPS 装置结构方块图

S1—自动旁路电源输入开关；S2—主电源输入开关；S3—电池开关；S4—电源输出开关；S5—手动维修旁路开关

1. 整流器

整流器的主要功能就是将交流电源转换为直流电源提供给逆变器，在设计上也是着重考虑允许超宽电压输入（307～520 V AC）以适应某些地方恶劣的电网环境。当输入交流电中断或者整流器发生故障而没有直流电源输出至逆变器时，直流系统提供的直流电源将为逆变器提供直流输入，并由逆变器提供给负载。

2. 逆变器

逆变器负责将整流器或者电厂直流屏提供的直流电源转换为稳定的交流电源以满足电力设备的需求。逆变器主要由绝缘栅双极型晶体管（insulated gate bipolar transistor，IGBT）、电感、电容、缓冲电路、控制电路和冗余保护电路等组成。冗余保护电路用以保护逆变器，缓冲电路用以抑制尖峰、干扰及噪声等。

3. 静态切换开关

静态转换开关由两组背对背连接的 SCR（晶闸管）模块构成，可以在极短的时间将负载由逆变器供给转为由旁路电源供给。控制电路中增加了检测电路，可以完成零时间静态切换；检测逻辑主要用于控制静态开关的转换。

4. 旁路柜（SCR 单相隔离稳压系统）

SCR 系列电子式稳压器由升压变压器、降压变压器、隔离变压器、晶闸管、MCU 控制电路、液晶显示及通信系统等组成。

升压变压器：作用于升压功能，当一次绕组上所加电压的大小和极性发生变化时，能使二次侧线圈产生幅值和极性可变的变压器。

降压变压器：作用于降压功能，当一次绕组上所加电压的大小和极性发生变化时，能使二次侧线圈产生幅值和极性可变的变压器。

晶闸管：也称可控硅。晶闸管能在高电压、大电流条件下工作，具有耐压高、容量大、体积小、相应速度快等优点。

隔离变压器：输入绕组和输出绕组带有电气隔离的变压器，用以避免偶然同时触及带电体（或因绝缘损坏而可能带电的金属部件）和地所带来的危险。

MCU 控制电路：当控制电路 MCU 芯片采集到外部信号后，通过逻辑判断和算法，自动寻找最佳转换点，保证过零投切，无涌流。

调压器分四挡进行调压：大升压挡、小升压挡、直通挡、降压挡。现以大升压挡为例说明其稳压工作原理：

SCR 单相隔离稳压系统原理图如图 5-6 所示，T1 为降压变压器，T2 为升压变压器，当输入电压为 180～210 V 时，稳压器处于大升压挡。此时标有 DS、UO、SL 的晶闸管导通，标有 DO、US 的晶闸管关断，从而使降压变压器不动作，升压变压器动作。

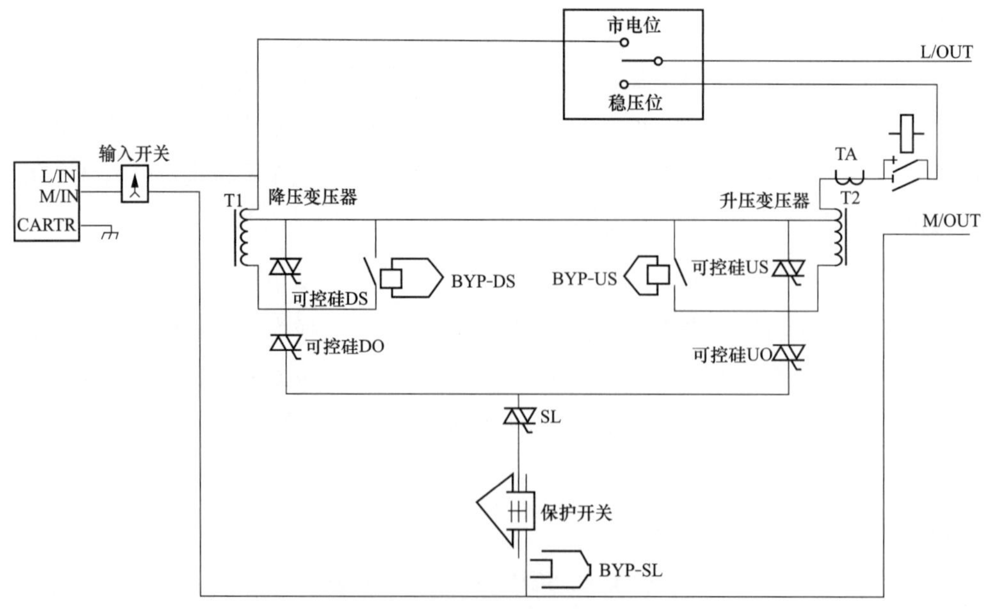

图 5-6　SCR 单相隔离稳压系统原理图

二、UPS 装置运行方式

UPS 装置运行方式分为正常运行模式、蓄电池供电模式、自动旁路运行模式和手动旁路检修模式。

1. 正常运行模式

UPS 装置正常运行流程图如图 5-7 所示，在交流电正常情况下，交流电将通过主电源输入开关（S2）、滤波器、整流器、逆变器、静态切换开关后为负荷供电。整流器输出的直流电对内部蓄电池组进行浮充电，以备交流电中断时使用。当交流电电压不稳定或者频率不能保持在一个稳定的范围内时，UPS 电源可以将其稳定在偏差较小的电压值和频率，为负载保驾护航。

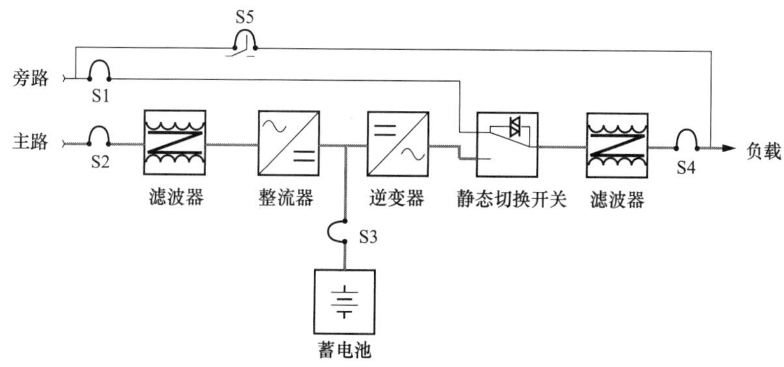

图 5-7　UPS 装置正常运行流程图

2. 蓄电池供电模式

蓄电池供电模式运行流程如图 5-8 所示，当交流电因为某种原因发生中断时，蓄电池会经过电池开关（S3）、逆变器的作用将电池的直流电转换为交流电，继续给负载提供电力，但是这个时间是有限的，考虑到在其满载的状态下，应选择大容量的 UPS 系统或者延时 UPS 电源。

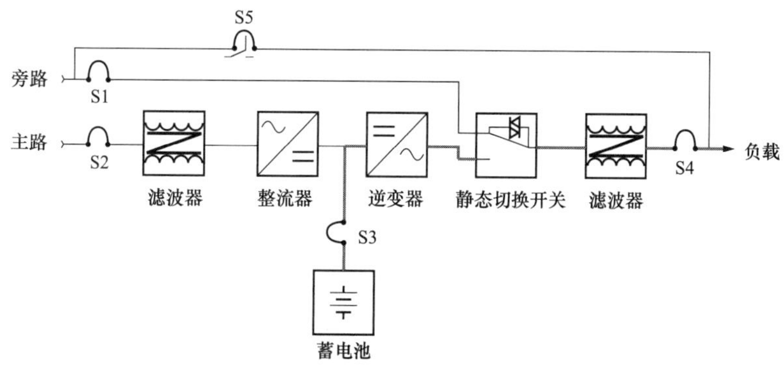

图 5-8　蓄电池供电模式运行流程

3. 自动旁路运行模式

自动旁路运行模式流程如图 5-9 所示，当出现电源超载、逆变器过热引发的机器故障时，UPS 电源会将主路输出转到旁路输出，通过备用电源输入开关（S1）采用锁相同步技术保证 UPS 电源输出与市电同步。只有人为地减少负载，才能避免旁路断路器的输出中断。

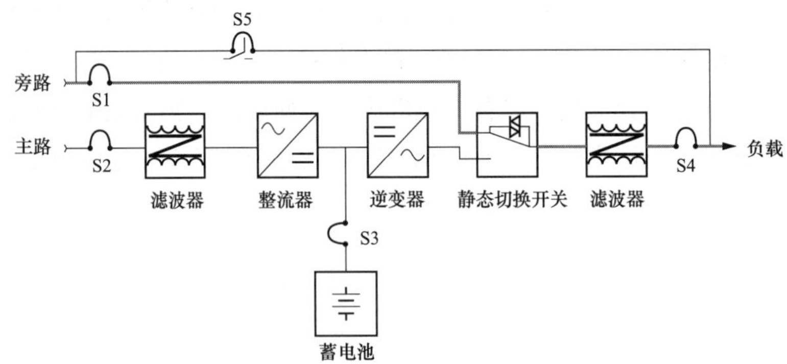

图 5-9 自动旁路运行模式流程

4. 手动维修旁路模式

手动维修旁路模式如图 5-10 所示，当 UPS 电源进行检修时，通过手动设置旁路开关（S5）保证负载设备的正常供电，当维修操作完成后，重新启动 UPS 电源，此时的 UPS 电源转为正常运行。

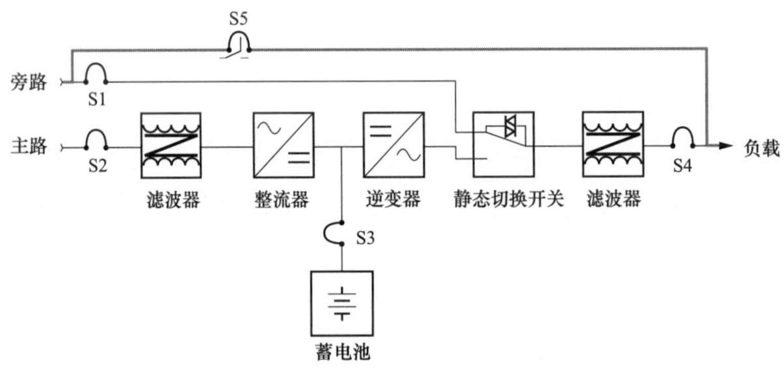

图 5-10 手动维修旁路模式

第三节 脱 硫 保 安 电 源

一、脱硫保安电源

在脱硫系统的工艺设备和电气设备中，都有部分设备不但在机组运行中不能停电，而且在机组停运后的相当一段时间内也不能中断供电；还有一些设备需在机组事故停机时立即从备用状态投入运行；另有部分设备例如蓄电池组的充电设备则不论机组运行与否都不能较长时间失电。因此，专门设计一种电源系统给这些设备供电，这种电源系统叫脱硫保安电源。脱硫保安电源应比一般的厂用电系统更可靠。

二、脱硫保安段接线形式及负荷分布

1. 脱硫保安段接线形式

脱硫保安段为双电源布置（脱硫保安电源一次图如图 5-11 所示），一般不单设柴油发电机。一路取自脱硫 PC 段；另一路一般取自锅炉保安段，保安段进线电源开关为双电源自动切换开关。脱硫保安电源互投原理如图 5-12 所示，两个中间继电器 K1、K2 线圈直接

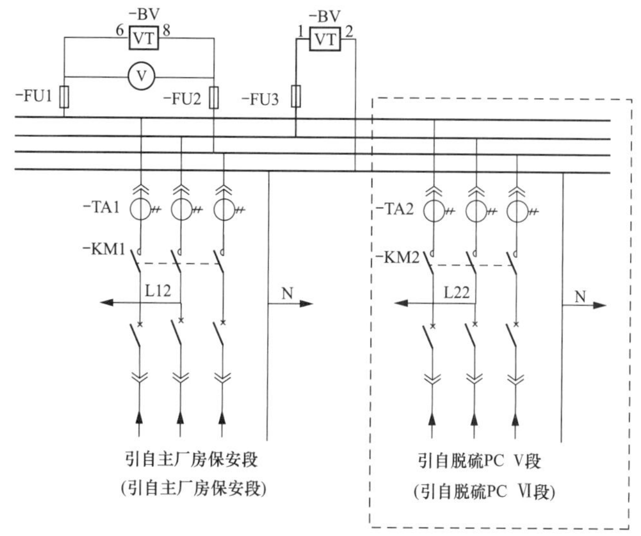

图 5-11　脱硫保安电源一次图

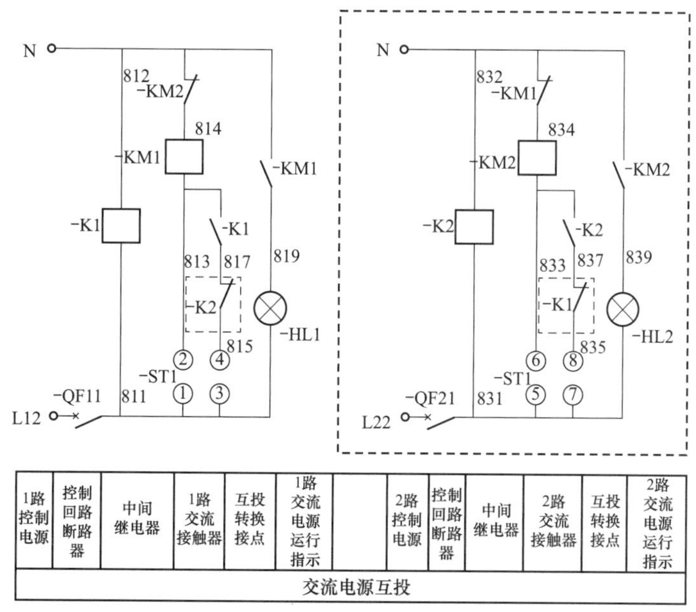

图 5-12　脱硫保安电源互投原理图

接在带电的两路电源线上，在两个继电器线圈控制回路上为动断点互锁形式；用两个继电器上各一组动合点控制接触器线圈，把两个接触器KM1、KM2线圈控制上也串接成互锁形式。这样，当ST1在自动状态，一路电源只要一断电另一路接触器就会吸合接通另一路电源。

2. 脱硫保安段负荷分布

保安段所带负荷一般有CEMS电源、DCS电源、仪表电源、电动门电源、事故照明电源、电梯电源以及浆液循环泵减速机油泵等重要电源。也可将一台工艺水泵电源接入保安段，以在事故状态下保护脱硫设备和系统安全。脱硫保安电源也是低压配电装置的一部分，因而日常维护及检修项目、方法、质量标准与低压配电装置相同，本章将不再进行重述。

第四节　日　常　维　护

一、直流系统日常维护

1. 蓄电池日常维护

（1）蓄电池运行参数检查。阀控式铅酸蓄电池组正常应以浮充电方式运行，浮充电压值应控制为（2.23～2.28）V×N，一般宜控制在2.25 V×N（25 ℃时）；均衡充电电压宜控制为（2.30～2.35）V×N（N为蓄电池个数）。

运行中的蓄电池组主要监视其端电压、浮充电流、输出电流、每只单体蓄电池的电压、运行环境温度、蓄电池组及直流母线的对地电阻值和绝缘状态等。

阀控蓄电池在运行中电压偏差值及放电终止电压应符合表5-1。

表5-1　　阀控蓄电池在运行中电压偏差值及放电终止电压值的规定

阀控式密封铅酸蓄电池	标称电压（V）		
	2	6	12
运行中的电压偏差值	±0.05	±0.15	±0.3
开路电压最大、最小电压差值	0.03	0.04	0.06
放电终止电压值	1.80	5.40（1.80×3）	10.80（1.80×6）

（2）蓄电池外观检查。蓄电池外观检查指在巡视中应检查蓄电池的单体电压值，连接片有无松动和腐蚀现象；壳体有无渗漏和变形；极柱与安全阀周围是否有酸雾溢出；绝缘电阻是否下降；蓄电池通风散热是否良好；温度是否过高等。

（3）蓄电池环境检查。阀控蓄电池的浮充电电压值应随环境温度变化而修正，其基准温度为25 ℃，修正值为±1 ℃时3 mV，即当温度每升高1 ℃，单体电压为2 V的阀控蓄电池浮充电电压值应降低3 mV，反之应提高3 mV；阀控蓄电池的运行温度宜保持在

5～30 ℃，最高不应超过 35 ℃。

蓄电池室的温度宜保持在 5～30 ℃，最高不应超过 35 ℃，并应通风良好。蓄电池室应照明充足，并应使用防爆灯；凡安装在台架上的蓄电池组，应有防振措施。应定期检查蓄电池室调温设备及门窗情况。每月应检查蓄电池室通风、照明及消防设施。

（4）蓄电池定期检查项目。蓄电池定期检查项目应按照表 5-2 进行。

表 5-2　　蓄电池定期检查项目

<table>
<tr><th>检查周期</th><th>项目</th><th>内容</th><th>基准</th><th>处置</th></tr>
<tr><td>每月</td><td>浮充电中的蓄电池总电压</td><td>观察仪表盘上的电压表显示的电压值</td><td>浮充电电压：单体电压（2.23 V）× 蓄电池个数</td><td>调整到浮充电电压：单体电压（2.23 V）× 蓄电池个数</td></tr>
<tr><td rowspan="6">每六个月</td><td>浮充电中的蓄电池总电压</td><td>（1）用 0.5 级或更高精度的电压表来测蓄电池总电压。
（2）观察仪表盘上电压表显示的电压值</td><td>（1）达到浮充电电压。
（2）计量仪表允许误差要符合相应国家标准</td><td>偏离基准值时，调整到浮充电电压</td></tr>
<tr><td>浮充电中的各电池的电压</td><td>测定各电池的电压</td><td>2 V 系列蓄电池电压应在 ±0.1 V 范围之内</td><td>偏离基准值的请继续观察 1～2 个月，如仍不能恢复，请进行均充</td></tr>
<tr><td rowspan="3">外观检查</td><td>观察电池壳、盖子上有无裂纹、变形等损伤及漏液</td><td>不能有裂纹、变形等损伤及漏液</td><td>有损伤及漏液现象时，查明原因，损伤的电池要进行更换</td></tr>
<tr><td>观察有无因灰尘而脏污的现象</td><td>没有脏污现象</td><td>脏损的电池用湿布擦干净</td></tr>
<tr><td>观察电池柜、台架、连接板、连接线、端子等，有无生锈现象</td><td>不能有生锈现象</td><td>进行清扫、防锈、刷漆等维护</td></tr>
<tr><td>蓄电池的温度</td><td>测定蓄电池的接线端子或电池外壳的表面温度</td><td>45 ℃以下</td><td>温度高于标准值时，要查明原因，并进行降温处理（暂停充电、改善通风等）</td></tr>
<tr><td rowspan="3">每年</td><td colspan="4">执行“每六个月”的全部检查项目</td></tr>
<tr><td>连接部</td><td>螺栓螺母有无松动</td><td>没有松动现象</td><td>如有松动需拧紧（蓄电池采用 M10 螺栓，紧固力矩 14.7～19.5 N·m）</td></tr>
<tr><td>充电方式</td><td>是否按照规定的频次进行均衡充电</td><td>均充频次率：一年 / 次</td><td>全浮充电一年及以上，需进行均衡充电</td></tr>
</table>

2. 阀控蓄电池组的定期充放电

（1）放电。长期处于限压限流的浮充电运行方式或只限压不限流的运行方式，无法判断蓄电池的现有容量、内部是否失水或干枯；通过核对性放电，可以发现蓄电池容量缺陷。

1）一组阀控蓄电池组的核对性放电。整个脱硫系统仅有一组蓄电池时，不应退出运行，也不应进行全核对性放电，只允许用 I10 电流（10 小时率放电电流）放出其额定容量的 50%。在放电过程中，蓄电池组的端电压不应低于 $2\ V\times N$；放电后，应立即用 I10 电流进行限压充电 – 恒压充电 – 浮充电；反复放电、放电 2～3 次，蓄电池容量可以得到恢复。

若有备用蓄电池组替换时，该组蓄电池可进行全核对性放电。

2）两组阀控蓄电池组的核对性放电。整个脱硫系统若具有两组蓄电池时，则一组运行，另一组可进行全核对性放电。放电用 I10 恒流，当蓄电池组电压下降到 $1.8\ V\times N$ 时，停止放电；1～2 h 后，再用 I10 电流进行恒流限压充电 – 恒压充电 – 浮充电；反复放电、充电 2～3 次，蓄电池容量可以得到恢复。若经过三次全核对性放充电，蓄电池组容量均达不到其额定容量的 80 %以上，则应安排更换。

3）阀控蓄电池组的核对性放电周期。新安装的阀控蓄电池在验收时应进行核对性充放电，以后每 2～3 年应进行一次核对性充放电，运行了六年以后的阀控蓄电池，宜每年进行一次核对性充放电。

4）蓄电池容量放电验收判断标准。

a. 电池以不同时率放电的终止电压和放电电流应符合表 5-3 规定。

表 5-3　　蓄电池不同时率放电的终止电压和放电电流

放电率（h）	单体放电终止电压（V）	放电电流（A）
10	1.80	0.10 C10
3	1.80	0.25 C10

b. 根据 GB 50172《电气装置安装工程　蓄电池施工及验收规范》规定，电池在做第一次容量放电时，其实际容量不得低于额定容量的 95%，否则电池的容量不合格。由于是恒流放电，电池的实测容量 C= 放电时间 × 放电电流。

c. 放电时，如环境温度不是 25 ℃，则需要将实测的容量按式（5-5）换算成 25 ℃基准温度时的实际容量 C_e，其值应符合上条：

$$C_e=C_t/1+K(t-25) \tag{5-5}$$

式中　t——放电时的环境温度；

C_t——当蓄电池表面温度为 t℃时实际测得的电池容量；

K——温度系数，10 h 的容量实验时 K=0.006 V/℃；3 h 的容量实验时 K=0.008/℃；1 h 的容量实验时 K=0.01 V/℃。

d. 蓄电池在放电前应注意前 3 天是否有停电，如有应确认电池充足电后再进行（此类情况可考虑暂时不进行放电）。

e. 蓄电池在放电以后，要确保 3 天之内不能停电，否则电池的容量和寿命都会受到影响。

f. 蓄电池放电时数据的记录：记录蓄电池的浮充电压之后，把需做放电测试的电池组脱开整流器（或开关电源），接上放电测试仪，调整好合适的放电电流，合上开关进行放电，逐个记录电池开始的放电电压（最好在放电 15 min 内记录完），放电后期（一般单体电压在 1.90 V 左右时）应加大测量频次。也可以使用“假负载”进行放电操作，但要准确控制放电电流，以测得准确的蓄电池组容量。

（2）充电。蓄电池在安装及放电后应及时充电，避免过放电或欠充电而造成容量下降。运行中因浮充电流调整不当造成的欠充，根据需要也可以进行补充充电，使蓄电池组处于满容量。充电程序为：恒流限压充电 – 恒压充电 – 浮充电（工作模式）。

1）恒流限压充电。采用 I10 电流进行恒流充电，当蓄电池组端电压上升到（2.3～2.35）V × N 限压值时，自动或手动转为恒压充电。

2）恒压充电。在（2.3～2.35）V × N 的恒压充电下，I10 充电电流逐渐减少，当充电电流减少至 0.1 × I10 电流时，充电装置的倒计时开始启动；当整定的倒计时结束时，充电装置将自动或手动转为正常的浮充电方式运行。浮充电电压值宜控制为（2.23～2.28）V × N。

3）备用搁置的阀控蓄电池，每 3 个月进行一次补充充电。

3. 充电装置日常维护

（1）运行参数监视。运行人员及专职维护人员，每天应对充电装置进行如下检查：三相交流电压是否平衡；运行噪声有无异常；各保护信号是否正常；交流输入电压值、直流输出电压值、直流输出电流值等各表计显示是否正确；正对地和负对地的绝缘状况是否良好。

充电装置具有过电流、过电压、欠电压、绝缘监察、交流失电压、交流缺相等保护功能，日常检查中应定期核对保护定值执行是否正确。继电保护整定值应符合表 5-4 规定。

表 5-4　　继电保护整定值

名称	整定值	
	额定直流电压 110 V 系统	额定直流电压 220 V 系统
过电压继电器	121 V	242 V
欠电压继电器	99 V	198 V
直流绝缘监察继电器	7 kΩ	25 kΩ

定期检查充电装置各元件温升情况，极限温升值应符合表 5-5 的规定。

表 5-5　　充电装置各元件极限温升值（K）

部件或器件	极限温升值
整流管外壳	70
晶闸管外壳	55

续表

部件或器件	极限温升值
降压硅堆外壳	85
电阻发热元件	25（距外表 30 mm 处）
半导体器件的连接处	55
半导体器件连接处的塑料绝缘线	25
整流变压器、电抗器的 B 级绝缘绕组	80
铁芯表面温升	不损伤相接触的绝缘零件
铜与铜接头	50
铜搪锡与铜搪锡接头	60

（2）运行操作。交流电源中断，蓄电池组将不间断地供出直流负荷，若无自动调压装置，应进行手动调压，确保母线电压的稳定；交流电源恢复送电时，应立即手动或自动启动充电装置，对蓄电池组进行恒流限压充电→恒压充电→浮充电（正常运行）；若充电装置内部故障跳闸，应及时启动备用充电装置代替故障充电装置，并及时调整好运行参数。

（3）维护检修。运行维护人员应结合定检对充电装置作清洁除尘工作。在作绝缘或耐压试验前，应将电子元件的控制板及硅整流元件断开或短接；若控制板工作不正常、应停机取下，换上备用板，启动充电装置，调整好运行参数，投入正常运行。

4. 微机监控装置日常维护

（1）运行中的操作和监视。微机监控器是根据直流电源装置中蓄电池组的端电压值，充电装置的交流输入电压值，直流输出电流值和电压值等数据来进行控制的。运行人员可通过微机的键盘或按钮来整定和修改运行参数。在运行现场的直流柜上有微机监控器的液晶显示板，一切运行中的参数都能监视和进行控制，远方调度中心通过“三遥”接口，在显示屏上同样能监视，通过键盘操作同样能控制直流电源装置的运行方式。

（2）运行及维护。

1）微机监控器直流电源装置一旦投入运行，只有通过显示按钮来检查各项参数；若均正常，就不能随意修改整定参数。

2）微机监控器若在运行中控制不灵，可重新修改程序和重新整定，若都达不到需要的运行方式，就启动手动操作，调整到需要的运行方式，并将微机监控器退出运行，交专业人员检查修复后再投入运行。

二、UPS 装置日常维护

UPS 装置的维护包含 UPS 主机和 UPS 蓄电池维护。蓄电池的维护在直流系统日常维护中已有讲解，故不再赘述。

1. 日常检查项目

（1）检查环境及温湿度，环境应保持整洁。UPS 间温度应控制在 20～25 ℃之间；相对湿度控制在 50% 以下，上下幅度不超过 10%。UPS 主机温度应小于 40 ℃，电池温度应在 15～30 ℃。

（2）观察 UPS 的操作控制显示屏（某品牌 UPS 面板如图 5-13 所示），表示 UPS 运行状态的模拟流程指示灯应处于正常状态，所有的电源运行参数应处于正常值范围内，且无任何故障和报警信息。

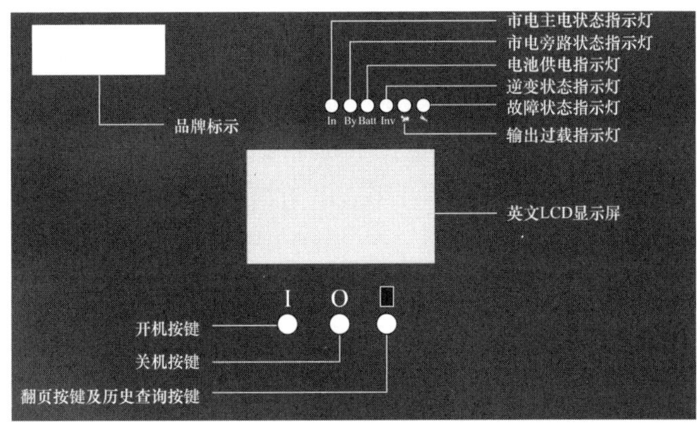

图 5-13　某品牌 UPS 面板

（3）检查信号指示、报警系统，指示应正确，报警系统应工作正常。

（4）检查各种表计指示正常（UPS 正常运行时各表计指示如图 5-14 所示）。

图 5-14　UPS 正常运行时各表计指示

（5）检查 UPS 蓄电池组，无损坏、无腐蚀。

2. 日常维护项目

（1）主机柜内部部件的检查。主机柜内部部件的检查包括检查所有柜的接地端子和接地线，接地端子应牢固可靠，否则进行紧固，接地线无损伤，否则进行修理或更换处理。

检查所有接线端子、整流器、逆变器控制回路中各插件，各插件应紧固无松动。

检查所有接线端子螺栓，螺栓应紧固无松动，各端子接触良好。

检查各继电器线圈、主触点、辅助触点，继电器线圈应完好无烧损现象，否则进行更换处理；主触点、辅助触点应无氧化变色，动作灵活，干净清洁，否则进行清理。

检查所有变压器、电抗器绝缘层有无损坏、发热变色情况，各接头处有无松动变色情况，否则进行相应处理。

检查各个电路板上的元器件有无脱焊和烧坏现象，线路板应无烧焦、发热痕迹。

检查印刷电路板应安装正确，插头连接牢固。

检查外部熔断器，用万用表电阻挡检查熔断器阻值应接近零，否则更换熔断器。

检查熔断器板上的各个熔断器，用万用表电阻挡检查熔断器阻值应接近零，各熔断器安装正确，与熔断器座接触牢固。

检查冷却风扇应无损伤、脱叶、裂纹，手动盘转时，风扇运转应灵活无卡涩现象，否则进行处理，无法修理的进行更换。

检查装置内应无异物。

（2）UPS 电源装置的清扫：

1）将主机柜前面板、后面板和侧面板拆开，拆下的螺栓要保存好。

2）用鼓风机对柜内的电路板、变压器、电抗器、逆变器、整流器、静态开关等进行吹扫。

3）拆下主机柜顶盖。注意：取下顶盖时不要碰到其他设备，以免造成设备损坏。

4）从主机柜顶部取下冷却风扇。

5）对冷却风扇、电容器组和风扇监视板进行清扫。

6）卫生清扫完后，恢复安装冷却风扇。

第五节　检修工艺及质量标准

一、直流系统检修

直流系统的检修应根据运行情况和定修计划进行。原则上，每年一次 C/D 级检修，每五年一次 A/B 级检修，运行故障时，随时停运检修。

1. 直流系统的 C/D 修项目

（1）全面清扫检查。

（2）根据缺陷进行针对性的处理。

（3）系统接地装置检查。

（4）蓄电池外观及单体电压检查。

2. 直流系统的 A/B 修项目

（1）执行全部小修项目。

（2）母线测量绝缘电阻。

（3）母线耐压试验。

（4）负荷开关检查。

（5）定值检查与调整。

（6）高频电源开关试验。

（7）蓄电池核对性放电试验。

3. 直流系统的检修工艺与质量标准

直流系统检修应按照表 5-6 中工艺流程和质量标准进行。

表 5-6 直流系统检修项目及质量标准

项目	检修工艺流程	质量标准
清扫直流馈电屏柜体、整流器屏柜体、蓄电池组	用吸尘器、毛刷等器具清除各部灰尘，必要时用无水酒精或专用清洗剂清洗	外观应清洁，盘面应无脱漆、锈蚀，标志应正确、齐全
控制装置检查	（1）检查控制装置的硬件配置、标注及接线等。 （2）检查控制装置各插件上的元器件的外观质量、焊接质量。 （3）检查控制装置的背板接线是否有断线、短路、焊接不良等现象，并检查背板上抗干扰元件的焊接、连线和元器件外观。 （4）检查电子元件、印刷线路、焊点等导电部分与金属框架间距。 （5）检查插件与插座。 （6）检查馈电装置的端子排连接	（1）控制装置各插件上的元器件的外观质量、焊接质量应良好。 （2）控制装置的背板接线无断线、短路、焊接不良等现象。 （3）控制装置的各部件固定良好，无松动现象，装置外形端正，无明显损坏及变形现象。 （4）各插件插、拔灵活，各插件和插座之间定位良好，插入深度合适。 （5）馈电装置的端子排连接应可靠，且标号应清晰正确，端子排的接地端子引至屏上的接地线应用铜螺栓钉压接，接触要牢靠，屏板与接地网相连。 （6）切换开关、按钮、键盘等应操作灵活、无发卡现象
蓄电池组检查	检查蓄电池组外观、接线、电压	（1）每只蓄电池外观及连接片应清洁良好，无壳体膨胀、破裂、电液渗漏。 （2）连接螺栓应压接连接片紧固，平垫圈与连接片间应涂上凡士林。 （3）每只蓄电池正、负极连接正确，每只蓄电池电压及蓄电池组总电压正常。 （4）蓄电池组与控制装置和负载之间连接的极性正确

续表

项目	检修工艺流程	质量标准
电气回路绝缘测试	绝缘检查项目： （1）交流回路对地、直流回路对地、交流回路各相间、直流正对直流负、交流回路对直流回路。 （2）确认直流屏端子排处交流电缆线头已解开，断开所有接地支路，并将监控器、充电模块、绝缘监测仪等部件从电路中退出，用 500 V 或 1000 V 绝缘电阻表检查绝缘检查项目的绝缘电阻	绝缘均不得小于 10 MΩ
电气回路介电强度试验	在温度为 15～35 ℃及相对湿度为 45%～75% 环境下，对装置各独立带电回路之间，电路与柜体之间，2500 V 试验电压，历时 1 min 的介电强度试验	试验部位应无闪络或击穿
负荷开关检查	（1）检查各开关应固定牢靠无松动。 （2）检查各开关引线接头紧固无松动，无过热现象 （3）手动分合各开关	所有开关应完好无损动作灵活、可靠
通电试验	（1）检查接线无错误。 （2）核对开关名称及编号。 （3）按照说明书要求的送电顺序操作开关送电	（1）各模块的负载电流应能平均分配总输出电流，均流不平衡度小于或等于 ± 3%。 （2）充电装置稳压精度小于或等于 ± 0.2%

二、UPS 装置检修

1. 检修周期

UPS 装置的检修应根据运行情况和定修计划进行。原则上，每年一次 C/D 级检修，每五年一次 A/B 级检修。

2. 检修项目

（1）C/D 级检修项目。

1）清扫 UPS 装置。

2）检查冷却、照明等辅助系统，应工作正常。

3）检查 UPS 噪声，应无可疑的变化。

4）检查柜内各元器件有无过热和损伤；各元器件应良好无异常。

5）必要时测量输出波形、输出频率等，应符合说明书要求，检查主要元件的温度，应正常。

（2）A/B 级检修项目。

1）执行 C/D 修全部项目。

2）校验所有表计。

3）检查主回路元件。

4）检查所有连线，检查各种插件。

5）检查电源开关、控制开关。

6）检查辅助系统。

7）检查保护回路。

8）检查蓄电池组。

9）检查各信号显示系统、报警回路。

3. 检修工艺及质量标准

UPS 装置检修应按照表 5-7 中工艺流程和质量标准进行。

表 5-7　　UPS 装置检修项目及质量标准

项目	检修工艺流程	质量标准
检查、清扫 UPS 装置	用吸尘器、毛刷等器具清除各部灰尘，必要时用无水酒精或专用清洗剂清洗	外观应清洁，盘面应无脱漆、锈蚀，标志应正确、齐全
检查所有接线	检查所有连线有无过热现象，并紧固所有螺栓	所有接线应无过热，元件、插件的固定螺栓因无松动和锈蚀
校验所有表计	校验电压表、电流表、频率表等所有表计	电压表、电流表、频率表等表记的检验，应符合表记校验规程
检查主回路元件	（1）主回路元件的检查与测试。 （2）检查主回路熔断器和热继电器有无异常现象。 （3）检查功率表元件（晶闸管、晶闸管、IGBT 管、MOS 管等）、换向电容等元器件有无过热现象，必要时进行测试。 （4）检查交流滤波电容外观有无变形、漏液，必要时进行容量测试；检查输出变压器有无损伤过热现象。 （5）测量主回路绝缘电阻（用 500 V 绝缘电阻表测量，且应断开主回路的电子元件或将电子元件短接）	（1）主电路中的各部件应无损伤和过热，电子元件应无脱焊、虚焊。 （2）主回路的绝缘电阻应大于 5 MΩ。 （3）修理或更换已老化或损坏的元器件
检修插件	（1）取出全部插件并编号，以便回装。 （2）下列插件进行外观检查、清扫，并按说明书要求测试功能参数： 1）本体振荡部分。 2）锁相同步部分。 3）电压控制部分。 4）脉冲分配部分。	所有插件应清洁，无损伤；插件上的电子元件应无脱焊、虚焊、过热、老化现象；功能参数符合说明书要求

续表

项目	检修工艺流程	质量标准
检修插件	5）触发部分。 6）静态开关控制电路的电压、电流、相位等检测部分。 7）静态开关控制电路中的手动操作与自动－手动切换逻辑回路部分。 8）静态开关控制电路中的脉冲放大及整形回路部分。 9）启动回路部分。 10）保护回路部分。 11）逆相、缺项检测回路部分。 12）显示或报警回路部分	所有插件应清洁，无损伤；插件上的电子元件应无脱焊、虚焊、过热、老化现象；功能参数符合说明书要求
检查电源开关、控制开关	（1）检查电源开关、控制开关触点有无烧伤、过热现象。 （2）检查电源开关、控制开关动作是否灵活	所有开关应完好无损动作灵活、可靠
辅助系统的检修	（1）检修冷却风扇。 （2）检查照明及其他部分有无异常现象	照明、冷却等辅助系统应灵活、可靠
检查保护回路	（1）检查保护回路中的元器件有无损伤。 （2）检查保护回路中的继电器。 （3）模拟各种保护动作，检查信号显示系统及报警回路有无误动和拒动	（1）保护回路的元器件应无损伤。 （2）继电器的整定值准确。 （3）模拟保护动作时，信号显示系统应显示正确，报警电路应可靠报警
参数的测试	测试UPS装置以下参数： （1）输出电压误差。 （2）输出电压波形。 （3）输出电压的相位偏差。 （4）输出电压的频率。 （5）静态电压的频率。 （6）检测点的主要参数（测试时，应将逆变器与主回路断开）	（1）输出电压误差、波形、相位偏差和输出电源频率、静态开关切换时间应符合说明书规定。 （2）各检查点主要参数应符合说明书规定，说明书无规定时，应与初次检测结果相符（在相同条件的测试条件下）
检查蓄电池组	检查蓄电池组外观、接线、电压；定期对蓄电池组进行充放电	蓄电池完好，无变形漏液，接线紧固，电压偏差值参考表5-1

第六节　常见故障分析及处理

一、直流系统

当直流系统出现异常情况时，应遵循以下原则来进行检查和处理：

（1）熟悉设备图纸、使用说明书等技术资料。只有熟悉了这些文件资料，才能正确地进行检查和维护。

（2）先考虑外部和操作，再考虑设备本身。引起直流设备出现异常的原因一般有三个方面：

1）操作不当：如某一开关位置不对，设备的运行参数设置不当等。

2）外部原因：如输入电源消失、缺相等。

3）设备本身：如某个器件损坏失灵、接触不良、保险熔断等。

对于由操作不当和外部原因引起的设备运行异常，只要引起的原因消失，系统就会正常工作，而没有必要对设备本身进行处理，所以应在确认没有这两个方面的原因后再进行设备原因方面的检查和处理。

（3）注意区分电源的电压等级和极性，搞清回路的走向，在检查处理有问题的设备单元时要注意区分交流输入的电压等级和相序，直流电源电压等级和正负极性。

（4）注意安全。尽量隔离问题区域，不要扩大故障范围。

直流系统常见的故障及处理见表 5-8。

表 5-8　　直流系统常见故障分析及处理

设备	故障特征	原因、处理方法及要求
高频开关电源充电装置	交流故障	（1）交流输入电压不正常时应向电源侧逐级检查。 （2）检查模块的内部熔断器是否完好，若熔断应查明原因后更换
	模块输出电压不正确	通过调节模块前面板上的电压调节电位器，调节到正确输出电压值
	模块上电后便过电压保护	手动调节输出电压超过过电压保护值或模块控制口输出电压调节端输入电压过高
	输出电压不稳	检查输入电压是否波动超过允许范围或负载连续严重波动
	无输出电压	（1）若故障灯亮时为内部故障，关闭电源后重新启动，仍不正常时对其进行进一步检查。 （2）输出熔断器是否熔断。 （3）检查模块直流输出线是否断路、接线端子或插头有松动时应进行紧固或重新插接
阀控蓄电池	蓄电池无电压	极板短路或开路，主要由极板的沉淀物、弯曲变形、断裂等造成，当无法修复时应更换蓄电池
	壳体温度异常、壳体变形	主要由充电电流过大、内部短路、温度过高等原因造成。 （1）对渗漏电解液的蓄电池应更换或用防酸密封胶进行封堵。 （2）外壳严重变形或破裂时应更换蓄电池
	极柱、螺栓、连接条爬酸或腐蚀	主要由安装不当、室内潮湿、电解液溢出等原因造成。 （1）及时清理，做好防腐处理。 （2）严重的更换连接条、螺栓
	容量下降	用反复充放电方法恢复容量，若连续三次充放电循环后，仍达不到额定容量的 80%，应更换蓄电池

续表

设备	故障特征	原因、处理方法及要求
阀控蓄电池	绝缘下降	主要由电解液溢出、室内通风不良、潮湿等原因造成。 （1）对蓄电池外壳和支架用无水酒精清擦拭。 （2）改善蓄电池的通风条件，降低湿度
监控装置	无显示	（1）检查装置的电源是否正常，若不正常应逐级向电源侧检查。 （2）检查液晶屏的电源是否正常，若电源正常可判断为液晶屏损坏，应进行更换
	显示值和实测值不一致	（1）调校监控装置内部各测量值的电位器或变送器，若调整无效后应更换相关部件。 （2）检查通道是否正常，有故障时应进行处理
	显示异常	按复位键或重新开启电源开关，若按复位键或重新开机仍显示异常时，应进一步进行内部检查处理，无法修复时应更换监控装置
	告警	根据告警信息检查和排除外部故障后仍无法消除告警时应检查： （1）装置参数若偏离整定范围时，应重新整定。 （2）检查监控通道是否正常，关闭未使用的通道
	监控装置与上位机通信失败	（1）检查上位机软件地址、波特率；当格式不正确时应重新设定。 （2）检查上位机、下位机收发是否同步，若不同步应对其进行调整。 （3）检查通信线连接，不正确应重新接线；断线时，应更换电缆
绝缘在线监测装置	开机无显示	（1）检查装置的电源是否正常，若不正常应逐级向电源侧检查。 （2）检查液晶屏的电源是否正常，若电源正常可判断为液晶屏损坏，应进行更换
	显示值和实测不一致	调校监控装置内部各测量值的电位器或变送器，若调整无效后应重新开机后再校对
	装置显示异常	按复位键或重新开启电源开关，若按复位键或重新开机仍显示异常时，应进一步进行内部检查处理，无法修复时应更换监控装置
	接地报警异常	（1）参数不正确时应重新设定。 （2）测量正、负对地电压偏差大时，应检查装置的相关部件。 （3）检查传感器电源是否正常，若不正常时应更换电源；电源正常时检查传感器是否损坏，若损坏的应进行更换
绝缘监察装置	报警异常	（1）参数不正确时应重新调整。 （2）应检查装置的相关部件和回路是否完好
电压监察装置	继电器故障	（1）继电器的触点接触不良，处理无效时应更换。 （2）继电器线圈故障时应更换
	回路故障	（1）检查熔断器是否完好，熔断时应查明原因后更换。 （2）检查回路接线是否完好
电压调节装置	自动调节异常	（1）检查合闸母线电压是否正常。 （2）熔断器熔断时应查明原因后更换。 （3）若装置的电源故障无法修复时应更换。 （4）若某一级或全部元件调节电压无变化，此时应更换降压元件
	手动调节异常	（1）挡位开关故障时应更换开关。 （2）若不能手动调节，应更换电压调节装置

二、UPS装置

当UPS电源系统发生故障报警时，首先检查UPS操作控制面板故障报警信息，检查UPS工作方式，检查UPS主机柜内元器件，检查控制逻辑电路板LED灯的工作状态，查明UPS主机故障原因。

根据不同的故障类型进行相应的处理：

（1）UPS主电源失电：检查UPS当前工作方式，是否由电池供电，此时密切监视电池电压，及时恢复UPS主机电源供电。

（2）UPS整流器故障：检查UPS当前工作方式，是否由电池供电，此时密切监视电池电压或直接手动将UPS切换至静态旁路供电。

（3）UPS逆变器故障：检查UPS工作方式，是否成功切换到静态旁路供电，如未成功，此时手动切换至静态旁路供电。

（4）UPS故障停机：造成UPS负载失电时，将UPS手动切换至维修旁路恢复供电，检修UPS主机。

（5）UPS过负荷报警：检查UPS输出电流及实际负载率，如过负荷确认，请根据负载重要性进行部分切除；如系统故障误报，请及时对UPS主机进行检修。

（6）UPS主机元器件损坏造成UPS故障停机：及时将负载切至维修旁路供电，并对UPS主机进行维修处理。

（7）UPS交流旁路稳压器故障：将旁路稳压柜内的稳压、市电双投刀开关，投至市电位置，并及时维修稳压器。

注：UPS工作方式的切换操作及面板报警指示，必须按照UPS用户手册要求，UPS切换至维修旁路操作时，切不可直接短接UPS主回路。

UPS常见故障分析及处理见表5-9。

表5-9　UPS常见故障分析及处理

故障现象	故障诊断及检查要点	处理方法
面板整流灯不亮	整流器市电输入空气开关未开启，前面板INPUT灯、整流灯不亮、FAULT灯亮	开启整流器市电输入空气开关
	整流器输入电压在不正常范围前面板RETAIFIER灯不亮，FAULT灯亮	接入整流器允许正常工作的电压
面板相序灯亮，蜂鸣器长鸣	交流输入相位错误，LCD将显示错误信息，前面板相序（PHASE）灯亮、蜂鸣器长鸣	更改整流器市电输入线的相序，一般只要将U、V、W之任两相对调即可
逆变器无法正常输出，蜂鸣器长鸣，FAULT灯亮	整流器未启动完成，蜂鸣器长鸣，电池欠电压灯亮	请等待整流器缓启动结束，蜂鸣器长鸣解除
	输出负载有超载现象，前面板OVERLOAD过负荷灯亮	减少UPS电源负载

续表

故障现象	故障诊断及检查要点	处理方法
市电停电时，UPS死机无输出	电池工作回路异常	检查电池回路开关是否正常或电池是否损坏
LCD 及 LED 不亮	UPS 所有空气开关均未开启	开启 UPS 前板的任一空气开关
	电源板故障	交由专业维修人员进行维护
风机停止转动	风机故障	更换风机
面板 FAULT 灯亮，蜂鸣器长鸣	输出端有短路现象（包含负载本身短路）	排除短路点，关闭 UPS 逆变器，再重新开启逆变器
	逆变器散热片温度过高	减少负载，或将负载平均分配
	逆变器上之熔丝断，或 IGBT 模块异常	更换熔丝或 IGBT 模块
	电池放电出现欠电压保护	重新来电时自动启动
面板 OVERLOAD 灯亮	UPS 输出过负荷	减小负载
关机时 UPS 不能从逆变供电转为旁路供电	旁路电源输入电压、频率是否正常	检查旁路电源电压、频率
	旁路 / 逆变 SCR 驱动板故障	交由专业维修员进行维护
开机时 UPS 不能从旁路供电转为逆变供电	逆变器故障	交由专业维修员进行维护
	旁路 / 逆变 SCR 驱动板故障	交由专业维修员进行维护
无法正常通信	通信线插入位置不对	将通信连接线插好
	通信软件未安装成功	将软件正确安装
	计算机通信窗口设定错误	将通信口正确设定
	以上问题均排除，仍无法正常通信	交由专业技术员维护

第六章 干式变压器

电力变压器种类较多，按用途可以分为升压变压器、降压变压器、联络变压器、隔离变压器等；按相数可以分为单相变压器和三相变压器；按绝缘介质种类可以分为油浸式变压器、干式变压器、SF_6 气体绝缘变压器等。

其中，干式变压器体积小、质量轻、损耗少、噪声低、防潮性能好、故障率低，与油浸式变压器相比具有无污染、无渗漏、无爆炸危险、火灾危险性小、安装方便、维护量少、与开关柜配套简单等诸多优点，其应用范围越来越广，制造容量也不断加大，在电厂脱硫系统中被广泛运用。

本章以脱硫系统常用的无励磁调压树脂浇筑干式降压变压器为例，讲解其结构、原理和运行、维护、检修知识。

第一节 结构与工作原理

一、干式变压器的基本原理

干式变压器是基于电磁感应原理工作的，工作时，绕组是“电”的通路，铁芯是“磁”的通路。如图 6-1 所示是单相变压器的原理示意图。在闭合铁芯上装有两个绕组，电源侧为一次绕组，负荷侧为二次绕组；当在一次绕组接入交流电压 U_1 后，一次绕组产生交变电流 I_1，在铁芯中产生交变磁通 Φ，其频率与电源电压频率相同；这个交变磁通分别在一次绕组和二次绕组产生感应电动势 E_1 和 E_2。当二次绕组接入负荷时，便会产生二次电流 I_2。

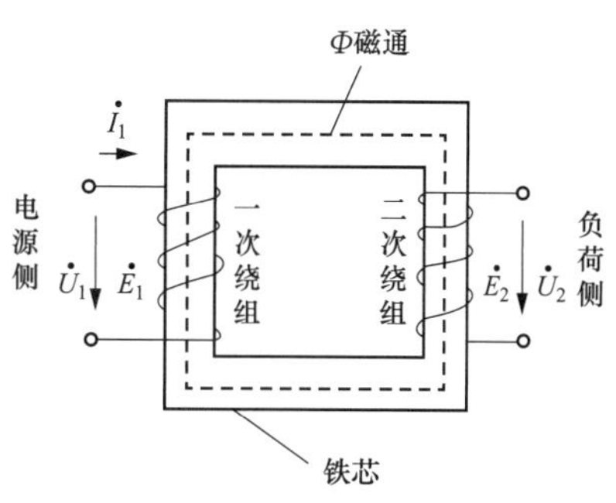

图 6-1 单相变压器原理示意图

根据电磁感应定律可知，一次绕组感应电动势按照式（6-1）计算：

$$E_1=4.44fN_1\Phi_m \tag{6-1}$$

二次绕组感应电动势为按照式（6-2）计算：

$$E_2=4.44fN_2\Phi_m \tag{6-2}$$

式中 E——感应电动势；

f——电源频率；

N——绕组匝数；

Φ_m——交变主磁通的最大值。

由于变压器一次、二次侧漏电抗和电阻都比较小，可以忽略不计，因此可以近似地认为：一次电压 $U_1=E_1$，二次电压 $U_2=E_2$，则：

$$\frac{U_1}{U_2}=\frac{E_1}{E_2}=\frac{N_1}{N_2}=K \tag{6-3}$$

式中　K——电压比，即变压器变比。

由此可知，变压器一次、二次绕组的电压高低与其绕组匝数成正比，匝数多的一侧电压高，匝数少的一侧电压低，改变一次、二次绕组的匝数将会使变压器适应不同的电压等级，并得到不同的输出电压。

当二次侧绕组匝数少于一次侧绕组匝数时，称为降压变压器，反之则为升压变压器；当一二次侧绕组匝数相同时，则为隔离变压器。脱硫系统常用的干式变压器为 6 kV/0.4 kV 的降压变压器，保安变压器为 0.4 kV/0.4 kV 的隔离变压器。

二、干式变压器结构

干式变压器主要由绕组（又称线圈）、铁芯、冷却风机、温控器、引出线、外壳等组成。干式变压器结构如图 6-2 所示，其中，装配后的绕组和铁芯又称为器身。

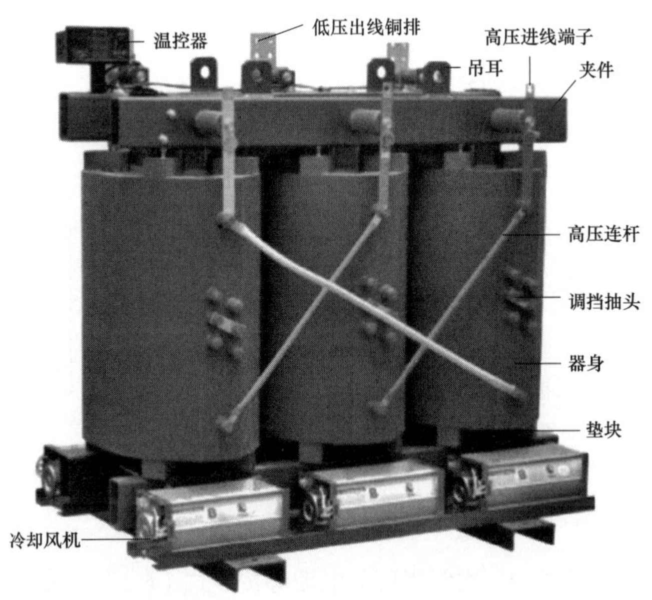

图 6-2　干式变压器结构

1. 绕组

干式变压器绕组是变压器的电路部分，分为一次绕组和二次绕组。对脱硫系统常用的降压变压器来说，一次绕组是高压侧绕组（电源侧），二次绕组是低压侧绕组（负荷侧）。

高压侧绕组一般采用玻璃丝包线或聚酯漆包线绕制而成，多段圆筒式，层间绝缘采用 F 级 NMN 复合绝缘，绕组内外用预浸树脂玻璃丝网格布加强，真空浸渍浇注固化成型。高压侧绕组出线端子及调挡抽头直接固化在绕组上。

低压侧绕组组采用扁铜线绕制，层间绝缘采用 D279 环氧 DMD 预浸复合绝缘，经固化成型。低压侧绕组引出线汇流至出线铜排。

绕组端部采用阻燃型树脂浇封固化成型，低压侧绕组套在铁芯上，高压侧绕组套在低压侧绕组外部，形成同心式结构。高压侧、低压侧绕组之间使用绝缘材料隔离，并留有散热风道。

这种低压侧绕组在内、高压侧绕组在外的结构具有以下优点：

（1）高压侧绕组装在外部对绝缘材料要求降低，节省成本。

（2）低压侧绕组电压低，装在内部可以缩小和铁芯的距离，缩小变压器的体积，进而减少高压侧绕组用料。

（3）便于高压接线端子引出时的绝缘处理，便于安装分接头。

2. 铁芯

干式变压器的铁芯是变压器的磁路部分，套有绕组的部分叫芯柱，连接芯柱的部分叫铁轭，芯柱与铁轭共同形成变压器的闭合磁路。

为提高变压器效率，降低交变磁通在铁芯中引起的涡流损耗和磁滞损耗，变压器的铁芯采用单片厚度为 0.27～0.35 mm 的优质冷轧高导磁晶粒取向硅钢片叠成，一般采用交错式装配方法，45° 全斜接缝叠装。上、下铁轭与芯柱叠装之后使用夹件夹紧，整个铁芯由绝缘子支撑，并能通过可拆卸的接地连接片接地。

3. 冷却装置

干式变压器采用空气自冷（AN）和强迫风冷（AF）两种冷却方式。其中的字母含义为：A—冷却介质为空气；N—自然循环；F—强迫循环。

干式变压器风扇电动机采用横流式冷却风机，AC220 V 供电，安装在铁芯两侧下方，将冷风直接吹进变压器的线圈高、低压冷却风道，散热效果明显。风扇还有低噪声、无振动、长寿命的特点。风扇的运行由温控器控制，能够手动或自动切换。

变压器采用空气自冷方式时，可在额定容量下长期连续运行；强迫风冷方式时，变压器输出容量可提高 50%（以变压器铭牌标示为准）。

4. 温控器

智能式变压器温度控制器是专门为干式变压器设计的自动温控产品（干式变压器温控器面板如图 6-3 所示），是干式变压器的重要附件，安装在变压器外壳上，通过预埋在低压线圈内和铁芯上的高性能 PT100 热电阻，检测变压器绕组及铁芯的实时温度，实现自动控

图 6-3 干式变压器温控器面板

制风扇、温度高报警和超温启动远方跳闸功能。温控显示采用三相巡检和设置检测方式，当需要时可输出远传模拟信号。温控元件输出触点容量不小于 DC110 V、1 A，温控装置电源为交流 380 V 或 220 V（以厂家说明书为准）。

新出厂的变压器温度控制器一般均已输入默认定值（见表 6-1），但在变压器安装完成或每次检修后，均需核对定值。

表 6-1 干式变压器温控器设定范围表

温度	出厂设定值（℃）	可调温度范围（℃）
风机停止温度 t_1	80	50～100
风机启动温度 t_2	100	60～110
超温报警温度 t_3	130	75～165
超高温跳闸温度 t_4	150	90～170

注 可调温度范围因厂家设定不同，可在 0～200 ℃之间任意设定。

5. 引出线

干式变压器高压侧引出线和分接头直接浇筑在绕组外表面上，方便安装连杆和连片，并通过多股铜线引出到进线绝缘子，绝缘子固定在变压器夹件上；低压侧采用矩形镀锌铜母线引出，方便与低压开关柜母线连接。

6. 外壳

干式变压器的外壳常采用不锈钢或铝板制成，IP23 防护等级，外壳与带电导体之间需要满足电气间隙要求。外壳上设前后门，门上装有透明观察孔，一般由 4 个（或两个）行程开关的动合触点串联到高压侧合闸回路里，即任何一个门没有关闭到位，变压器无法合闸送电。行程开关的动断触点并联，任何一个门打开可发出报警信号。

三、干式变压器铭牌参数

铭牌参数是电气设备维修的基本依据，在日常的检修维护工作中，必须以铭牌参数和厂家说明书及出厂试验报告为指导，确定最佳检修方案，选择合适的试验方法，控制检修质量。

由图 6-4 所示铭牌可知，这是一台按照 GB/T 1094.11—2007《电力变压器 第 11 部分：干式变压器》标准生产的一台户内型、额定容量为 1250 kVA、额定频率为 50 Hz 的 3 相树脂浇筑干式变压器。冷却方式为自然冷却（AN），也可强制通风冷却（AF）；一二次绕组额定电压为 6000/400 V，额定电流（AN 时）：120.3/1804 A，联结组标号 Dyn11；防护等级 IP21，F 级绝缘，温升限值 100 K；带无载调压触点，分接范围为 ±2×2.5%，可在一定的电压范围内工作。干式变压器铭牌含义如图 6-5 所示。

树脂绝缘干式电力变压器

型号	SCB10-1250/6					标准代号	GB 1094.11-2007	
产品代号	1ZCJF.710.1738					额定容量	1250kVA	温升限值 100K
额定频率	50Hz	相数	3相			吹风容量		气候等级 C2
冷却方式	AN/AF	短路阻抗	6.22%			防护等级	IP21	环境等级 E2
绝缘水平	h.v.线路端子		LI/AC	75/35kV			燃烧性能等级	F1
	l.v.线路端子	和中性点端子	LI/AC	0/3kV			绝缘系统温度	F级
	高压					低压	联结组标号	Dyn11
分接位置	2-3	3-4	4-5	5-6	6-7		使用条件	户内式
电压(V)	6300	6150	6000	5850	5700	400	总重	3790kg
额定电流(A) AN	120.3					1804	出厂序号	6170070
额定电流(A) AF							制造日期	2017 年 02 月

图 6-4 干式变压器铭牌

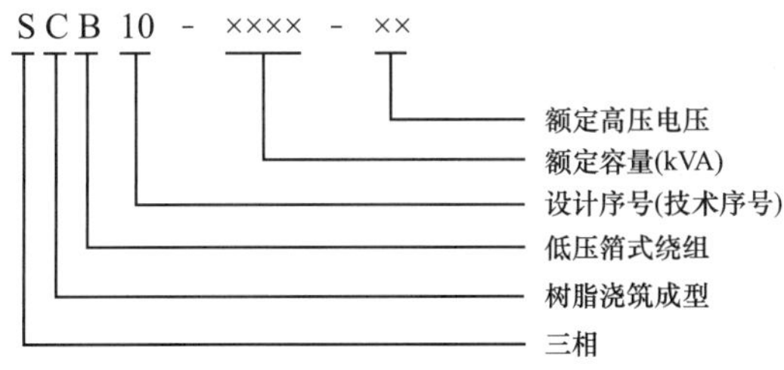

图 6-5 干式变压器铭牌含义

第二节 日 常 维 护

干式变压器结构简单，故障率低，日常维护工作量较小，但必要的运行维护不可或缺，以保证脱硫系统稳定运行。

一、干式变压器的日常检查

1. 干式变压器工作环境检查

（1）检查干式变压器工作环境的温湿度：

检测变压器工作环境温度，最高温度不得高于 40 ℃。

检测变压器工作环境湿度，要求相对湿度应低于 93%，线圈表面不应出现水滴。干式变压器的铁芯暴露在空气中，易锈蚀。如果发生大面积铁芯锈蚀，就会使变压器的损耗增加、效率下降，甚至直接影响变压器的寿命。

当干式变压器周围空气的温度或湿度过高时，应及时增加强制通风措施（启动通风机或空调等）来改善周围环境。

（2）检查变压器工作场所的完好性。检查变压器工作场所（配电室）的门窗、孔洞的密封是否完好；出入口应设置高度不低于 400 mm 的防小动物挡板（参照 DB46/ T 527—2021《建筑消防设施检测技术规程》）；有防止雨、雪和小动物从采光窗、通风窗、门、通风管道、桥架、电缆保护管等进入室内的设施。同时，工作场所内应保持环境整洁，场地平整，设备间不应存放与运行无关的物品，巡视道路畅通。各种标志齐全、清楚、正确，设备上不应粘贴与运行无关的标志。修后投运 72 h 内、雷雨天气时，应增加对变压器的巡检次数。

2. 干式变压器的外观检查

检查变压器外壳前后门是否锁紧，防止人员或小动物误入。

从观察窗检查变压器绕组、铁芯等是否有附着脏物及污染现象。根据环境污秽情况、负荷重要程度及负荷运行情况等安排合理的清扫周期。一般情况下，每年至少应全面清扫一次；对于积尘较大的场所，至少每半年清扫一次，以保证空气流通、散热良好。对于通风道里的灰尘，应使用吸尘器或压缩空气来进行清除。如果不及时清除将影响变压器的散热，还将导致变压器绝缘降低甚至造成绝缘击穿。

检查变压器外壳接地是否牢固、可靠。

3. 干式变压器的运行状况检查

观察变压器面板仪表及信号信息是否正常，有无异常声响，有无异常气味，温控器电源有无异常等，确认其工作状态是否正常。观察连接点有无过热变色，绝缘有无裂纹、明显老化，运行温度是否正常，有无闪络放电痕迹等。发现异常情况，应立即安排检修。

观察变压器高压侧运行的电压为 $U_e \pm 5\%$ kV，电流不超过额定电流值，三相电流不平衡度不超过 ±5%。

4. 变压器温控器的检查

观察温控器显示屏，查看干式变压器显示的三相绕组温度、铁芯温度是否在正常范围内，三相绕组温度是否基本平衡，温度显示是否有突变现象。一般来说，由于“E”形铁芯的中间柱绕组散热条件稍差，其绕组温度常略高于两侧的绕组温度。

温控器测定达到风机启动温度时，查看风机是否运转。每月一次手动启动冷却风机，观察冷却风机运转是否正常。

干式变压器的测温元件（PT100）安装在高低压线圈之间的低压侧及铁芯表面，电缆与元件之间采用的是针式插头，一旦接触不良，就会导致温控器误判断，且不断电不能更换。对于大容量变压器和重要场所的变压器，可以利用检修机会在每相增加一只测温元件，实现冗余配置，这样就可以避免在运变压器温控元件损坏却无法及时更换的现象发生。

温控器作为变压器重要的运行监控仪器，可以较为直观地反映变压器的运行状况。在现场，将电源线、传感线和风机线与温控器连接好，通电观察若三相温度显示基本平衡，无故障报警同时超温报警指示灯和跳闸指示灯熄灭；用手按动面板“手动 / 自动”按钮，若风机指示灯亮，风机运转；再按动“手动 / 自动”按钮，风机指示灯亮熄灭，风机停止转动，可基本判断温控器工作正常。但当温控器出现故障时，变压器的运行情况就失去了监控和自动控制，需要准确判断并及时处理缺陷。干式变压器温控器常见的故障及处理方法见表 6-2。

表 6-2 干式变压器温控器常见的故障及处理方法

故障类别	故障原因	处理方法
温控器无显示	（1）温控器电源未接通。 （2）熔断器熔断	（1）接通电源。 （2）更换熔断器
温控器有一相（或两相）显示“-OP-”，其他相温度正常	（1）某相传感器插头连接松动。 （2）传感器的探头外表有明显创伤。 （3）PT100 铂电阻未固定入测温孔	（1）检查、插紧传感器插头。 （2）检查传感器的探头外表是否有明显创伤，并更换新的传感线缆。 （3）将 PT100 铂电阻固定入测温孔
温控器显示某相或三相均闪烁且显示“-OH-”	（1）对应相的输入信号大于温控器测量范围。 （2）传感器测量回路有较大的接触电阻	（1）选用与温控器配套的 PT100 温度传感器。 （2）消除线路接触电阻
温控器显示某相或三相均闪烁且显示“-OL-”	（1）对应相的输入信号小于温控器测量范围。 （2）温度传感器测量回路有短路现象	（1）选用与温控器配套的 PT100 温度传感器。 （2）检查传感器测量线
温控器闪烁显示“-Er-”	（1）传感器测量回路接线有误。 （2）温控器内部故障	（1）检查温控器的外部接线。 （2）与厂家联系
固定显示某相温度	干式变压器温控器处于最大值显示状态	按最大 / 巡回键，使温控器回到巡回显示状态
三相温度均低于设定值（如 80 ℃），但风机仍运行	（1）风机启动设定值或回差值被改变。 （2）风机处于手动开机状态	（1）重新调整设定值。 （2）按自动 / 手动键，使风机处于自动控制状态

二、干式变压器的调挡

干式变压器在正常运行中，输出电压过高或过低时，应及时调整挡位，以确保获得满足实际要求的低压电源。调挡是通过调整分接开关位置，改变相应绕组的匝数进而改变变压器变比，最终获取适合的输出电压。

调挡前，必须事先准确测量变压器输入电压，根据变压器铭牌及说明书确定所需挡位，在确保高压断电等安全措施完善的情况下执行调挡作业，通过改变一次绕组接线抽头连接以获取适合的输出电压。

调挡作业的操作流程为：

穿好绝缘靴、戴好绝缘手套→断开变压器低压侧负荷开关→断开变压器高压侧电源开关→合上接地开关→打开变压器后门，测量变压器高低压侧确无电压→在变压器高压接线端子处对电缆放电→移动分接连接片到所需位置并紧固螺栓，保证分接端子接触良好→恢复安措后上电。

如图 6-6 所示为干式变压器常用挡位调节示意图。对电压为 6 kV ± 2 × 2.5% 的干式变压器，当输入电压为 6 kV 时，分接片应接 4～5 挡，即正常运行挡位。

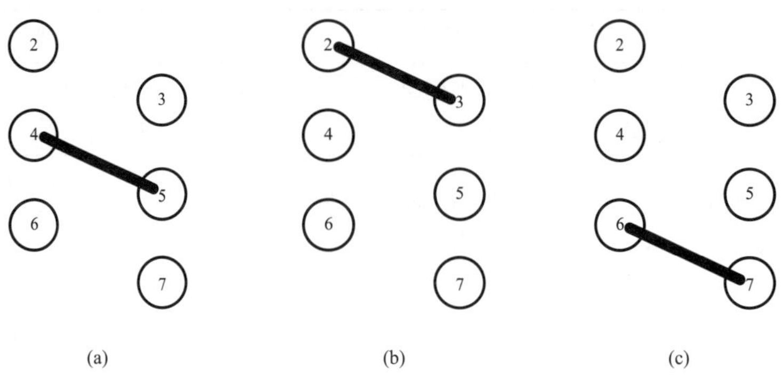

图 6-6　干式变压器常用挡位调节示意图

（a）正常电压时；（b）输入电压高时；（c）输入电压低时

当输入电压高于额定电压 2.5%（6150 V）或 5%（6300 V）左右时，将连接片往上接 3～4 或 2～3 挡；当输入电压低于额定电压 2.5%（5850 V）或 5%（5700 V）时，将连接片往下分别接 5～6 或 6～7 挡。

调挡完成后，要根据变压器铭牌和厂家说明书经电气技术负责人仔细检查，确认无误方可恢复安全措施，进行送电操作。

第三节　检修工艺及质量标准

一、干式变压器检修项目

干式变压器的检修应根据运行情况和定修计划进行。根据厂家提供的技术要求，并结合现场实际情况，可每年一次 C/D 级检修，每五年一次 A/B 级检修，运行故障时，随时停运检修。具体检修项目可参照表 6-3 安排。

表 6-3　　干式变压器检修项目

检修等级	检修项目
C/D 级	（1）变压器清灰。 （2）检查高压电缆接线，紧固电压挡位调节连接片及高压连杆紧固螺栓。 （3）检查低压母排，紧固螺栓。

续表

检修等级	检修项目
C/D 级	（4）检查中性点接地装置，紧固螺栓。 （5）检查变压器铁芯接地装置。 （6）紧固其他所有紧固件。 （7）检查、试验冷却风机运行情况。 （8）检查测温元件是否安装到位。 （9）测量变压器高压侧、低压侧绕组之间及对地绝缘，测量夹件螺栓、穿芯螺栓对铁芯及对地绝缘。 （10）孔洞封堵
A/B 级	（1）执行干式变压器小修的全部项目。 （2）检查铁芯情况。 （3）冷却风机轴承补油。 （4）测量铁芯夹件及穿芯螺栓对铁芯及地的绝缘值。 （5）核对温控器定值。 （6）测温元件检验，温控器显示回差检查。 （7）预防性试验

二、干式变压器修前准备工作

干式变压器属于脱硫系统的重要设备，在进行检修工作前要从人员、材料、场地、安全措施等多个方面进行细致准备。

1. 作业人员要求

工作人员应身体健康，精神状态良好，为从事电气设备检修的专业人员，并且通过电力行业安全规程考试及技能资格审查且具备必要的电气知识，并经安全考试合格；清楚作业地点、作业任务，熟悉作业环境，熟知技术标准和质检点设置。

进入工作现场必须戴好安全帽、穿好工作服，严格遵守《电力安全工作规程》。

进入工作现场要看清设备名称和编号，防止走错间隔。

每个工作小组的工作人员不少于两人，其中一名有经验的人员担任工作负责人和监护人。

2. 材料准备

检修设备前必须准备好相关的图纸，熟悉图纸、了解设备结构、性能、主要技术要求及其作用，查阅上次检修总结报告等资料，了解设备运行情况和存在的问题，分析设备现状。

检修前，根据文件包要求和日常巡检、维护记录，落实相关的备品配件到位情况，并登记在册，备品配件登记表见表 6-4。

检修前还要准备所需的消耗性材料，如抹布、胶带、导电膏等。干式变压器检修常用消耗性材料见表 6-5。

表 6-4 备品配件登记表

序号	名称	规格	单位	数量	备注
1	热电阻	PT100			
2	温控器				
3	熔断器	2 A			
4	冷却风机				
5	……				

表 6-5 干式变压器检修常用消耗性材料

序号	名称	规格	单位	数量	备注
1	白棉布				
2	包布				
3	砂纸	0 号或金相砂纸			
4	塑料带	黄、绿、红、黑			
5	无水乙醇	分析纯			
6	导电膏	1 kg			
7	防尘口罩				
8	耐油橡胶板	厚度 2 mm			

3. 工器具准备

干式变压器检修厂用工器具见表 6-6。

表 6-6 干式变压器检修工器具

序号	名称	规格 / 编号	单位	数量	备注
1	梅花扳手	4″～32″			
2	活动扳手	8″			
3	钢丝钳	8″			
4	套筒扳手	14～36			
5	吹风机				
6	吸尘器				
7	十字、一字螺丝刀				
8	锉刀	12″半圆、圆、平			
9	钢板尺	150 cm			
10	单相电源接线盘	AC220 V			
11	手电筒				
12	吹风机				

续表

序号	名称	规格 / 编号	单位	数量	备注
13	绝缘电阻表	500 V			
14	绝缘电阻表	2500 V			
15	万用表				
16	回路电阻测试仪（变压器直阻测试仪）				
17	交流耐压仪				
18	力矩扳手				
19	毛刷	1″、2″			
20	钢丝刷	钢、铜			

4. 现场布置

变压器检修工作要严格按照检修标准化要求布置检修现场，做到“三无、三齐、三不乱、三不落地”，与运行设备做有效的硬质隔离并悬挂警示标志。如图 6-7 所示为某脱硫干式变压器检修定置图。

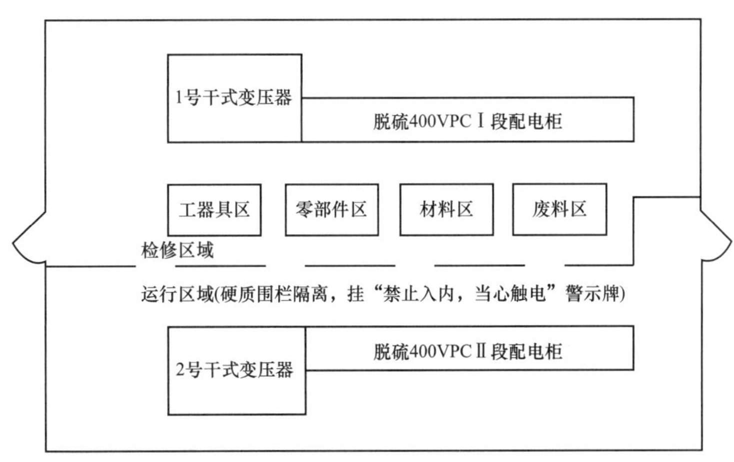

图 6-7　某脱硫干式变压器检修定置图

5. 安全措施及危险因素

检修准备工作完成后，由工作负责人对工作班成员进行正式检修前的安全交底，明确现场危险点及预控措施。干式变压器检修安全措施见表 6-7。

表 6-7　干式变压器检修安全措施

序号	内容
1	工作时必须设有专门的监护人员，工作前工作负责人向工作班成员详细交代工作内容及注意事项，开工前和工作完结后，工作负责人应对设备认真检查

续表

序号	内容
2	工作人员按规定着装，佩戴安全帽并按规定正确使用工器具。工器具不得上、下抛掷
3	作业前告知工作人员现场带电部位和防范措施
4	监护人应认真监护，防止走错间隔发生触电事故
5	所检修设备与其他运行中的设备要保持一定的距离，避免造成运行设备误动作
6	检修设备时必须检查工作票要求的各项安全措施是否正确执行，如电源断路器在“分”位置，接地开关可靠投入，操作电源、保护电源已切断等，并设有醒目的标示牌
7	搬运物件时要与前、后、左、右带电设备保持足够的安全距离：10 kV 等级安全距离要大于 0.7 m
8	拆装设备时，要做好标记和记录，不得做只有个别人知道的特殊标记，严禁发生人员变动造成错接、错装等不安全情况的发生
9	使用电动工具时其外壳要可靠接地；检修电源盘绝缘良好，按规定配置漏电保护器
10	全体工作人员必须正确、合理使用劳保用品，不允许带金属物品（如戒指、手表等）上变压器工作
11	拆下的零部件必须妥善保管，以防丢失和损坏
12	电缆或线头拆开后应做好标记，检修时必须按标记恢复
13	修前修后检修工器具必须逐一核对，防止有工器具遗留在变压器内，检修现场保持清洁
14	在高压试验升压过程中，要有人随时大声播报电压数值，要设专人监视被试品和试验设备，监视仪表指示，发现异常，立即通知降压，迅速断开电源
15	耐压区域设置围栏，挂“高压危险，禁止入内”警示牌，并设专人监护，闲杂人等不得进入耐压区域，避免造成人身触电事故
16	检修完后应有完整记录，并由工作负责人和验收人签字

三、干式变压器检修工艺及质量标准

干式变压器的检修工艺及质量标准见表 6-8。

表 6-8　　干式变压器检修工艺及质量标准

检修项目	检修工艺及质量标准
全面清理：变压器清灰	（1）用棉布擦拭、清理变压器外壳（特别是外壳顶部）的灰尘，使其外观清洁，标识完整、清晰。 （2）使用压缩空气从母线、器顶、器身、风道、底座、冷却风机至壳内地面由上而下全部吹扫一遍，之后用吸尘器吸走灰尘。 （3）使用干净白布擦拭无灰迹
器身检查： （1）绕组本体检查。 （2）一次接线检查。 （3）高压侧、低压侧绕组之间风道检查	（1）绕组应无移位、变形；树脂表面无裂纹、烧蚀痕迹。 （2）挡位连接片及高压连杆正确、一致，接法符合铭牌要求，螺栓紧固，没有过热痕迹。 （3）高压接线端子无松动、发热痕迹。绝缘子安装牢固，无损伤、无裂纹。 （4）高压侧、低压侧绕组之间的风道畅通，无灰尘、无杂物

续表

检修项目	检修工艺及质量标准
铁芯检查： （1）铁芯外观检查。 （2）紧固件检查	（1）铁芯外观平整，绝缘漆膜无脱落，叠片紧密，硅钢片无变形、锈蚀、错位，接缝严密。 （2）铁芯夹件螺栓、穿芯螺栓、压紧螺栓等紧固，无发热、烧蚀痕迹，平垫、弹垫齐全，无破裂、变形。 （3）铁芯接地良好。用 500 V 绝缘电阻表测试，铁芯对地绝缘不低于 2 MΩ
低压母线检查： （1）母线外观检查。 （2）母线螺栓紧固	（1）检查低压母线外观无变形，支持件齐全、无松动，母线连接处无发热痕迹。 （2）使用力矩扳手紧固母线连接螺栓，要求紧固力矩一致（紧固力矩见表 6-9）
冷却风扇检查： （1）冷却风扇外观检查。 （2）冷却风扇机械检查。 （3）冷却风扇电动机检查	（1）冷却风扇安装牢固，风轮内部清洁无异物，试转正常，无异响。 （2）冷却风扇轴承油脂无变色、凝固，油质、油量符合要求。 （3）冷却风扇接线端子无烧蚀、变形，接线紧固。 （4）冷却风扇电动机线圈无发热、损坏，绕组对地绝缘大于 0.5 MΩ；220 V 电动机电容器无鼓包、容量偏差小于 10%
温控器检查： （1）温控器清扫、检查。 （2）温控器接线检查。 （3）测温元件检查。 （4）温控器定值检查。 （5）温控器接线绝缘测试。 （6）温控器通电试验	（1）温控器全面清扫，无积灰。 （2）温控器内部接线检查，全部接线紧固，插头锁紧，电源开关动作分合灵活、可靠，风机启动继电器无卡涩、动作灵活。 （3）测温元件安装位置正确、元件引线固定牢固。 （4）温控器定值正确，显示与测温元件阻值换算的温度一致。 （5）用 2500 V 绝缘电阻表测试，温控器二次接线绝缘不小于 1 MΩ。 （6）温控器通电后显示正常，手动、自动启停冷却风扇正常，开门信号、模拟报警、跳闸功能正常
接地相关检查： （1）中性点接地检查。 （2）零序互感器检查。 （3）外壳接地检查	（1）中性点接地螺栓紧固，与接地网接触良好，接地电阻小于 4 Ω。 （2）零序互感器固定牢固，接线紧固，二次线末端接地可靠。 （3）变压器外壳接地可靠
预防性试验： （1）绕组的直流电阻测试。 （2）绕组绝缘电阻测试。 （3）铁芯绝缘电阻测试。 （4）交流耐压试验	（1）绕组的直流电阻测试与原始值相比不超过 2%，相间相差不超过 2%。 （2）用 2500 V 绝缘电阻表测试：高压对低压、对地电阻大于或等于 300 MΩ，低压对地电阻大于或等于 100 MΩ，吸收比不小于 1.3。 （3）用 2500 V 绝缘电阻表测试：铁芯对夹件及地电阻大于或等于 2 MΩ，穿芯螺栓对铁芯及地大于或等于 2 MΩ。 （4）交流耐压试验按 DL/T 596—2021《电力设备预防性试验规程》

表 6-9　　电气设备常用的钢制螺栓紧固力矩表

螺栓规格（mm）	力矩值（N•m）	螺栓规格（mm）	力矩值（N•m）
M8	8.8～10.8	M16	78.5～98.4
M10	17.7～22.6	M18	98.0～127.4
M12	31.4～39.2	M20	156.9～196.2
M14	51.0～60.8	M24	274.6～343.2

四、干式变压器检修投退流程

1. 干式变压器的退出

干式变压器的退出流程包括检查干式变压器所带的低压负荷全部停运（或者低压负荷由联络开关或备用电源供电，低压进线开关在隔离位）；断开低压侧开关；断开高压侧开关；断开温控仪电源开关；退出高压侧电气保护压板；在变压器低压侧母线上挂接地线；高压侧开关转检修位并悬挂标志牌；合上高压侧开关柜的接地开关；断开高压侧开关操作电源；设置检修隔离围栏。

2. 干式变压器的投入

干式变压器的投入流程包括在检修工作结束、工作票已收回后，拆除检修隔离围栏；断开高压侧接地开关；拆除低压侧接地线；确认高压侧、低压侧开关在断开位置，测量变压器绝缘合格后，投入高压侧电气保护压板；将高压侧开关由检修转运行，变压器充电并确认充电正常；检查低压侧母线具备送电条件，将低压侧开关由检修转运行（低压负荷已由联络开关或备用电源供电的需先断开联络或备用电源）；投入变压器温控仪；检查运行是否正常。

3. 干式变压器投退操作注意事项

（1）严格执行操作票制度、操作监护制度，禁止跳项操作。

（2）开关送电前应重点检查保护投入是否正常，防止设备损坏事故。

（3）防止带电合接地开关。

（4）核对设备名称、编号，防止走错间隔。

（5）送电先送高压侧再送低压侧，停电则相反，防止带负荷拉合开关。

第四节　常见故障分析及处理

干式变压器运行中，应按规定周期进行巡检检查，即使出现非常小的异常，也应及时查明原因进行处理。必要时应停运检修，将事故隐患消灭在萌芽状态，避免出现设备损坏或者故障范围扩大。检修中发现的缺陷应及时消除，禁止设备带病投运。

干式变压器常见的异常现象有：线圈温度过高、有异响或焦煳味、铁芯对地绝缘异常、温控器报警或运行异常、风机运行故障等，具体原因分析及处理方法可参考表 6-10 干式变压器常见故障分析及处理。

表 6-10 干式变压器常见故障分析及处理方法

序号	故障现象	原因分析	处理方法
1	线圈温度过高	（1）负载过大。 （2）输入电压不当（过高或过低）或挡位调节不当。 （3）风机不能正常启动。 （4）变压器室内温度过高；变压器内部或外壳风道积灰，空气流通受阻。 （5）温控器定值错误。 （6）感温元件故障。 （7）绕组内部故障	（1）调整负荷，退出非必要设备运行。 （2）根据输入电压正确调节挡位。 （3）手动启动风机，若仍不能启动，需检查温控器上的风机启动继电器电源和触点是否正常，温控器是否损坏；在已知温度过高原因且安全的情况下可打开低压侧柜门，在变压器外部加装轴流风机强制通风冷却（此时应设置安全围栏）。 （4）启动变压器室空调或通风降低室内温度；变压器本体清灰需在停电时从上向下吹扫干净。 （5）按照有效的定值单修正定值。 （6）测量感温元件阻值，对照标准判断是否损坏，若有损坏，需停电更换。 （7）排除以上因素且采取措施后温度继续升高时，应立即停运，检查维修
2	有焦煳味	（1）变压器过热。 （2）局部绝缘受热老化。 （3）接线端子处接触不良。 （4）高压接线柱绝缘子有击穿放电现象。 （5）风机电动机绕组烧毁	（1）检查变压器是否过电流，若有过电流，断开部分不重要的负荷。 （2）停电检修。 （3）紧固接线。 （4）更换绝缘子。 （5）更换风机电动机绕组
3	有异响	（1）夹件螺栓、压紧螺栓、穿心螺栓等松动（机械声）。 （2）超负荷运行或输入电压过高（电磁声）。 （3）器身有异物或底网（若有）落入磁性材料杂物（机械声）。 （4）冷却风机轴承损坏或落入异物（风机运行时有机械声）。 （5）低压母排螺栓松动（机械声）。 （6）外壳固定螺栓松动（机械声）	（1）紧固螺栓。 （2）降低负荷、调整电压。 （3）清理异物，并查清异物来源，彻底根治。 （4）轴承加脂、更换轴承或清理异物。 （5）按表 6-9 要求的力矩全面检查、紧固。 （6）检查紧固外壳固定螺栓
4	温控器报警或显示异常	上电后无显示、有报警信息、温度测量不正确等	参照厂家说明书处理
5	铁芯对地绝缘低	变压器整体受潮	用热风机或碘钨灯加热铁芯及底部绝缘部位，排除潮气
6	铁芯对地绝缘为零	（1）金属或硅钢片毛刺异物搭接了铁芯与夹件。 （2）底部绝缘损坏	（1）仔细清理铁芯表面，特别是底部铁轭处和夹件处，查找异物并彻底清理。 （2）更换底部绝缘
7	风机通电不运行	（1）接线错误。 （2）轴承卡涩或异物卡涩。 （3）电容器损坏	（1）检查、纠正接线。 （2）更换轴承或清理异物。 （3）更换电容器

第七章 三相交流异步电动机

三相交流异步电动机是把电能转换成机械能的一种设备，工作原理是定子绕组接入三相交流电源后产生旋转磁场，作用于转子形成磁电动力旋转扭矩。

电力生产常见的三相异步电动机根据不同的分类方法可分为多种类型：按防护形式分为开启式、防护式和封闭式；按转子结构分为鼠笼型和绕线转子型；按电压高低可分为高压、低压电动机；按安装方式分为立式、卧式电动机，按冷却方式分空冷、水冷、氢冷、油冷等。本章以在电力生产中最常用的鼠笼型三相异步电动机为例，介绍三相异步电动机的结构、原理与维护检修知识。

第一节 结构与工作原理

一、结构与工作原理

三相异步电动机主要由定子和转子两大部分组成。定子和转子的铁芯槽内放置绕组后，共同组成电动机磁路，通电后完成电能向机械能的转换。电动机定子与转子之间有很小的间隙，称为气隙。理论上，气隙越小电动机效率越高。

1. 定子

定子包括定子铁芯、定子绕组、机座和端盖等。

定子铁芯一般由厚度为 0.35～0.5 mm 的表面具有绝缘层的硅钢片冲制、叠压而成，沿铁芯的内圈冲有均匀分布的槽，用以嵌放定子绕组。

定子绕组由三个在空间互隔 120° 电角度、对称排列的结构完全相同的绕组连接而成，这些绕组的各个线圈按一定规律分别嵌放在定子各槽内。

2. 转子

转子包括转子铁芯、转子绕组和转轴等。

转子铁芯所用材料与定子一样，由厚度为 0.5 mm 的硅钢片冲制、叠压而成，沿铁芯的外圈冲有均匀分布的孔，用来嵌入转子绕组。通常用定子铁芯冲落后的硅钢片来冲制转子铁芯。转子分为鼠笼式转子和绕线式转子两种：

（1）鼠笼式转子。鼠笼式转子也称短路式转子。这种转子的绕组用适当数量的导体嵌入转子铁芯槽内，导体的两端分别焊接在两个端环（又称短路环）上。

（2）绕线式转子。绕线式转子也称集电环式转子。转子槽内嵌装与定子绕组相似的星形连接的三相绕组，三相引出端分别接到与轴绝缘的三个集电环上，每个集电环通过电刷与启动变阻器连接，通过改变外加电阻的阻值来改变转子绕组回路的总电阻，从而改变其启动电流和启动转矩。

绕线式异步电动机虽然具有良好的启动特性和调速性能，但其结构及辅助设备比较复杂，价格较高，一般只用在需要带恒定负荷反复启动或需要调速的机械设备上；而鼠笼式电动机结构简单，可靠性高，造价较低。因此，一般工业生产和电力生产常用的电动机均采用鼠笼式转子。

一台结构完整的电动机，还包括轴承、接线盒、接线板（柱）、风扇、风扇罩等，大型电动机还带有空冷或水冷装置、加热器、测温、测振元件，还可能配有润滑装置、强制冷却装置等。三相异步电动机的基本结构如图 7-1 所示。

在三相异步电动机对称的定子绕组中通入对称三相正弦波交流电，产生旋转磁场。转子上的绕组导体切割定子旋转磁场的磁力线而产生感应电流，带电流的转子绕组与定子旋转磁场相互作用产生电磁力，这些电磁力对转轴形成一个与旋转磁场同方向的电磁转矩，转子便沿着旋转磁场的转向转动起来，从而将电能转换为机械能，驱动负载做功。三相异步电动机原理如图 7-2 所示。

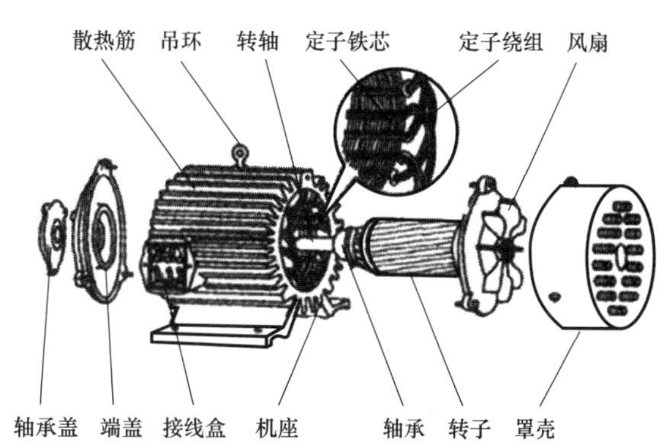

图 7-1 三相异步电动机的基本结构

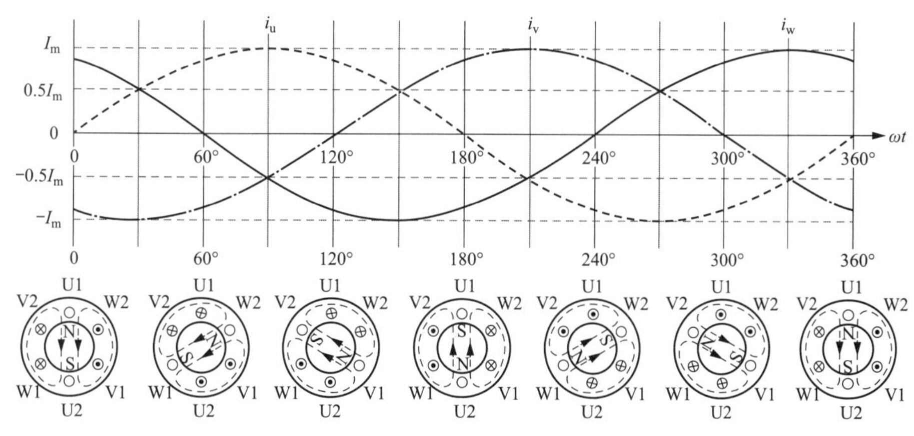

图 7-2 三相交流异步电动机原理

在图 7-2 的平面直角坐标系中，横轴为时间轴（ω 为角速度，t 为时间），纵轴为电流，表示电动机三相电流随时间按正弦波波形周期性变化。电动机的接线端 U、V、W

分别接电源的 A、B、C 三相。电动机三相绕组的首端分别标记为 U1、V1、W1（即“头”），尾端分别标记为 U2、V2、W2（即“尾”），i_u、i_v、i_w 分别为电动机三相绕组的电流。

转子转动的方向与旋转磁场方向相同，但转子的转速不可能达到旋转磁场转速，即转子转速永远滞后于旋转磁场转速，否则，两者之间没有相对运动，转子绕组内就不会产生感应电流，无法产生电磁力而使转子旋转。所以，异步电动机的转速总是小于旋转磁场转速，因此称为“异步”电动机。

二、主要技术参数

三相异步电动机的基本参数标注在电动机的铭牌上，主要包括型号、额定功率、额定电压、额定电流、额定频率、额定转速、接法、绝缘等级、防护等级、工作制、冷却方式、生产标准、重量、出厂日期等，部分高压电动机还有副铭牌，标注轴承型号、润滑脂标号、润滑周期等。

掌握电动机的技术参数对电动机的选型、使用、维修、故障判断等均具有重要的意义。

1. 型号

电动机的型号包括四个部分：产品代号、规格代号、特殊环境代号和补充代号，并按如图 7-3 所示顺序排列：

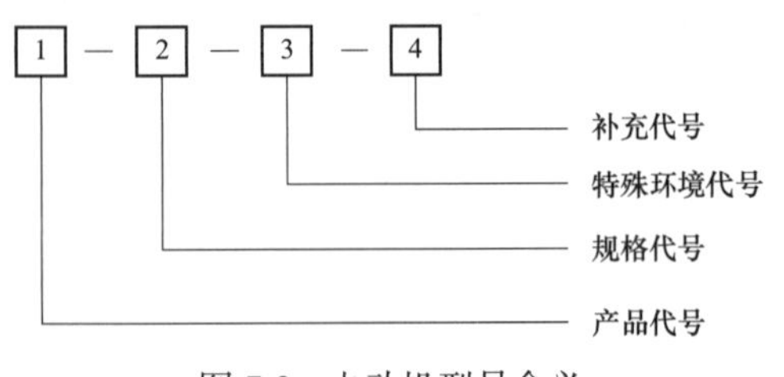

图 7-3　电动机型号含义

其中，第 1 部分为产品代号，由电动机类型代号、特点代号、设计序号 3 个小节顺序组成；第 2 部分规格代号由中心高 – 机座长度 – 铁芯长度 – 极数组成，这部分代号反映电动机较为关键的技术数据；第 3 部分特殊环境代号使用字母表示，如“高原用”，标注 G；“热带用”，标注 TH；第 4 部分补充代号仅适用于有特殊要求的电动机，使用汉语拼音字母或阿拉伯数字表示，且所使用的字母不得与特殊环境代号字母重复，并应在产品说明书中注明。

如：一台电动机型号为 YB2-250M-4，表示这是一台三相异（Y）步电动机，防爆（B）型，第“2”次设计，中心高（轴中心距离底座底面尺寸）为“250” mm，中（M）长铁芯，“4”极电动机。

一台脱硫增压风机电动机型号为 YKK900-10W，表示这是一台三相异（Y）步电动机，空（K）- 空（K）冷却，中心高“900” mm，“10”极电动机，户外（W）用。

同一基座号可以安装不同长度的铁芯，用 L（长）、M（中）、S（短）标注。虽为同一基座号，铁芯长度不同，功率不同，而基座号与铁芯长度均相同时，级数不同其功率也不相同。如 Y160M-4 电动机功率为 11 kW，Y160L-4 电动机功率为 15 kW，而 Y160L-2 电动机功率为 18.5 kW。

2. 额定值

额定功率（P）：电动机在满载工作时所输出的额定的机械功率，以千瓦（kW）为单位。电动机应在等于或低于其额定功率工况下工作，超额定功率工作（超负荷）易引起电动机发热、绝缘老化甚至烧毁、损坏。

额定电压（U）：指电动机正常工作时允许接入电源的线电压，以伏（V）为单位。接入电动机的电源电压一般不应偏离额定电压的 5%，否则，将会导致电动机发热、输出功率减小，甚至不能正常使用、烧毁。

额定电流（I）：指电动机在额定电压、额定功率工况下，定子绕组的线电流，以安（A）为单位。

电动机的功率、电压、电流的关系为：

$$P=\sqrt{3}\ UI\cos\varphi \tag{7-1}$$

式中 P——电动机功率；

U——额定电压；

I——运行电流。

$\cos\varphi$ 为电动机的功率因数，指电动机有功功率与视在功率的比值。电动机接近满负荷运行时功率因数在 0.80～0.87 之间，这与电动机的特性、负载率等密切相关，具体需参照电动机铭牌或说明书。

额定频率（f）：指电动机额定电源的频率（电源每秒钟内周期变化次数），以赫兹（Hz）为单位；我国民用电源频率规定为 50 Hz。

额定转速（n）：指电动机在额定工况下每分钟的转数，以转 / 分钟（r/min）为单位。

电动机转速与频率的关系为：

$$N=60f/p \tag{7-2}$$

式中 N——同步转速；

f——电源频率；

p——电动机极对数。

如：一台 2 极电动机极对数为 1 对，则其同步转速 $N=60\times50/1=3000$（r/min）。同理，4 极、6 极、8 极、10 极电动机的同步转速分别为 1500、1000、750、600 r/min 等，由于是异步电动机，其额定转速均小于同步转速。额定转速与同步转速的差值除以同步转速得到电动机的转差率。三相异步电动机空载时转差率很小，随着负载的增加，转差率增大，在额定负荷运行时，其转差率为 2%～6%。

3. 接法

指三相异步电动机额定电压下定子绕组的连接方法。

三相异步电动机的接法有三角形（用“△”表示，简称“角接”）和星形（用“Y”表示，简称“星接”）两种，如图 7-4 所示。电动机的星形接法是将各相绕组的一端（尾端）

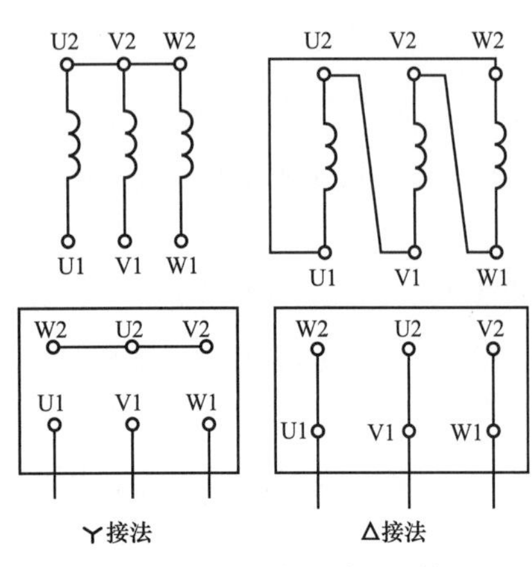

图 7-4 三相异步电动机的接法

都接在一点上，而各相绕组的另一端（首端）作为引出线。星形接法时，线电压是相电压的$\sqrt{3}$倍，而线电流等于相电流；三角形接法则是将电动机的三相绕组按照一定的规律首尾相连，此时相电压等于线电压，线电流为√3倍相电流。

由于星形接法启动功率小，常用于小功率的电动机。在我国，3 kW 及以下功率的低压电动机和 10 kV、6 kV 高压电动机采用星形接法；3 kW 以上功率的电动机一般采用三角形接法。

正常情况下，电动机只能按规定接法接线，否则会损坏电动机。

4. 绝缘等级

电动机的绝缘是最薄弱的环节，最易受到潮湿、高温等因素的影响老化、损坏。电动机常用的绝缘材料根据耐受高温的能力分为 A、E、B、F、H、C 六个绝缘等级，并规定了其对应的允许最高温度及温升极限。电动机常用绝缘等级与温升表（电阻法）见表 7-1。

表 7-1　　电动机常用绝缘等级与温升表（电阻法）

绝缘的温度等级	A 级	E 级	B 级	F 级	H 级	C 级
最高允许温度（℃）	105	120	130	155	180	200
绕组温升极限（K）	60	75	80	100	125	135
性能参考温度（℃）	80	95	100	120	145	155

温升极限是指电动机允许的运行温度与环境温度的差值，即允许的温度升高极值，是考核电动机制造质量和运行工况的一个重要指标。在电动机工作、维修（特别是加热排潮）时，电动机绕组所承受的温度均不得超过其最高允许温度，否则将造成绝缘损坏。

5. 工作制

电动机工作制是对电动机承受负载情况的说明，包括启动、电制动、空载、断能停转以及这些阶段的持续时间和先后顺序。电动机工作制共分 10 类，电力生产中常用的为 S1 工作制 – 连续工作制、S2 工作制 – 短时工作制、S3 工作制 – 断续周期工作制三种。

（1）S1 工作制 – 连续工作制：电动机按照额定功率可以长期连续运行，保持在热稳定状态。

（2）S2 工作制 – 短时工作制：电动机每次只能在规定的时间内按照额定功率运行，该时间不足以达到热稳定，随之断电或停机，其时间足以使电动机再度冷却到与冷却介质温度之差在 2 K 以内，可以再次运行。

（3）S3 工作制 – 断续周期工作制：电动机按一系列相同的工作周期运行（即以间歇方式重复短时工作），每一周期包括一段恒定负载运行时间和一段停机和断电时间。S3 工作制 – 断续周期工作制的每一周期的启动电流不致对电动机温升有显著影响。

S3 工作制后应标以负荷持续率，如：S3 15%，表示一个周期为满负荷工作 1.5 min，需停机 8.5 min，然后再进入下一个周期。标准的负荷持续率（也称“暂载率”）分为 15%、25%、40%、60% 四种，每个周期为 10 min。

其他工作制的电动机在电力生产中很少采用，不再赘述。

6. 冷却方式

电动机的冷却方式一般为风冷，由装在转轴上的风叶将风顺着电动机散热器吹出，带走温度。大中型电动机产生的热量较高，一般采用空 – 空冷却、空 – 水冷却、外装风机强制冷却等方式。

7. 防护等级

IP（ingress protection）防护等级标准是由 IEC（国际电工委员会）起草，目的是将电气等设备依其防尘防水之特性加以分级。IP 防护等级由两个数字所组成，第一个数字从 0 到 6，表示其防尘、防止外物（含工具、人的手指等）侵入的等级；第二个数字从 0 到 8，表示电器防湿气、防水侵入的密闭程度，数字越大表示其防护等级越高。因此电气设备的最高防护等级为 IP68。防护等级第一位数字：防止异物的等级划分见表 7-2。防护等级第二位数字：防止进水的等级划分见表 7-3。

表 7-2　　防护等级第一位数字：防止异物的等级划分

防护等级	简称	定义
0	无防护	没有专门的防护
1	可防止大于 50 mm 的固体进入电动机	能防止直径大于 50 mm 的固体异物进入壳内，能防止人体的某一大面积部分（如手）偶然或意外地触及壳内带电或转动部分，但不能防止有意识地接近这些部分
2	可防止大于 12 mm 的固体进入电动机	能防止直径大于 12 mm 的固体异物进入壳内，能防止手指、长度不超过 80 mm 的物体触及或接近壳内带电或转动部分
3	可防止大于 2.5 mm 的固体进入电动机	能防止直径大于 2.5 m 的固体异物进入壳内，能防止厚度（或直径）大于 2.5 m 的工具、导线等触及或接近壳内带电或转动部分
4	可防止大于 1 mm 的固体进入电动机	能防止直径大于 1 mm 的固体异物进入壳内，能防止厚度（或直径）大于 1 mm 的导线、片条等触及或接近壳内带电或转动部分
5	防尘电动机	能防止触及或接近机内带电或转动部分。不能完全防止尘埃进入，但进入量不足以影响电动机的正常运行
6	尘密电动机	完全防止尘埃进入

表 7-3　　防护等级第二位数字：防止进水的等级划分

防护等级	简称	定义
0	无防护电动机	没有专门的防护
1	防滴电动机	垂直地滴水应无有害影响
2	15°防滴电动机	与铅垂线成 15°角范围内的滴水，应无有害影响
3	防淋水电动机	与铅垂线成 60°角范围内的淋水，应无有害影响
4	防溅水电动机	任何方向的溅水应无有害的影响
5	防喷水电动机	任何方向的喷水应无有害的影响
6	防海浪电动机	承受猛烈的海浪或强力喷水时，电动机的进水量应不达到有害的程度
7	防浸水电动机	在规定的压力和时间内浸在水中，电动机的进入水量应不达到有害的程度
8	持续潜水电动机	在制造厂规定的压力下能长时间浸在水中正常工作

第二节　日　常　维　护

三相异步电动机对脱硫系统正常运行起至关重要的作用，要加强日常维护，以保证电动机时刻保持良好的工作状态，避免设备损坏或系统停运事故的发生。

一、日常巡视和维护

对运行中的电动机，每天至少巡检两次，以随时掌握电动机运行状态，及时发现电动机故障隐患。

日常巡检时，应带齐以下工器具：手电筒、毛刷、破布、听音棒、红外热像仪、测振仪、常用的五金工具、巡检记录本等。这些工器具应集中放置在工具包或手提工具盒中，做到随时可用，巡检记录本也可放置在生产现场固定位置，便于记录。

日常巡检中，若发现有危及人身或系统安全的情况（如漏电、联轴器可能脱落、扫膛、冒烟等），可通过现场事故按钮或控制开关直接停运电动机（停运后，立即汇报集控值班员）。现场不能操作的，立即呼叫集控值班人员停运设备。

1. 运行环境检查

运行环境检查包括检查电动机工作环境是否安全，有无焦煳气味，环境温度、湿度情况，必要时打开空调或轴流风机通风降温、除湿排潮。检查电动机有无受水、浆液等介质滴溅、污染的情况。

2. 外观检查

外观检查包括检查电动机本体螺栓、地脚螺栓、风罩螺栓等有无松动；联轴器防护罩防护是否严密；电动机风罩是否堵塞异物；接地线有无松动；有无油水渗漏情况。确保安全的情况下擦拭、扫除电动机表面灰尘，清理油迹，保持良好的文明生产环境。

电动机风罩进出风口容易堵塞，特别是地坑搅拌器、地坑泵、侧进式搅拌器、箱罐上部搅拌器等风罩处带有防雨罩的电动机，不能直接观察滤网堵塞情况的，作为重点清理项目。除日常清理外，可视现场污秽程度排定定期清理计划，特别是在柳（杨）絮飞扬的季节或附近有开展保温棉安装或拆除工作时，应适当缩短清理周期。

对稀油润滑的电动机，还应检查油站运行情况，检查轴承油位、油质、润滑油压力、进回水（油）温度是否正常，水（油）管路有无渗油、振动、碰磨情况等。

3. 温度、振动检查

温度、振动检查包括使用红外热像仪或测温枪测量电动机轴承、本体、润滑油站（若有）各部温度是否正常，使用测振仪测量电动机轴承水平、垂直、轴向振动是否在允许的范围内。

二、定期维护

高低压电动机相关的电气设备定期工作主要与设备运行时间有关，建议与热工专业配合，在 DCS 画面上加入设备累计运行时间，并设定在维护周期前发出光字报警，提醒检修人员定期维护。定期维护结束后，将累计运行时间归零，重新计时，并做好归零记录。设备累计运行时间仅作为定期工作参考之用，具体还需综合判断设备现状后，确定合理的检修、维护时间。

1. 定期给油给脂

按照定期工作计划做好定期补、换油脂工作。

2. 定期核对运行数据

定期实测电动机电流，运行电流在额定电流以下，三相电流平衡（当三相电源平衡时，电动机三相电流中任一相与三相平均值的偏差应不超过三相平均值的 ±10%），并与盘装仪表（如保护装置）、DCS 显示值对比，若数据相差偏大，则应查明原因，调整或更换电流变送器、检查 DCS 量程等。

温度、振动等远传数据也要开展定期实测与比对，确保远传数据正确，保护有效。

运行数据检查周期建议为每月一次，在怀疑数据失真时随时检查。

3. 定期开展技术监督

使用红外热像仪测量电动机定子及轴承处温度，轴承温升不高于 55 ℃（温升为轴承温度减去测试时的环境温度）；采用埋入式热电阻测量时，滑动轴承温度不高于 80 ℃，滚动轴承温度不高于 95 ℃；使用红外设备测量时，轴承外部温度一般应低于埋入式测量温度 10 ℃。除了埋入式热电阻测量外，一般测量的均为电动机外壳温度，不能直接测量到电动机绕组温度，这时，应按照其绝缘等级，同时考虑允许温升和性能参考温度，判断电动机绕组运行温度是否超标。

使用测振仪测量电动机振动情况（垂直、水平、轴向）。记录时一般使用“⊥、–、⊙”符号表示电动机的三向振动，如一台电动机垂直、水平、轴向振动分别是 18、15、12 μm，一般记为“⊥ 18–15 ⊙ 12”。根据 GB/T 10068—2020《轴中心高为 56 mm 及以上电机的机械振动 振动的测量、评定及限值》的规定，在刚性基础上不同中心高电动机的振动限值见表 7-4。

表 7-4　不同轴中心高用位移、速度和加速度表示的振动强度限值（方均根值）

振动等级	轴中心高 H（mm）	$56 \leqslant H \leqslant 132$			$132 < H \leqslant 280$			$H > 280$		
	安装方式	位移（μm）	速度（mm/s）	加速度（mm/s^2）	位移（μm）	速度（mm/s）	加速度（mm/s^2）	位移（μm）	速度（mm/s）	加速度（mm/s^2）
A	自由悬置	25	1.6	2.5	35	2.2	3.5	45	2.8	4.4
	刚性安装	21	1.3	2.0	29	1.8	2.8	37	2.3	3.6
B	自由悬置	11	0.7	1.1	18	1.1	1.7	29	1.8	2.8
	刚性安装	—	—	—	14	0.9	1.4	24	1.5	2.4

无地脚电机、地脚朝上安装式电机或立式电机的轴中心高以相同机座带地脚卧式电机的轴中心高作为机座中心高。

对有滑动轴承且转速大于 1200 r/min、额定功率大于 1000 kW 的电机需要测量轴相对振动。按特定规定安装振动测量传感器时，最大轴相对振动和最大径向跳动的限值见表 7-5。

表 7-5　最大轴相对振动和最大径向跳动的限值

振动等级	转速（r/min）	最大轴相对位移（μm）	机械振动和电磁振动共同作用引起的最大径向跳动（μm）
A	>1800	65	16
	≤1800	90	23
B	>1800	50	12.5
	≤1800	65	16

注　1. B 级通常是对驱动关键性设备的高速电机规定的。
　　2. 最大轴相对位移限值包括径向跳动。

运用中的电动机振动值（振幅）一般应符合以下标准：

（1）2 极电动机（同步转速 3000 r/min），轴承振动值不超过 0.05 mm。

（2）4 极电动机（同步转速 1500 r/min），轴承振动值不超过 0.085 mm。

（3）6 极电动机（同步转速 1000 r/min），轴承振动值不超过 0.10 mm。

（4）8 极电动机（同步转速 750 r/min），轴承振动值不超过 0.12 mm。

在实际工作中，测量时应考虑到检测仪器可能有 ±10% 的测量容差。还要保证所用测振仪在检验有效期内，最好是取三次测量的平均值。

测量时，还要考虑各种对测量数值的影响因素。如地基不平、负载机械的反作用以及电源中纹波电流的影响等，都会显示较大的振动，不能反映电动机本身振动情况，需对电动机所驱动的每一单元逐个测量，找到振源，以正确判断电动机自身振动情况。如测量吸收塔侧进式搅拌器电动机振动时，应考虑吸收塔本体振动、平台振动对测量值的影响。

发现电动机振动、温度异常的，应查明原因、做好记录，必要时申请电动机停运，办理工作票，解体检查，彻底处理。

第三节 检修工艺及质量标准

电动机的检修应采用状态检修和定期检修相结合的方式，根据电动机运行情况，做好修前诊断，备好轴承、油脂、接线柱等备品配件，准备好拔轮器、烤把、五金工具、电气仪表等工器具，并备足绝缘材料、煤油、抹布、带电清洗剂等常用耗材，按工艺要求开展检修工作。

一、检修项目

1. 电动机小修（C/D 级）项目

（1）电动机清理。

（2）接线盒及引线检查。

（3）电动机端盖螺栓、轴承内外盖紧固螺栓、风罩螺栓、地脚螺栓等紧固程度检查。

（4）电动机外壳接地线检查。

（5）定子检查。

（6）转子检查。

（7）轴承清理、换油，必要时更换。

（8）风扇、端盖等附件检查。

（9）测量电动机绕组绝缘电阻与吸收比。

（10）电加热器绝缘电阻测量。

2. 电动机大修（A/B 级）项目

（1）执行电动机小修的全部项目。

（2）转子抽芯检查。

（3）轴承游隙检查。

（4）电动机回装。

（5）预防性试验。

（6）空载试运。

（7）带载试运。

3. 修后试运

电动机经过检修后，必须进行空载试运。

空载试运条件包括：电动机装配完整；测试数据合格；接地良好；各部分盘动灵活；开关传动试验合格；试运申请单已经签发。

大修后的电动机视为新投运设备进行试运；试运开始记录轴承温度、绕组温度、空载电流、转向、振动等数值，以后每 30 min 记录一次；电动机空载试运时间应使电动机达到热稳定状态。一般来说，低压电动机空载试运不少于 2 h，高压电动机空载试运时间不少于 4 h；带负荷试运时间为空载试运时间的 2 倍。

二、电动机的检修工艺及质量标准

电动机检修按照表 7-6 所示工艺和质量标准进行。

表 7-6　　电动机的检修工艺及质量标准

项目	检修项目	检修工艺及质量标准
检修准备	外部清扫	使用抹布和毛刷等工具将电动机外部彻底清扫干净，使外表无油污、无灰尘、标识清晰
接线拆除与检查	（1）接线盒内部检查。 （2）拆除主电缆。 （3）拆除其他电缆。 （4）拆除接地线	（1）打开接线盒，查看接线盒内有无进水迹象和锈蚀；检查和擦拭接线端子；检查接线螺栓（母）有无松动；接线板（柱）有无碎裂、变形；引线套管有无裂纹损坏。检查电缆头应光滑，无发热迹象。 （2）在电缆头和接线柱上做好标记并拍照、记录后，拆下主电缆，立即用软铜线将电缆三相短接并可靠接地。 （3）拆除加热器电缆并短接接地；标记、拍照、记录测温电缆接线，拆除测温电缆。 （4）拆除电动机接地线，清理接地线与电动机连接处的油漆和锈迹
修前测试	（1）测量电动机对地绝缘电阻和吸收比。 （2）测量动力电缆绝缘电阻	（1）使用合适电压等级的绝缘电阻表（一般是低压电动机使用 500 V、高压电动机使用 2500 V 绝缘电阻表）测量并记录电动机修前绝缘电阻（高压电动机、低压电动机）和吸收比（高压电动机）。 （2）测量动力电缆相间及对地绝缘电阻，并做好记录
电动机的解体及抽出转子	（1）拆下电动机底座及联轴器螺栓。 （2）联轴器拆卸	（1）底座及联轴器螺栓螺纹完好，无损伤，无锈蚀。检查地脚螺栓时，不但要检查螺母与台板的紧固情况，还要注意检查地脚螺栓与混凝土基座之间有无松动情况；若有，则需刨出地脚螺栓检查，重新灌浆处理。 （2）联轴器松紧适度，键完好，拆下时轴上无划痕。 （3）在电动机前后端盖、油盖、空冷器位置做好标记，要求标记应清晰、明了，前后标记便于区分；拆除端盖时，应对角拧入顶丝，均匀用力顶出端盖，在端盖脱落时防止扎伤线圈；端盖离开电动机后，应止口向上放在垫有木板或胶垫的地上

续表

项目	检修项目	检修工艺及质量标准
电动机的解体及抽出转子	（3）电动机解体。 （4）抽转子	（4）小型电动机转子由人工直接抽出；大中型电动机转子用起重机械或假轴抽出，抽出时最好使用吊带，使用钢丝绳时应垫有胶皮，以防勒伤轴颈；抽出时应由专人监护，用透光法监视定转子之间的间隙，使转子顺利抽出并防止碰伤线圈；套假轴时轴颈上必须包上保护物，假轴应选用内径较轴径大 10～20 mm 的钢管，管口应无毛刺；转子抽出后放在枕木上，用木板顶住转子，防止滚动
定子检查	（1）定子线圈清理、检查。 （2）检查定子铁芯。 （3）引出线检查	（1）用压缩空气清除定子铁芯及绕组的灰尘，若有油污，使用干布擦去，再用电气清洗剂清洗干净；检查线圈应无松动、断线、绝缘老化、破裂、损伤、过热、变色、表面漆层脱落、绑带松开等情况。 （2）检查铁芯应无磨损、锈斑、松动、局部变色的痕迹；风道应清洁、畅通，无异物；检查槽楔是否松动、发黑，磁性槽楔若有脱落，可以整根换新或使用环氧树脂修补；绕组的槽口部分绝缘需完整、无裂纹，槽口处铁芯无胀开，铁芯压板无开焊、松动；检查端部绝缘是否损坏、漆膜是否破坏。 （3）引出线绝缘应无磨损、破裂、断胶、接头无发热流锡；套管无裂纹和损伤；接线端子无发热变色和滑丝损坏等情况
转子检查	（1）清理转子。 （2）检查转子	（1）用干净布条擦拭，清理干净，无灰尘无油污。 （2）转子上的平衡块应完整、紧固；转子轴颈应无断裂、损伤、锈蚀和弯曲；转子短路环应无开裂，转子铜条（或铸铝）无断裂、开焊（可使用开口磁铁绕上漆包线制作短路侦查器配合铁粉检查转子是否断条）。 （3）槽楔无松动、空鼓
轴承检查	（1）轴承的检查。 （2）轴承的拆卸。 （3）轴承的清洗、检查。 （4）轴承的更换。 （5）添加润滑脂	（1）用电气清洗剂或煤油将轴承内的润滑脂清洗干净并用白布擦干，仔细检查轴承外观有无点蚀、发热变色现象，内外轨道和滚珠上有无麻点、破裂、脱皮和滚珠架过松、磨偏等情况，发现以上问题应进行更换；在轴承圆周上互成 120° 压铅丝法测量轴承游隙，用千分尺测量取平均值并做好记录，对照国标同级别游隙标准，判断轴承游隙是否合格，若有超标需安排更换。 （2）拆卸轴承时应用专用拔轮器拉下。 （3）装配轴承时用轴承加热器或油浴加热，轴承内圈温度最高不得超过 110 ℃，并注意有型号的一面应朝外；不允许用铁锤敲打轴承。 （4）润滑脂必须保持清洁，加脂量为轴承室容量的 1/2～1/3，对于高转速电动机应为 1/3；对于低转速电动机应为 1/2。润滑脂牌号应符合电动机铭牌或说明书要求
电动机端盖的检查	端盖清理、检查	将端盖上的油污清洗干净，检查端盖应无裂纹，轴承室应无磨损，止口环轴承室的结合面应无毛刺，一般来说端盖内径与轴承外径配合尺寸应为 0 到 +0.03 mm
风道、风扇检查	风道、风扇清理、检查	（1）风扇表面应清理干净无积灰，铆钉或螺栓紧固，无松动，无裂纹，风叶无变形；使用改装压缩空气管吹扫或试管刷清理风道，并保证每个风道孔都通畅、无灰尘和结垢。 （2）高压电动机空冷器外壳无锈蚀、破损，胀管管口无缝隙

续表

项目	检修项目	检修工艺及质量标准
电动机加热器检查	（1）加热器引线检查。 （2）加热器检查	（1）加热器引线绝缘应无破损，接线端子完好，绝缘支撑件无损坏。 （2）用 500 V 绝缘电阻表测量加热器对地绝缘电阻大于 1 MΩ，阻值符合相关规范要求
电动机回装	电动机组装	（1）定子内不得遗留任何工具和杂物，放入转子时要注意不要碰伤定转子的线圈和铁芯；前后端盖装好后使用长塞尺测量定转子的空气间隙，并注意各间隙相互间的差别不应超过平衡值的 10%。 （2）气隙合格后安装空冷器、风扇等其他附件。 （3）各零部件配合面应清洁；拧紧螺栓应对角均匀用力，以防零部件变形；敲打应使用铜棒，注意方向，均匀打入
电动机绝缘电阻检查	用绝缘电阻表测量电动机绝缘电阻	高压电动机应用 2500 V 绝缘电阻表测量，并且绝缘电阻应不低于 1 MΩ/kV；低压电动机用 500 V 绝缘电阻表测量，并且绝缘电阻不低于 0.5 MΩ
电动机接地检查	（1）接地系统检查。 （2）测量接地电阻	（1）电动机接地应接触牢靠，螺栓紧固，并有色标；接地线与电动机接地点之间无锈蚀，无油漆，接触良好。 （2）测量外壳接地电阻不应大于 4 Ω
电气预防性试验	（1）测量绕组的绝缘电阻和吸收比。 （2）测量绕组的直流电阻。 （3）定子绕组的直流耐压实验。 （4）定子绕组的交流耐压实验	（1）高压电动机应用 2500 V 绝缘电阻表测量，并且绝缘电阻应不低于 1 MΩ/kV；高压电动机的吸收比不应小于 1.3。 （2）高压电动机各相直流电阻值相互差别不应超过最小值的 2%。 （3）实验电压按每级 0.5 倍的额定电压分阶段升高，每阶段停留 1 min。 （4）实验前后应进行绝缘电阻测试，绝缘电阻合格才可进行，额定电压 6 kV 电动机耐压为 10 kV，额定电压 10 kV 的电动机耐压标准为 16 kV，实验时间为 1 min（具体试验方法按照 DL/T 596—2021 电气设备预防性试验规程规定进行）
电动机的空载试运	（1）空载电流的测量。 （2）电动机振动的测量。 （3）温度的测量	（1）一般电动机的空载电流应为额定电流的 30%～40%，三相电流的不平衡性应不大于 10%。 （2）电动机振动超过 3000 r/min 时，振幅小于 0.05 mm；1500 r/min 时，振幅小于 0.085 mm；1000 r/min 时，振幅小于 0.10 mm；750 r/min 时，振幅小于 0.12 mm。 （3）电动机运转一段时间后用红外热像仪或测温枪测试电动机外壳温度和轴承温度。 （4）低压电动机空载试运 2 h，高压电动机空载试运 4 h，每 30 min 测量一次温度和振动，并做好记录
电动机的带载（满载或正常负载）运行	（1）带载试验电流、振动、温度测量。 （2）带载试运结果判定	（1）低压电动机带载试运 4 h，高压电动机带载试运 8 h，每 1 h 测量一次电动机电流、各部分温升、振动无异常。 （2）填写试运报告，确定试运结论。 （3）清理检修现场，整理检修资料

第四节 常见故障分析及处理

电动机在使用过程中，会出现各种各样的故障。总的来说分为电气故障和机械故障两种。电气故障和机械故障又分为电动机本体故障和外部故障两类。不论是哪种故障，均需进行详细、系统地分析，找准故障原因，制定切实可行的维修方案，尽快使故障电动机恢复备用。

电动机的常见故障有：绕组故障（如缺相运行、匝间短路、相间短路、绕组接地等）、机械故障（如：轴承损坏、轴径磨损、轴弯曲、端盖磨损）等。下面就最常见的电动机故障现象及处理方法做简单介绍。

一、电动机缺相运行

在电动机绕组烧毁故障中，缺相运行占比最大。

正常运行的电动机三相电压相等、电流平衡，三相功率相等；当电动机运行缺相时，会出现电流增大、输出动力减小、电动机发出嗡嗡声、振动加大、温度升高的现象，最终导致烧毁绕组；当在电动机启动前发生缺相，电动机将不会正常启动，并发出强烈的嗡嗡声，伴随较大振动，启动过程中转轴顺时针 – 逆时针摆动、转向不定，此时必须立即断电检查，排除故障。部分电动机虽然缺相也能启动，但启动后不能带动负荷。

电动机缺相烧毁后，可看到绕组端部呈现非常明显的对称损坏情况，有 1/3 或 2/3 绕组烧焦，其他绕组不变色。这是三相异步电动机缺相运行时典型的故障特征。

Y形接法电动机缺相运行时，对称烧毁 2/3 绕组。星形接法电动机缺相烧毁如图 7-5 所示，正常情况下，电动机三相绕组均承受 220 V 电压，三相功率相等；当 L2 断线时，B 相绕组两端失去电压，没有电流流过，线包完好，即如图 7-5（a）所示的照片中漆包线仍保持光亮的一相，共 4 组，每组 3 个线圈（从照片上看，该电动机为 4 极电动机，绕组形式为双层叠绕）；A、C 两相绕组承受 380 V 电压，电动机在惯性作用下继续旋转，原本由三

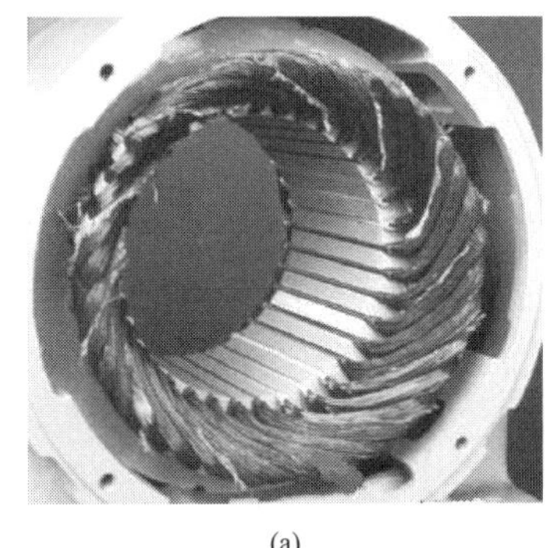

(a)

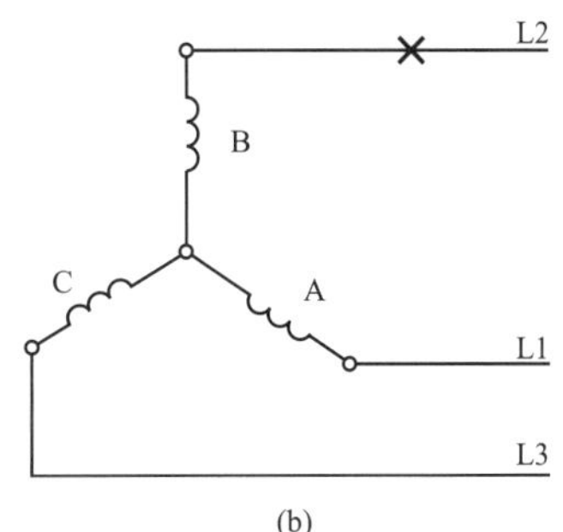

(b)

图 7-5 星形接法电动机缺相烧毁

（a）实物图；（b）星形接法故障说明图

相绕组各输入 220 V 做功的工况，变为输入电压只有 190 V 的两相绕组做功，而负荷不变，必然烧毁 A、C 相绕组，B 相绕组完好。

△形接法电动机缺相运行时，对称烧毁 1/3 绕组。三角形接法电动机缺相烧毁如图 7-6 所示，正常情况下，电动机三相绕组均承受 380 V 电压，三相功率相等；当 L2 断线时，A、C 两相绕组共承受 380 V 电压，B 相绕组单独承受 380 V 电压；原来三相平衡的做功工况变成了 A、C 相串联后又与 B 相并联做功的工况，即原有三路电流做功，现在只有两路电流做功；A、C 相串联后，阻抗远大于 B 相，故流过 B 相绕组的电流远高于 A、C 相，最终结果就是 B 相绕组烧毁，A、C 相绕组完好。

(a)

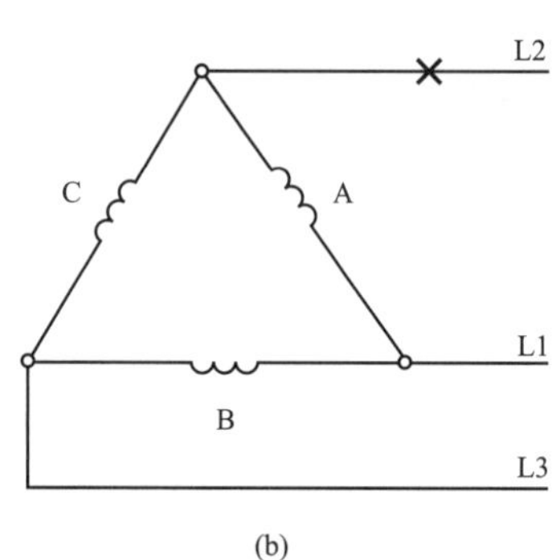

(b)

图 7-6　三角形接法电动机缺相烧毁

（a）实物图；（b）三角形接法故障说明图

上级电源缺相、电动机电源开关接触不良、接线端子松脱或接线不牢固、电动机一相绕组断线等，均会引起电动机缺相运行。针对以上问题，可采用电动机综合保护器、带缺相保护的热继电器（型号后带字母“D”）等对电动机进行缺相保护。

二、绕组开路故障

测量丫形接法电动机绕组开路故障时，可以直接测量两相绕组接线端子间的阻值，与其他两相绕组均不通的一相绕组开路；若三相之间均不通，则有可能两相或三相同时开路，需打开中性点，分别测量三相绕组阻值，做进一步的判断。测量△形接法电动机绕组开路故障时，需要打开电动机接线端子连片，分别测量三相绕组阻值，若有一相绕组不通，则该相绕组开路。

以下原因会造成电动机绕组开路：

（1）绕组引出线与绕组漆包线焊接处腐蚀、断开。

（2）绕组端部局部受潮后引起匝间短路，导致绕组开路。

（3）电动机内部异物或拆装转子时绕组漆包线被碰断导致绕组开路。

（4）电动机扫膛后定子硅钢片移位，划破绕组绝缘，造成局部短路后引起绕组开路。

（5）绕组绝缘损坏接地短路后崩断，造成绕组开路。这种情况一般出现在定子铁芯槽口处，不易处理，一般只能更换新的绕组。

（6）绕组相间绝缘击穿，导致短路后崩断，造成绕组开路。

如果电动机绕组开路发生在其端部且断线数量不是太多，且该绕组与正常绕组相比没有严重的发热变色、绝缘材料没有老化、绝缘值良好，大多数情况下是可以现场处理的。处理的原则是保证该绕组每匝漆包线电流方向正确。

绕组端部局部断线的维修方法：

第一步：找出开路故障处的所有断线。去掉绕组开路处两边的端部包扎，将开路处的线头全部挑起。若绝缘漆太硬，不能挑起，可使用外部加热方法使其绝缘漆软化后进行。

第二步：找到断线绕组的头、尾。绕组的头、尾分别与相邻绕组连接形成连续的电流回路，很容易找到。为便于讲解，假设该处断线数量为 8 根，带上头、尾共 10 个“断头”。先把绕组头部接线端子标记为 1，尾部接线端子标记为 10（此项工作中，接线端子上的“头”“尾”可任意指定，不必考虑电气因素）。

第三步：使用万用表在断线中找到与 1 相通的线头，标记为 2；找到与 10 相通的线头，标记为 9。

第四步：测量剩余的 6 根线头，找出剩余的三组相通的线圈，并将其头 / 尾分别标记为 3/4、5/6、7/8。注意：靠近 2 的一侧线头标记为偶数，靠近 9 的一侧线头标记为奇数。这是最关键的一步，如果标记错误，接线后将会导致绕组不通或局部短路。

第五步：使用相同规格的漆包线将 2 和 3、4 和 5、6 和 7、8 和 9 连接起来，焊好，使用绝缘套管套在焊接处。

第六步：把拆开的绕组端部绑扎牢固，整体烘干，浸上绝缘漆，待绝缘漆晾干后再烘干。

至此，绕组断线故障处理完成，经电气试验合格后即可试运。

以上介绍的绕组线圈是使用单线绕制的。多根线并绕的绕组修理原理与此相同，只需要把多根漆包线当成一根即可，原则是保证所有漆包线全部接入、电流方向正确。该处理方法同样适用于不严重的绕组相间短路、匝间短路故障处理。

三、绕组受潮

电动机常因工作环境潮湿、进水或防护等级不足、长期不用、装配密闭不严等情况而导致绝缘下降或绝缘合格但吸收比偏低，此时应对电动机进行干燥处理。

电动机绕组干燥处理方法很多，主要有外部加热干燥法、电流干燥法两种。

（1）外部加热干燥法。对受潮的电动机，可将其定子拆下放在烘箱内烘干或在定子内部放入大功率白炽灯泡或加热管，使其温度整体升高后排出潮气，然后在绕组中灌入绝缘漆，烘干即可。对脱硫检修来说，较小型的电动机（如 4 kW 以下），可将化验室烘箱或焊条烘干箱温度调到 90 ℃；然后将受潮的电动机定子放入烘箱中，利用烘箱的温度和气流快速烘干，也可使用热风机进行干燥。

从处理工艺来看，外部加热干燥法仅适用于较小型的电动机受潮处理，大中型电动机不具备现场烘干条件，可采用电流法干燥。

（2）电流干燥法。电流干燥法是在电动机绕组中通入电流，利用绕组电阻或铁损发热的方法排除潮气。干燥电流宜控制在电动机额定电流的50%～70%之间：电流过小，发热太慢；电流过大，发热过快，影响绕组绝缘安全。

1）电焊机干燥法。使用直流电焊机干燥电动机绕组的原理是利用电动机绕组自身电阻，使其均匀发热，排出潮气；使用交流电焊机是利用定子铁损和绕组电阻的共同作用，使铁芯和绕组发热，排出潮气。

电焊机干燥法的操作方法：打开电动机接线端子连片，并将三相绕组头尾串联，然后将电焊机输出端接入串联后的绕组两端，调节电焊机输出电流至电动机额定电流的70%左右，持续加热直至热态电阻稳定为止；若受潮电动机中性点在定子内部已经并接，外部仅有三个接线柱时，则需要使加热电源在三相绕组之间定时切换（在AC、BC、AB、AC、BC、……两端循环施加电压），以使所有绕组发热均匀。

2）低压电源干燥法。对于脱硫专业常用的6 kV电动机来说，使用以上干燥方法速度慢、效果差，可采用将受潮电动机转子堵转、在定子绕组中接入三相380 V交流电源的方法来对电动机进行加热、干燥。

低压电源干燥法是利用低压交流电源产生的励磁电流，利用其定子铁芯产生的铁损来使电动机发热，再加上电动机堵转，失去了散热条件，线圈与铁芯整体、均匀发热，达到较好的排潮、干燥效果。

在额定电压下，电动机空载时电流最小、堵转时电流最大，由于电动机启动时是由堵转（静止）状态进入旋转状态的，因此电动机堵转电流等于启动电流，一般为电动机额定电流的5～8倍。当在额定电压为6 kV的电动机绕组中接入三相380 V电源时，绕组电压为额定电压的0.063倍（即380/6000），此时，电动机的堵转电流为$0.504I_e$（按8倍启动电流计算，即0.063×8A）。由此可知，当6 kV电动机接入380 V电源时，其堵转电流约为额定电流的50%，不会烧毁电动机，满足电动机干燥需要。

（3）电动机干燥处理的标准。绕组干燥作业开始后，由于温度升高和潮气扩散，电动机绕组绝缘电阻会逐步降低；当干燥工作持续一段时间后，其绝缘电阻又会逐步上升，最终达到一个稳定值：热态绝缘电阻达到30 MΩ及以上（经验值）并至少保持2 h（大型电动机需保持4 h及以上），即可停止烘干，待其冷却到80 ℃左右时，在绕组上灌入绝缘漆，再次烘干即可。

（4）绕组干燥作业的注意事项。

1）任何方法的干燥作业必须保证作业人员的安全，使用的电源必须装设剩余电流动作保护器，电动机外壳必须接地，配备足量的灭火器，且全程有专人值守，做好应急措施。

2）干燥前，应将电动机定子上的杂物、油脂等清理干净，防止火灾事故。

3）烘干加热的最高温度必须保持在电动机绝缘等级要求的性能参考温度之下 10～15 ℃的范围内。

4）使用电流法干燥时须防止被干燥的电动机漏电。要求使用 500 V 绝缘电阻表测量时，电动机绕组对地绝缘电阻大于 0.1 MΩ；否则，应先采用其他干燥方法，初步提高绝缘后，方可使用电流法干燥。

5）在加热电源拆接线、抽放加热设备时，严禁带电操作，防止触电和损伤电动机接线柱。

6）加热干燥过程中要注意电动机保温，可使用石棉布或帆布遮盖电动机；大风天气必须有挡风措施，以利于升温。但需保持少部分空气流通，便于绕组及铁芯内部的潮气排出。

7）烘干加热及烤漆过程均应有人全程值守，监视好温度，防止火灾，防止绝缘漆溶剂伤害工作人员。

8）放入电动机定子内部的热源不得直接与定子铁芯接触，可使用非导热且难燃或天然材料隔离，以防局部过热烧坏绝缘。

9）电焊机一般是间断工作的电气设备，不能在最大输出电流时长时间连续工作。在使用电焊机加热时，工作电流必须满足电焊机在该输出电流工况下的负荷持续率要求，做好电焊机的冷却、降温措施，防止电焊机烧毁。

10）初始加热时，应至少 30 min 测温一次；达到稳定温度时，每小时测量一次电动机温度，防止超温烧毁绕组。

11）非常潮湿的电动机不易采用直流电焊机加热，因直流电具有电解作用，会破坏电动机的绝缘层。

（5）特殊情况下的受潮处理。若电动机受潮损坏原因为内部进酸或进碱、进浆液，在绕组维修或绝缘处理后会频繁发生因吸湿而导致绝缘降低现象。此时应根据具体情况，使用弱酸或弱碱水浸泡铁芯，中和酸碱离子，最终使溶液呈中性后，再用大量清水浸泡、冲洗电动机铁芯及绕组，待彻底烤干后，测量绕组是否真正损坏。

四、其他常见故障诊断与维修

1. 电动机不能启动

电动机启动时，必须有人现场检查并值守，现场人员应与集控值班员保持通信畅通，站在电动机轴向位置的安全区域，并打开事故按钮保护罩，发现异常立即按下事故按钮，强制停机。

当电源缺相或电动机内部断线时，通电后电动机将会出现“择向”情况，且伴随较大的嗡嗡声，此时应立即断开电源，查找并处理故障。

电动机通电后不能启动时，首先应判断电动机是否得电，再检查供电及控制回路故障；然后判断机械故障，不得多次强行启动；尤其在启动时电动机发出异常声响或打火、冒烟时，应立即切断电源，在查清原因且排除后再行启动，以防故障扩大。具体电动机启动故障原因分析及处理方法可见表 7-7。

表 7-7　　电动机启动故障原因分析及处理方法

故障类别	故障原因	处理方法
电源或控制回路故障	（1）电源未接通。 （2）熔丝烧断。 （3）接触器卡涩或触点烧蚀。 （4）热继电器或综合保护器调整定值过小。 （5）控制回路错误或断线	（1）使用万用表测量开关上口三相电压，排除电源故障。 （2）使用万用表测量控制回路熔断器，排除熔断器故障。 （3）测量整个一次回路是否畅通，更换故障元件，紧固接线端子。 （4）热继电器按照 1.1 倍额定电流重新调整；综合保护器过电流定值按照定值单调整。 （5）对照图纸，排查控制回路故障
电动机内部电气故障	（1）绕组开路。 （2）绕组接地。 （3）绕组相间短路或匝间短路。 （4）绕组引线接线错误	（1）使用万用表测量三相绕组直流电阻是否平衡。 （2）使用绝缘电阻表测量绕组对地绝缘，排除接地故障。 （3）测量每相绕组直流电阻，测量相间绝缘。 （4）使用电池对一相绕组头尾断续点击通电，使用指针式万用表接于另外一相绕组头尾，观察电流方向是否一致，重新判断绕组头尾，按正确接法重新接线；头尾正确判定后，将三相绕组的头、尾分别并接在一起，使用指针式万用表毫安挡，盘动电动机，测量头、尾并接端，表针应无摆动，则头尾正确
机械故障	（1）轴承卡死。 （2）负载过重或传动装置卡死。 （3）电动机转轴弯曲，定转子摩擦、卡涩	（1）解开联轴器或皮带，盘动电动机，检查是否有卡涩或不均匀摩擦，根据情况更换轴承、检查轴承室有无磨损、修复转轴。 （2）盘动、检查负载机械及或减速机等的灵活性。 （3）校正或更换转轴，更换轴承

正常情况下，电动机的启动规定如下：

三相异步电动机允许在冷状态下（铁芯温度 50 ℃以下）启动 2～3 次，每次间隔时间不得小于 5 min；允许在热状态下（铁芯温度 50 ℃以上）启动一次；只有在处理事故时，以及启动时间不超过 2～3 s 的电动机可以多启动一次。

当出现下列情况时，禁止再次启动电动机：

（1）电动机电源系统（含启动柜、电缆、电动机）有明显的短路或损坏现象。

（2）可能危及人身安全或系统安全时。

（3）电动机所带的机械损坏。

（4）电动机冒烟或着火。

2. 电动机过热

电动机在电路故障、过负荷、环境温度高等情况下都会出现过热问题，具体电动机过热原因分析及处理方法可见表 7-8。

表 7-8　　电动机过热原因分析及处理方法

故障类别	故障原因	处理方法
电源故障	（1）电压过低或过高、电源电压不平衡。 （2）电源缺相	（1）使用万用表测量三相电压。 （2）使用万用表测量整个一次回路是否畅通，更换故障元件，紧固接线端子
电动机本身故障	（1）绕组开路。 （2）绕组局部匝间短路或轻微接地。 （3）电动机接法错误。 （4）电动机通风散热不良或环境温度过高、普通电动机使用变频器控制时长期在低转速下运行，导致散热风量不足。 （5）轴承缺油或损坏、电动机扫膛、装配过紧。 （6）测温元件故障（DCS 显示温度过高）	（1）测量三相绕组通断和直流电阻情况，排除绕组开路及匝间短路故障；使用绝缘电阻表测量绕组绝缘电阻。 （2）Y形接法接成了△接法，会导致电流变大 1.73 倍。 （3）修理绕组后的电动机可能存在部分绕组接反的情况，可参照“电动机不能启动”中“绕组接反”方法判断；然后打开电动机检查绕组跳线是否正确，按照电流方向调整绕组跳线。 （4）清理电动机表面积灰，疏通散热风道；检查电动机风扇是否完整、松动；检查电动机风扇罩通风口是否堵塞；检查变频电动机风扇电动机和电源情况；降低环境温度；采用强迫冷却措施。 （5）更换轴承润滑脂或更换轴承，测量电动机气隙，检查电动机轴弯曲情况、排除电动机端盖磨损及断裂情况；检查轴承是否安装到位。 （6）测量、对照测温元件阻值，排除测温元件故障；紧固绕组温度接线，检查 RTD 卡件
外部故障	（1）过负荷。 （2）负载故障	（1）使用钳形电流表测量电动机三相电流，检查是否过负荷（高压电动机测量二次电流）。 （2）查阅负载说明书或铭牌，检查选配电动机功率是否过小。 （3）盘动检查负载机械及或减速机等的灵活性

一般来说，电动机允许在不超过额定电流的 10% 以内短时超负荷运行，但是必须查明原因，尽快排除故障。对脱硫设备来说，吸收塔浆液密度过高也会导致浆液循环泵、石膏排出泵等电动机过负荷，应加强石膏脱水或直接排出、置换部分浆液，降低浆液密度，使电动机工作电流在额定电流之下。

电动机因环境温度高或过负荷原因过热但又不能停止运行时，可使用轴流风机在电动机外部强制通风散热，必要时穿绝缘靴，戴绝缘手套采用湿抹布擦拭电动机外壳，以快速降低电动机温度，避免过负荷跳闸；同时打开车间门窗，开启车间换气风机，排出车间内的热空气。

电动机全部绕组均匀烧黑是电动机过负荷烧毁的典型特征。

3. 电动机振动

对脱硫检修来说，当吸收塔浆液起泡时，会造成浆液循环泵空蚀，引起电动机电流变小、波动，循环泵及管道振动传导，导致电动机振动，此时，应及时添加消泡剂，抑制起泡；还需反冲循环泵入口滤网，排除堵塞物，最终消除振动情况。

其他电动机振动原因分析及处理方法可见表 7-9。

表 7-9　　电动机振动原因分析及处理方法

故障类别	故障原因	处理方法
电动机本身故障	（1）轴承间隙大或损坏。 （2）轴承位置（内外圆）磨损。 （3）电动机轴头弯曲。 （4）轻微扫膛。 （5）转子故障。 （6）冷却风扇变形或叶片断裂	（1）更换轴承。 （2）补焊、涂镀轴承位置，修理或更换端盖。 （3）校正电动机轴。 （4）检查电动机轴、轴承、端盖装配情况。 （5）检查转子配重块是否齐全、牢固，做转子动平衡试验，排除故障。 （6）检查修复风扇
外部故障	（1）地脚螺栓松动或台板不牢。 （2）轴系不正。 （3）联轴器或皮带轮偏心。 （4）弹性联轴器或柱销磨损、损坏，间隙过大。 （5）皮带有裂口。 （6）负载振动传递给电动机。 （7）缺相运行	（1）检查、紧固地脚螺栓；使用钢板焊接的电动机台板过高、几何形状不稳，易引起水平方向振动大，需使用钢板焊接加固或灌入混凝土加固；使用螺杆调节的电动机台板松动或螺杆调节不平。 （2）重新打表，校正轴系。 （3）打表检查联轴器或皮带轮同心度。 （4）更换梅花联轴器或柱销，检查柱销与柱销孔配合松紧度。 （5）更换皮带。 （6）单转电动机，测量电动机本体振动情况；排除减速机或负载故障。 （7）排除缺相故障

4. 电动机其他常见故障

电动机运行过程中还可能出现异音、转速低、漏电等故障，电动机其他故障原因分析及处理方法可见表 7-10。

表 7-10　　电动机其他故障原因分析及处理方法

故障类别	故障原因	处理方法
电动机运转有异音	（1）轴承缺油或损坏。 （2）电动机扫膛。 （3）风叶与风罩相碰。 （4）电动机内有异物。 （5）缺相（突然发出嗡嗡声，且振动加大）。 （6）转子断条（电动机启动时伴随较大的清脆异音）	（1）更换新油或更换新轴承。 （2）检查端盖与轴承配合间隙、校正转轴。 （3）调整、补齐风罩螺栓。 （4）剪去未压进槽内的绝缘纸，更换突出的槽楔，检查电动机内是否有异物。 （5）检查电源及电动机绕组情况。 （6）制作开口电磁铁配合铁粉检查转子铜条情况，使用铜磷焊条焊接断条，焊接短路环；若为铝条，则需请专业维修单位修补或重新铸铝

续表

故障类别	故障原因	处理方法
电动机转速低或无力	（1）转子断条或短路环断裂。 （2）电压过低。 （3）过负荷。 （4）小型电动机转子安装方向错误，定转子铁芯未对齐	（1）修复断条和短路环。 （2）检查、恢复电源。 （3）检查电动机配套功率和负载情况。 （4）重新安装转子，使定转子两端对齐（拆卸时应做好标记，拍好照片）
电动机外壳带电	（1）电动机绕组受潮。 （2）绕组引线绝缘老化、碰壳。 （3）电源线绝缘损坏。 （4）接地线松脱。 （5）铁芯变形，刺破绕组绝缘。 （6）绕组绝缘局部损坏。 （7）绕组端部过长碰壳	（1）烘干电动机绕组。 （2）更换、包绕引出线，特别是引出线在引出至接线盒处易与机壳摩擦、漏电。 （3）接线盒入口处防护不到位，电源线绝缘损坏；电源线没有全部压接在接线端子上，有“毛刺”碰壳。 （4）检查接地线是否松脱，刮净接地处油漆。 （5）去掉槽楔，将变形的矽钢片撬正，并在绝缘损坏处塞入绝缘纸，灌好绝缘漆，装入槽楔。 （6）绝缘损坏常发生在槽底处，可在槽底处垫入绝缘纸并灌绝缘漆；若接地发生在槽内，则应找出接地绕组所在的相，再将接地相绕组一分为二，找出接地的一半，以此类推，找出接地绕组，维修或局部更换该绕组。 （7）加热绕组，使绝缘漆软化，使用橡皮锤敲击绕组端部，使之缩短到安全位置。注意绕组另一端要支撑在工作台上，防止绕组移位，损坏绝缘；还要防止绕组端部变小，转子穿不进去
电动机轴承过热	（1）轴承缺油或损坏。 （2）轴承加油过多或油脂型号错误。 （3）轴承装配过紧或过松（走内圆或走外圆）或装配不到位。 （4）皮带过紧	（1）添加润滑脂或更换轴承。 （2）排掉多余的润滑脂，加入合适的润滑脂，使润滑脂量在 1/3～1/2 之间。 （3）加工、修理轴承装配位置，使轴承内外圆装配松紧度合适；检查轴承是否紧靠轴台阶。 （4）大拇指用力按下皮带中部，根据皮带长短，下陷 10～30 mm，且会自动弹起，可认为皮带松紧度合适

因电动机用途广泛、工作环境多样、控制方式灵活等原因，在使用过程中，还会发生如定子铁芯移位、转子断轴、转子与轴松动、铁芯散开等各种各样的故障，也会因维修时绕组匝数不标准、装配或维护不到位等人为因素而发生故障，均需彻底查明原因，针对性维修与统筹处理相结合，防止故障扩大与重复发生。

第八章 三相交流电动机的控制

三相交流电动机控制电路是根据电动机拖动负荷的性质和拖动系统要求，通过若干电气元件组合，从而实现单台/多台电动机的启动、联锁、正反转、制动、调速等控制功能以及测量、保护等辅助功能，使电动机安全、可靠地运行，带动机械设备按预期的工艺要求准确无误地工作。没有特别说明，本章所示控制电路仅适用于低压三相交流电动机。

脱硫系统部分交流电动机采用变频器进行调速控制，本章也将对变频器的工作原理及维护检修进行讲解。

第一节 电 气 图 识 读

电气图是电气系统安装、调试、使用与维护的基本依据，主要包括电气原理图、电气安装接线图、电气元件布置图等。电气原理图具有结构层次简单、逻辑关系清晰、保护配置明确等诸多优点，用于指导电气设备的安装和控制系统的调试工作。

一、电气原理图

电气原理图是将控制系统中所有电器元件按照设计意图使用导线连接起来，以满足安装、调试、生产需要的电气图纸。

电气原理图使用国家统一的图形符号绘制电器元件，并配合文字符号进行功能说明，一般使用单线绘制方式，直接反映出控制电器元件配置、控制方式、各受控设备联锁关系、保护配置及电气设备的操作顺序、方法等，便于阅读和分析。

电气原理图采用电器元件展开形式时，电器元件可动部分均为没有通电或没有外力作用时的状态。电气原理图包括所有电器元件的导电部件和接线端子，反应电器元件的实际布置位置，也不反映电器元件的实际形状和大小尺寸。

电气原理图按照功能划分为主电路、控制电路、信号电路和保护电路四部分。

主电路又称一次回路，一般由断路器/熔断器、接触器、热继电器及电气负载和连接导线等组成。

控制电路、信号电路、保护电路称为二次回路。控制电路用于控制主电路执行元件（接触器电磁控制线圈）动作，由按钮、转换开关、接触器和继电器的线圈及辅助触点、热继电器触点、保护电器触点等组成，是为主电路提供运行保障的电路。二次回路供电电源电压类型等级有交流 380、220 V 和直流 220、110、24 V 多种，脱硫系统常用电压等级为直流 220、110 V，由专门的直流系统提供。

信号电路由电压表、电流表、转速表、多功能表等指示仪表及指示灯、光字牌、电铃等声光报警设备组成。

保护电路包括熔断器、热继电器、电压互感器、电流互感器、温控开关、微机综合保护装置等。

二、电气原理图常用的图形和文字符号

为便于阅读和交流，电气原理图中所用的电气元件的图形符号和文字符号必须符合国家标准，现行电气制图国家标准有 GB/T 4728《电气简图用图形符号》、GB/T 6988.1《电气技术用文件的编制 第 1 部分：规则》等。表 8-1 列出电动机电气控制原理图常用的电气设备图形符号及文字符号。

表 8-1 电气控制电路图中电气元件的图形及文字符号

名称	图形符号	文字符号	说明
交流电源三相	—	L1 L2 L3	交流电源第一相 交流电源第二相 交流电源第三相
交流设备三相	—	U V W	交流设备第一相 交流设备第二相 交流设备第三相
直流系统电源线	—	L+ L−	直流系统正电源线 直流系统负电源线
接地	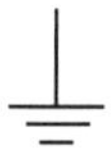	PE	接地，一般符号
			保护接地
			保护等电位联结
	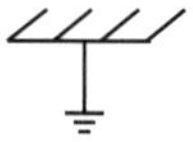		外壳接地
	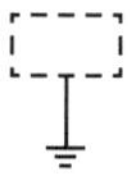		屏蔽层接地
	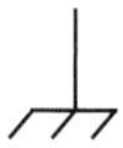		接机壳、接底板

续表

名称	图形符号	文字符号	说明
电动机		M 或 G	电动机的一般符号 符号内的星号“*”用下述字母之一代替：C- 旋转变流机；G- 发电机；GS- 同步发电机；M- 电动机；MG- 能作为发电机或电动机使用的电机；MS- 同步电动机
		M	步进电机
	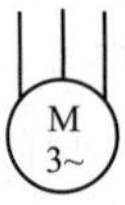	M	三相鼠笼式异步电动机
	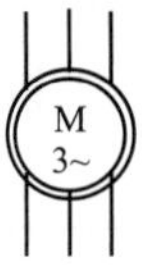	M	三相绕线式转子异步电动机
按钮		SB	具有动合触点且自动复位的按钮开关
			具有动断触点且自动复位的按钮开关
			复合按钮
行程开关		SQ	动合触点
			动断触点
	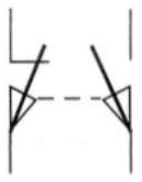		复合触点，对两个独立电路作双向机械操作
接触器	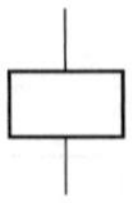	KM	接触器线圈
			接触器的主动合触点
			接触器的主动断触点
	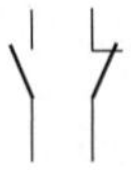		接触器的辅助触点

续表

名称	图形符号	文字符号	说明
电磁式继电器		KA	中间继电器线圈
	$U<$	KV	欠电压继电器线圈
	$U>$		过电压继电器线圈
	$I<$	KI	过电流继电器线圈
	$I>$		欠电流继电器线圈
		相应继电器线圈符号	常开触点
			常闭触点
时间继电器		KT	线圈一般符号
			延时释放继电器的线圈
			延时吸合继电器的线圈
			当操作器件被吸合时延时闭合的动合触点
			当操作器件被释放时延时断开的动合触点
			当操作器件被吸合时延时断开的动断触点
			当操作器件吸合时延时闭合，释放时延时断开的动合触点
			瞬时闭合常开触点以及瞬时断开常闭触点

续表

名称	图形符号	文字符号	说明
热继电器		FR	热继电器线圈
			热继电器常闭触点
速度继电器		KS	速度继电器转子
			速度继电器常开触点
			速度继电器常闭触点
熔断器		FU	熔断器一般符号
断路器		QF	断路器
隔离开关		QS	隔离开关
普通刀开关		Q	普通刀开关
灯和信号装置		EL	照明灯一般符号
		HL	信号灯一般符号 如果要求指示颜色则在靠近符号处标出下列代码：RD-红；YE-黄；GN-绿；BU-蓝；WH-白。 如果要求指示灯类型，则在靠近符号处标出下列代码：Ne-氖；Xe-氙；Na-钠气；Hg-汞；I-碘；IN-白炽；ARC-弧光；FL-荧光；IR-红外线；UV-紫外线；LED-发光二极管
		HL	闪光信号灯
		HA	电铃
		HZ	蜂鸣器

续表

名称	图形符号	文字符号	说明
指示仪表	(V)	PV	电压表
	(↑)	PA	检流计

三、电气原理图的识读方法和顺序

（1）读标题栏。标题栏显示电气图纸的设计单位、设计人员、图纸名称、图纸编号、设计阶段等信息，可以了解本电气原理图对应的工程名称和控制对象，初步了解本图中电气设备的基本性质、运行工况和操作方法，为分析电路图提供基础信息。

（2）读主电路。主电路布置在电气原理图的左面，显示本图共有多少台电动机及每台电动机的作用。通过读主电路图，我们可以了解到电动机拖动的机械设备的基本结构、运行情况、工艺要求和操作方法，是否带有变频器、有无正反转控制、有无降压启动、有无反接制动等，使用刀开关还是断路器，有无尾端 TA、是否带有热继电器或是配有 TA 测量保护等。

（3）读控制电路。所有电动机的控制电路都是以断路器 / 接触器主触点组的闭合、断开为控制目的，都是由最简单的点动启动电路增加各种联锁、保护演化而来的，因此可以化整为零、化繁为简，清楚分析每台电动机之间的控制关系。

（4）读图顺序为从左到右、从上到下。首先找到控制电源接入点（从正电源入手），顺着电流方向从第一个启动按钮往右看，分析启动回路中每一个电器元件的作用，搞清楚接触器线圈带电、失电的条件，直到控制电源形成闭环（回到负电源）。自上而下逐个回路分析每台电动机的启停条件，最后再化零为整，即可知道整张图纸中所有电动机的启停条件、控制方式、操作顺序和联锁关系。

控制部分读完后，再读信号部分，搞清每个信号的去向和作用：是送至 DCS 还是就地指示、是开关信号还是模拟信号、是否参与保护等。

（5）最后读电气安装接线图、电气元件布置图，了解控制、信号导线来源或去向、接线位置，为故障处理做准备。

（6）读图时，要结合图纸上标注的每条回路的注释说明，结合设备表了解每台电器元件的名称、规格型号、数量等信息，有助于快速读懂电路图。

第二节　低压电动机控制电路图解析

一、启停控制回路

启停控制回路图如图 8-1 所示，左侧为主电路，三相电源通过隔离开关 QS、熔断器 FU、

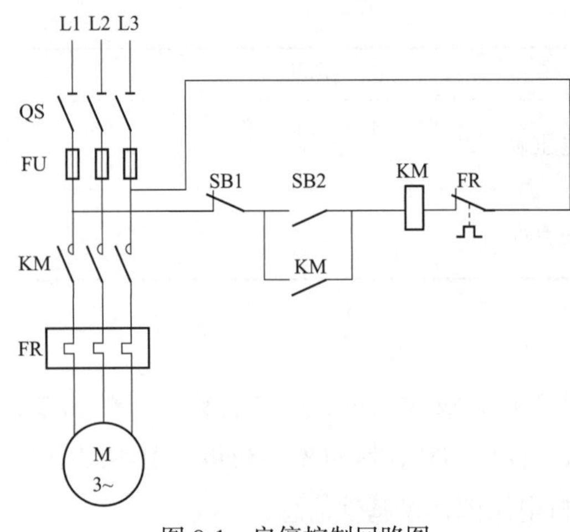

图 8-1　启停控制回路图

接触器 KM 和热继电器 FR 送入三相交流电动机 M。

由图 8-1 可知，当隔离开关 QS 闭合时，只需控制接触器 KM 的通断即可实现电动机的启停。

实现接触器通断的控制回路的操作步序：按下启动按钮 SB2，接触器 KM 线圈通电，电动机启动；同时，辅助触头 KM 闭合，实现自锁，即使按钮松开，线圈仍保持通电状态，电动机连续运转。按下停止按钮 SB1，接触器 KM 线圈失电，其辅助触头 KM 同时断开，电动机停止运转。而当电动机过负荷或缺相时，热继电器 FR 发热，在双金属片的带动下，其动断触点 FR 打开，接触器 KM 线圈失电，主触点打开，实现电动机的保护跳闸。

二、正反转控制回路

正反转控制回路图如图 8-2 所示，左侧为主电路，三相电源通过隔离开关 QS、熔断器 FU、接触器 KM1 和接触器 KM2 和热继电器 FR 送入三相交流电动机 M。

由图 8-2 可知，当隔离开关 QS 合闸时，电动机的正反转可以通过改变输入电动机接线的相序，即通过控制接触器 KM1 和接触器 KM2 的通断实现。

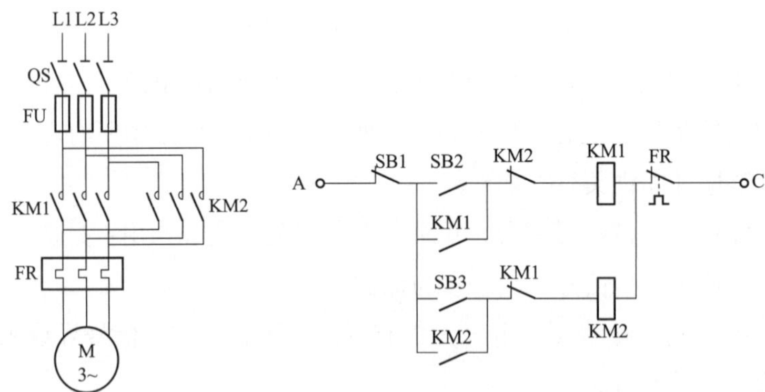

图 8-2　正反转控制回路图

交流接触器 KM1 与电动机的接线相序相同，KM2 与电动机的接线相序相反，实现电动机的正反转控制的控制回路与图 8-1 类似，是由启动按钮 SB2 到接触器 KM1、启动按钮 SB3 到接触器 KM2 两条启动回路组成。正反转控制回路的操作步序：按下启动按钮 SB2，接触器 KM1 线圈通电，电动机启动；辅助触头 KM1 闭合，实现自锁，线圈仍保持通电状态，电动机实现正转运转；按下停止按钮 SB1，接触器 KM1 线圈失电，其辅助触头 KM 同时断开，电动机停止运转；按下启动按钮 SB3，接触器 KM2 线圈通电，电动机启动；辅助触头 KM2 闭合，实现自锁，线圈仍保持通电状态，电动机实现反转运转。

三、三台电动机联锁顺序启动控制回路

如图 8-3 所示，三台电动机独立供电，分别由其对应的交流接触器控制。在接触器 KM2、接触器 KM3 的控制回路中均串联了接触器 KM1 的动合触点，故电动机 M1 运行后，电动机 M2、电动机 M3 才具备运行条件；而当 M1 停运后，M2、M3 同时停止。M1 启动后，M2 即可单独进行启停操作，而在 KM3 的控制回路中，还串联有时间继电器 KT 的延时闭合触点，因此，只有当 M1、M2 均运行的情况下，M3 才可以经延时后自动启动。

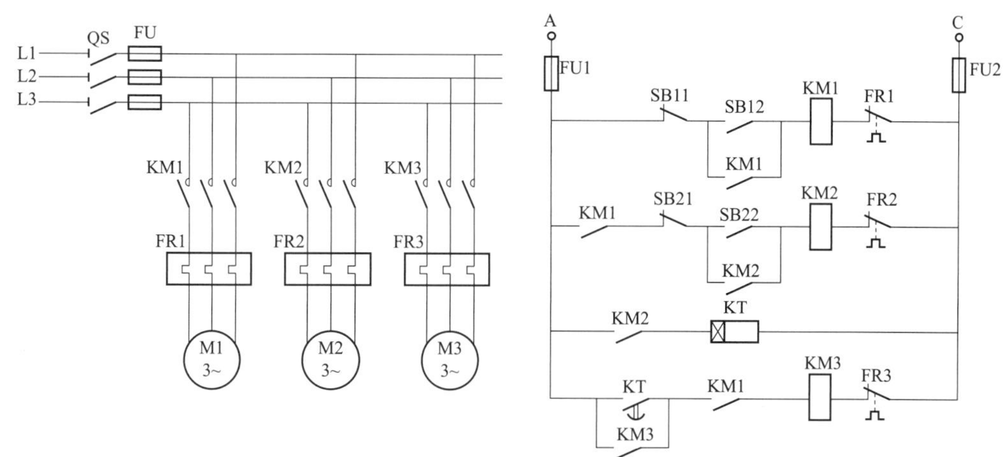

图 8-3 三台电动机联锁顺序启动控制回路图

四、电气安装接线图的识读

在熟悉图 8-4 所示的单台电动机启停电气原理图之后，才能更好的识读图 8-5 所示的单台电动机启停控制安装接线图，两者相互对照，才能全面理解安装接线图。

电气安装图的一次设备在电气接线板的左侧部分和右侧上部分。断路器 QF 上端三相接线端子使用单芯 1.5 mm^2 的电线接至接线板的端子排上，再使用单芯 1.5 mm^2 的电线接至三相熔断器 FU1 上部的接线端子。为了便于设备维护，连接导线必须编制线号。

三相熔断器 FU1 下部的接线端子线号编制为 U12、V12、W12，导线连接到接触器 KM 上部接线端子；接触器 KM 下部接线端子线号编制为 U13、V13、W13，导线接至热继电器上部端子；热继电器下部端子导线接至端子排至电动机。

控制回路电流较小，采用 1.0 mm^2 导线。控制回路熔断器 FU2 上部端子导线接自熔断器 FU1 的 U11 和 V11。控制熔断器接线端子接至接触器线圈端子，线圈线号 0；接触器线圈另一侧端子线号 4，与接触器动合辅助触点 KM、启动按钮 SB1、SB3 动合触点端子连接，接触器动合辅助触点和启动按钮 SB1；再经过线号 3 与 SB2 动合触点端子相连，SB2 动断触点的另一侧端子经线号 2 接至热继电器 FR 动断触点端子，热继电器动断触点另一侧端子经线号 1 接控制熔断器 FU2，构成了控制回路。

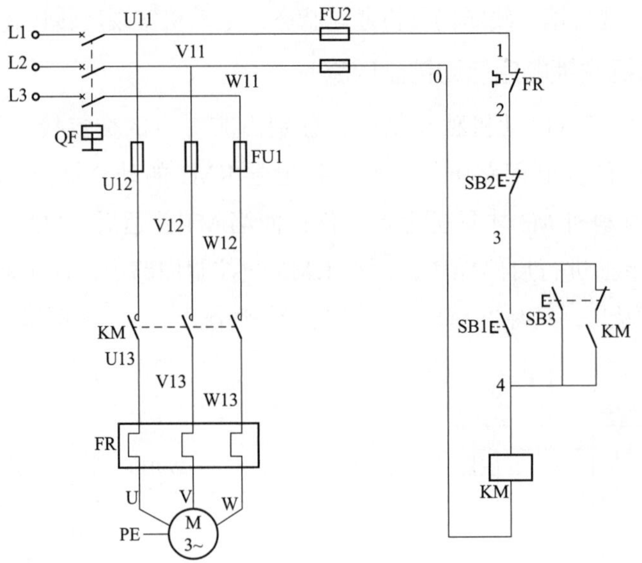

图 8-4　单台电动机启停电气原理图

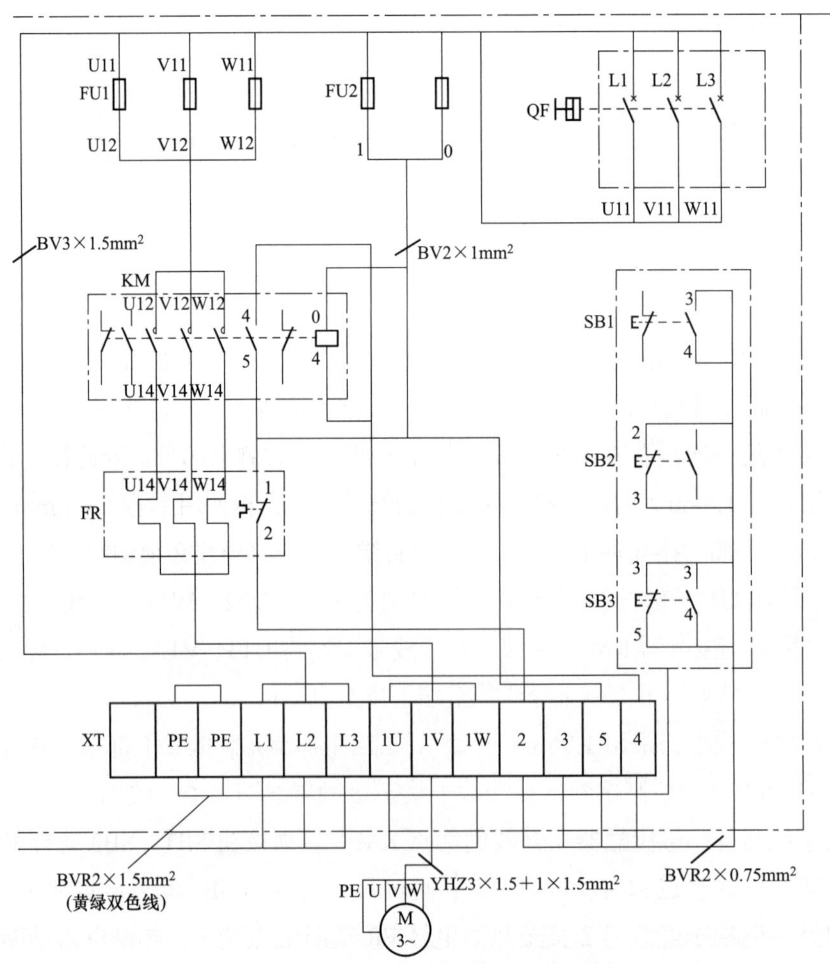

图 8-5　单台电动机启停电气安装接线图

五、电气元件布置图识读

电气元件布置图多用于生产厂家进行电气元器件组装，根据电器元件的结构尺寸合理布置安装位置，使得一次、二次连接导线的用量达到最省，设备维护较为方便。电气元件布置图相对简单，我们以如图 8-6 所示的单台电动机启停电气元件布置图为例进行介绍。

考虑电气元件安装的方便性和维护便利性，一次电气元件应与二次设备保持一定的间隔，以便于接线和维护时的检查。一次电气元件在运行中会发热，因此元件之间必须保持足够的散热空间。发热量大的元件应布置在上部位置，因此断路器 QF、接触器 KM、热继电器 FR 布置在上部，启停按钮在下部。电源、与电动机连接的导线在端子排处实现连接。

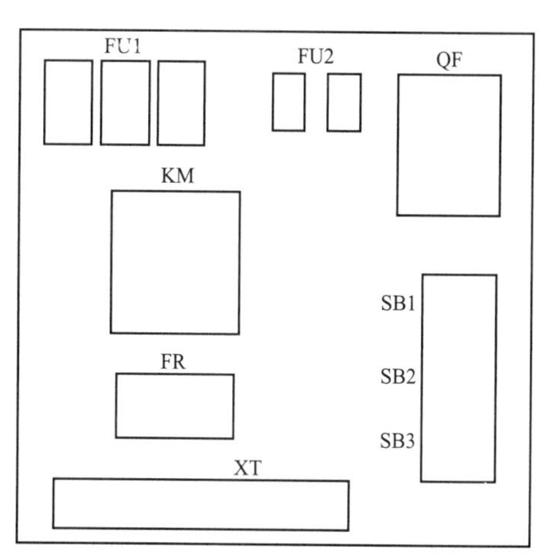

图 8-6　单台电动机启停电气元件布置图

下面以某脱硫石膏排出泵电动机二次线为例（如图 8-7 所示），解读脱硫低压电动机控制原理图。

本交流电动机具有两种控制方式：就地控制和 DCS 控制，通过控制方式开关切换选择；具备试验功能，可以进行不带载传动试验，控制电压为 AC220 V，具有电动机电流远传信号。

一次回路：合上断路器（QF），接触器（KM）吸合时，电源 L1、L2、L3 经断路器、交流接触器、热继电器（FR），电动机（M）得电运转。

二次回路：试验位置时，断路器（QF）断开，控制电源从 L1 到熔断器（FU1）流经转换开关（SL1），进入控制回路电源点（1），与 N 形成 220 V 控制电压。此时，由于一次回路不通电，电动机不会运转，可进行启停操作试验。试验位置主要是为检验二次回路正确性、做传动或联锁试验设计的。

工作位置时，断路器 QF 合闸，控制电源经 L1、QF、控制电源开关（QF1）、SL2，与 N 形成 220 V 控制电压。

远方 / 就地转换开关（ST1）在“远方”位置时，①和②、⑤和⑥接通，则远方（DCS）操作电源接通，就地操作无效；同理，当 ST1 在“就地”位置时，③和④、⑦和⑧接通，就地操作回路接通，远方操作无效。

启动操作是指：ST1 置“就地”位置，按下启动按钮（SB1），合闸继电器（K2）线圈得电，动合触点（K2）吸合（3、5 接通），控制电源经 1、K2 流经分闸继电器（K1）的动断触点（5、7 接通）、热继电器（FR）动断触点（7、9 接通）使接触器（KM）线圈得电，接触器吸合，电动机运转；由于 KM 得电，其动合触点（KM）吸合（3、5 接通），形成自锁，松开 SB1 后，接触器 KM 线圈依然带电，电动机连续运转。此时，接触器 KM 的另一副动合触点连通指示灯 HR（红色），“运行”指示灯亮起。

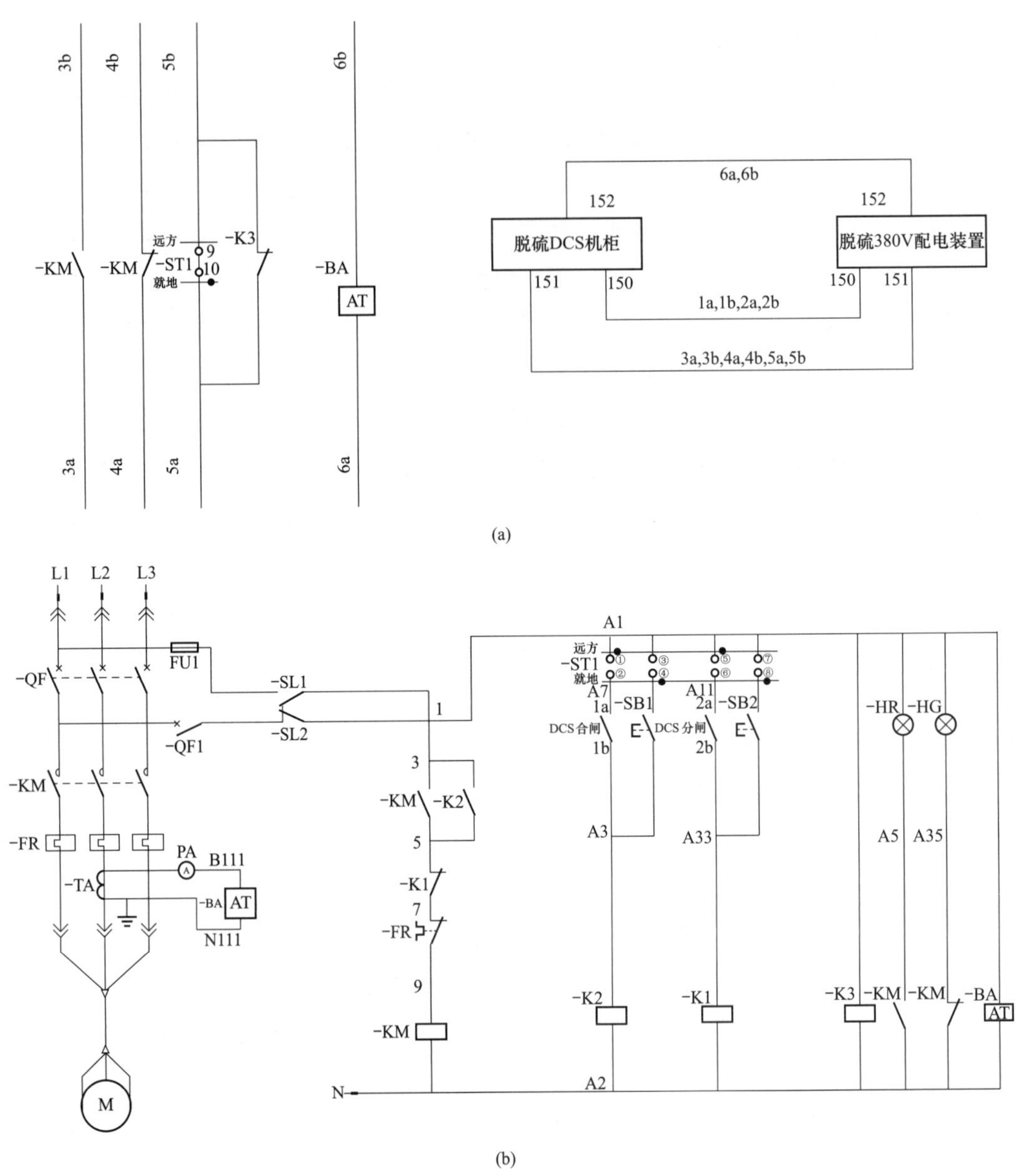

图 8-7　石膏排出泵电动机控制电路图及电缆联系图

（a）电缆联系图；（b）控制回路图

停止操作是指：ST1 置“就地”位置，按下停止按钮（SB2），分闸继电器（K1）线圈得电，动断触点（K1）断开，接触器（KM）失电，其动合触点打开，自锁失效，电动机停运；同样，当过电流使热继电器 FR 动作时，其动断触点打开，电动机停运。此时，接触器 KM 的动断触点断开，连通指示灯 HG（绿色），“停止”指示灯亮起。

K3 为电源监视继电器，为 DCS 提供电动机的运行许可和控制回路断线信号；电流变送器 AT 将电流互感器（TA）测量的电动机 B 相电流变为 4～20 mA 信号送至 DCS，作为远方电流指示及过电流保护信号。

同理，当 ST1 置“远方”位置时，由 DCS 系统进行电动机启停操作。接触器 KM 的另外两对动合、动断触点分别为 DCS 提供电动机的运行、停止信号。

由图 8-7（a）电缆联系图可知，编号 150 为指令信号（DO）电缆，151 为反馈信号（DI）电缆，152 为模拟量（AI）电缆。

第三节 控制电路故障处理

电动机在运行中会出现各种各样的故障，如不能启动、运行中跳闸、运行状态不正常等。其中，除了电源故障、电动机自身故障、负荷及机械故障外，控制电路故障比较常见，只有细致诊断故障现象，准确找到故障点，才能快速、彻底解决问题，恢复电动机正常运行。

电动机控制电路故障排除一般按照了解故障现象、分析故障原因、检查处理故障部位、通电试验控制回路的步骤进行。

本节仍以第一节中如图 8-1 所示为例，讲述电动机控制电路故障诊断及排除办法。

1. 详细了解故障现象

电气检修人员需要向运行操作人员详细了解故障发生时的运行工况，综合判断故障类型。

电动机不能启停时：了解电动机的启停操作是顺控操作还是手动操作；该电动机是否与其他设备联锁；启停操作条件是否具备；启停逻辑有没有修改；该电动机上次正常启动或停运的时间；启动操作时电动机是否有带电迹象及是否有转动趋势；启停操作时电动机或控制柜是否有异音、冒烟现象；相邻设备操作是否正常（特别是布置在同一配电段或同一配电柜的其他设备）等。

电动机运行中跳闸时：了解发生故障时电动机的工作状态以及是否有其他操作；当时是否有其他设备的启停操作；跳闸前后电动机是否有异常现象；该电动机以前是否出现过同类故障等。

DCS 故障信息查询：查看 SAMA 图，确认该电动机启停条件是否满足；运行中跳闸时，查看 DCS 画面是否有报警信息，如控制回路断线、保护动作、低电压报警等，可直接依据报警信息判断故障点；查阅电动机运行历史曲线，查看控制电源电压、配电段电压、电动机运行电流等是否正常，从而判断配电装置、电动机本体或负载是否正常。

排除一次回路或机械、负载故障后，再检查控制回路（二次回路）问题。

2. 查阅图纸，分析故障原因

根据了解的相关信息，查阅电动机控制电路图，分析可能的故障点或故障模块，判断是控制故障还是保护动作；是开关本身故障还是现场行程开关、联锁机构故障；是就地开关故障还是远方设备（DCS）故障，逐步缩小范围，快速排除故障。

3. 检查故障部位（断电检查）

为确保安全，检查电动机控制电路故障时，需办好工作票，将远方/就地旋钮旋至“就地”位置，断开电源，抽出开关模块，现场检修或拿到电气检修工作台检修。

检修步骤及方法如下：

（1）使用毛刷和压缩空气清理开关内部灰尘。

（2）查看抽屉开关一次、二次插头有无松动，有无烧蚀痕迹。

（3）检查抽屉开关内线路有无脱落、虚接。

（4）检查主要控制回路是否正常：

1）检查控制回路断路器（QF1）状态，分闸、合闸位置时，通断是否正常。

2）查看热继电器（FR）是否动作、定值是否与定值单一致；复位后，接入回路的动断触点是否接通。热继电器复位方式应设置为手动复位。

3）拆下二次回路熔断器（FU1），检查通断情况。

4）使用万用表测量控制电源电压是否正常；当本段或本柜设备均不能正常启停操作时，重点检查控制电源电压是否正常，排除交流、直流控制电源或控制小母线故障。

5）检查启停按钮接线、触点通断是否正常。测量停止按钮（SB2）是否接通，按下时是否断开；测量启动按钮（SB1）是否断开，按下时是否接通。

（5）检查辅助控制回路是否正常：

测量就地/远方转换开关（ST1）接线、触点通断是否正常。

测量试验/工作转换开关（SL）接线、通断是否正常。

（6）检查“执行”元件是否正常：

测量交流接触器（KM）、中间继电器（K1、K2）线圈和相关触点的接线与通断情况。

驱动机械带有行程开关、压力开关等联锁控制元件的，还需排除就地设备故障。

4. 检查故障部位－通电检查

经断电检查，确已排除接地、短路、接触器或继电器线圈烧毁故障后，可接入控制电源，通电检查、排除故障。

（1）通电后，将开关操作模式置“就地”“试验”位，按下启动按钮（SB1），观察接触器是否动作，按下停止按钮（SB2），观察接触器是否分开；若接触器动作不正常，测量1、N之间电压应为220 V，之后使用绝缘导线，短接1和9；若接触器吸合，则可依次短接1-9之间的动断、动合触点，逐步排除故障点。

（2）若“就地”位置试验正常，则应将开关操作模式置“远方”“工作”位，依次短接A7、A3和A11、A33，检查分闸、合闸操作是否正常；若以上操作正常，则应从DCS继电器输出端短接，以排除控制电缆故障，并检查DCS继电器动作和触点吸合情况（继电器可能不吸合，或继电器触点脱落、氧化，不能通电）。

（3）若就地操作正常，也排除了 DCS 逻辑及其继电器故障后，仍不能远方操作，则需使用校线灯或万用表测量控制电缆是否断线、二次插件是否损坏或接触不良，检查柜内端子排接线有无松动，可连端子连片或端子短接线是否压紧。

5. 带电试运

故障排除后，将开关推入，置“就地”“试验”位，操作正常后，再从 DCS 操作，待指令、反馈均正常后，方可置工作位、合上断路器，恢复运行。

总之，电动机控制电路故障排除应遵循先“一次后二次”“先就地后远方”“先分析后检查”“先手动后自动”的原则，由大面到细节，逐步排查。

第四节　变频器的维护与检修

变频器是利用电力半导体器件的通断作用来改变交流电动机工作电压的频率和幅度，以达到平滑控制交流电动机速度、转矩的效果，在稳压供水、电梯、风机水泵、起重设备等方面得到了广泛运用。在脱硫系统中，浆液循环泵、干磨风机、振动给料机、工艺水泵等设备都有应用变频控制技术，本节将对常用于交流电动机的变频器原理、维护、检修、常见故障处理做系统的介绍。

一、结构与工作原理

变频器分为交－交和交－直－交两种形式。交－交变频器可将工频交流直接变换成频率、电压均可控制的交流，又称直接式变频器；而交－直－交变频器则是先把工频交流通过整流器变成直流，然后再把直流变换成频率、电压均可控制的交流，又称间接式变频器。本节主要讲解通用的交－直－交变频器（以下简称变频器）。

1. 变频器的结构

变频器的结构如图 8-8 所示，变频器主要由整流（交流变直流）、滤波、逆变（直流变

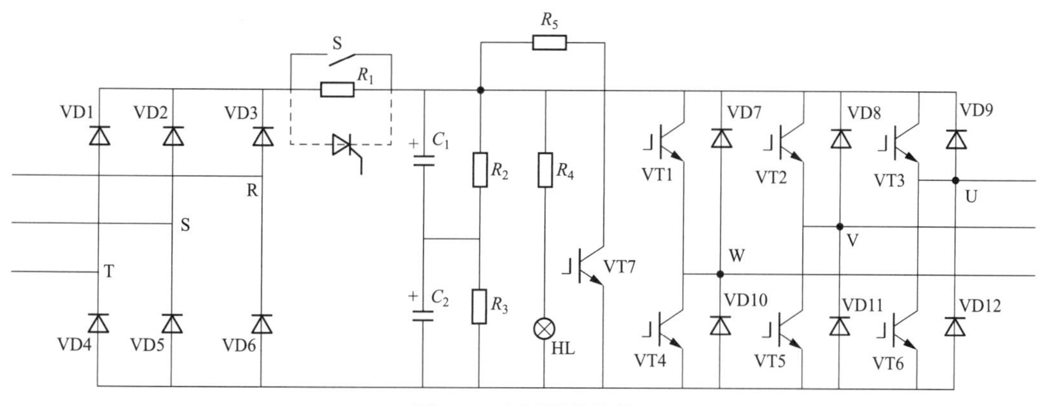

图 8-8　变频器的结构

交流）、制动单元驱动单元，检测单元微处理单元等组成，变频调速范围大，静态稳定性能好，运行效率高。

变频器的各部分功能如下：

（1）整流器。电源侧的变流器是整流器，由 VD1～VD6（三相桥式二极管整流器）组成，作用是把三相（也可以是单相）交流电整流成脉动直流电。

（2）滤波电路。滤波电路由电容 C1、C2、电阻 R1、R2、R3 组成，作用是把脉动直流电变为较平滑的直流电，暂存逆变反馈的能量（负载由电动机变为发电机状态）。

（3）逆变器。负载侧的变流器为逆变器。逆变器最常见的结构形式是利用六个半导体主开关器件 VT1～VT6、VD7～VD12 组成的三相桥式逆变电路。

（4）制动单元。制动单元由 VT7、R5 组成。当电动机制动时，回馈电流通过 VD7～VD12 给 C1、C2 充电；当电容两端电压升到一定程度时，控制 VT7 导通，电容通过 R5 和 VT7 放电，电阻发热消耗能量，电容两端电压降低，电动机制动完成。

（5）接线端子。

输入端子：R、S、T，连接电源。

输出端子：U、V、W，连接电动机。

（6）控制电路。控制电路常由电源电路、运算电路、检测电路、控制信号的输入、输出电路和驱动电路和操作面板构成。控制电路的主要任务是完成对逆变器的开关控制、对整流器的电压控制以及完成各种保护功能等控制方法，可以采用模拟控制或数字控制。高性能的变频器目前已经采用微型计算机进行全数字控制，采用尽可能简单的硬件电路，主要靠软件来完成各种功能，因而数字控制方式常可以完成模拟控制方式难以完成的功能。

（7）操作面板。操作面板包括键盘及显示屏。用来输入和查看设备参数、控制定值、运行数据等。

2. 变频调速的基本原理

变频调速的实现方式是通过改变异步电动机的供电频率，改变其同步转速 n_1，实现调速运行。异步电动机的同步转速，即旋转磁场的转速为

$$n_1=60f_1/n_p \tag{8-1}$$

式中　n_1——同步转速，r/min；

f_1——定子频率，Hz；

n_p——磁极对数。

而异步电动机的轴转速为：

$$n=n_1(1-s)=60f_1(1-s)/n_p \tag{8-2}$$

式中　s——异步电动机的转差率，$s=(n_1-n)/n_1$。

可见，改变异步电动机的供电频率，可以改变其同步转速，实现调速运行。

二、变频器的维护与检修

变频器内有较多的电子元件和大功率器件，经常受到工作环境的影响，造成积灰、受潮而导致的散热不良、绝缘损坏、元件损坏等故障，必须做好日常维护和定期检修工作。

1. 变频器的日常检查与维护

（1）检查变频器铭牌是否完好。

（2）检查变频器本体及变频柜内的风扇运转正常，无异音异味，通风顺畅。

（3）定期查变频器柜内是否有虫鼠活动的痕迹，定期进行诱杀。

（4）检查变频器的清洁程度，使用清洁干布擦掉灰尘和油迹，较为顽固的污渍可使用专用的电气清洗剂清洗。

（5）为了消除积尘对变频器绝缘性能的影响，定期做好变频器的保洁除尘工作。

（6）查看变频器的进出线端子无损伤、无歪斜或无放电现象及痕迹，母线固定卡子无脱落。

（7）电缆芯线和所配导线的端部均应标明其回路编号，编号应正确，字迹清晰且不易脱色。

（8）变频器内部所有接线应无过热，元器件、插件的固定螺栓应无松动和锈蚀；元器件、插件应清洁，无损伤和过热，插件及控制板上的电子元件应无脱焊、虚焊、过热、老化现象，功能参数符合说明书要求。

（9）高压变频器电压表、电流表、干式变压器温度表、高压带电指示装置等表计指示正常；所有开关完好无损且动作灵活、可靠；整流干式变压器运行正常，绕组温度正常，无异常声音。

（10）变频器整定值准确。

（11）模拟保护动作时，信号显示系统应显示正确，报警电路应可靠报警。

2. 变频器 C/D 级检修项目及质量标准

脱硫系统高低压变频器的 C/D 级检修一般随机组计划性检修进行，每年进行一次，变频器 C/D 级检修项目与检修工艺及质量标准见表 8-2。

表 8-2　　变频器 C/D 级检修项目与检修工艺及质量标准

项目	检修项目	检修工艺及质量标准
检修前准备	执行安全措施	根据工作内容做好母线停电、二次回路停电、运行区域隔离等安全措施
变频器卫生清扫	清扫变频器本体及内部设备卫生	（1）用吸尘器与毛刷清扫变频器外壳。 （2）将变频器外壳打开，用吸尘器、电动吹风机与毛刷清扫变频器内部电路板的灰尘及杂物。 （3）用吸尘器、电动吹风机与毛刷清扫变频器散热板、散热风扇上的积灰

续表

项目	检修项目	检修工艺及质量标准
低压变频柜盘柜卫生清扫	清扫柜体及内部设备卫生	（1）用吸尘器与毛刷清扫柜体内部电气设备灰尘及杂物。 （2）用吸尘器、电动吹风机与毛刷清扫柜体、母线、接线端子的灰尘。 （3）紧固柜内电气设备的接线螺钉
高压变频器柜组卫生清扫	（1）清扫柜体及内部设备卫生。 （2）控制元件、回路检查。 （3）整流变压器及功率模块内部设备卫生	（1）将清扫过的高压开关及接线用干净的白布擦拭干净。 （2）用吸尘器与毛刷清扫整流变压器内部灰尘及杂物本体无发热痕迹，紧固接线螺栓。 （3）检查各功率模块固定牢固、外观良好；检查确认连接导线压接牢固。 （4）检查二次线路外观无破损变形、发热痕迹，螺栓紧固，线束固定可靠
变频柜内通风机检查	（1）通风机外观检查。 （2）控制回路检查	（1）使用毛刷清扫，白布擦拭干净。 （2）检查通风机固定牢固、外观良好无破损。 （3）控制线路无松动
电缆检查	（1）动力电缆检查。 （2）防火封堵检查	（1）查看动力电缆接头、电流互感器等应无裂纹和放电痕迹，紧固一次、二次接线。 （2）敲击盘柜底部防火隔板固定可靠，穿电缆孔洞封堵应严密，防火泥密实无空鼓；检查柜外电缆防火涂料厚度大于 1 mm，目视长度应大于 1.5 m
接地	（1）接地线检查。 （2）接地电阻检测	（1）紧固开关柜门接地线、电缆屏蔽接地线、柜体接地线应完好、压紧。 （2）开关柜整体接地电阻小于 4 Ω
绝缘检测	绝缘检测	用 500 V 绝缘电阻表测量一次、二次回路绝缘电阻值应大于 1 MΩ；变频器严禁使用绝缘电阻表测量本体进出线端子
变频器内部定值	定值核对	按照定值清单核对变频器定值

3. 变频器 A/B 级检修项目及质量标准

脱硫系统高低压变频器的 A/B 级检修一般随机组计划性检修进行，每五年进行一次，除执行 C/D 级检修的全部项目外，主要是增加了高压变频器的预防性试验项目。需要执行的变频器 A/B 级检修项目与检修工艺及质量标准见表 8-3。

表 8-3　　变频器 A/B 级检修项目与检修工艺及质量标准

项目	检修项目	检修工艺及质量标准
高压变频器内部开关预防性试验	开关预防性试验	变压器等预防性试验符合 DL/T 596—2021《电力设备预防性试验规程》的要求
高压变频器内部变压器预防性试验	变压器预防性试验	断路器、母线、电流互感器、电压互感器、避雷器等预防性试验符合 DL/T 596—2021《电力设备预防性试验规程》的要求

三、变频器的常见异常、故障分析处理

1. 变频器过电流

变频器过电流故障可分为加速、减速、恒速过电流，可能是由于变频器的加减速时间太短、负载发生突变、负荷分配不均，输出短路等原因引起的。这时一般可通过延长加减速时间、减少负荷的突变、外加能耗制动元件、进行负荷分配设计、对线路进行检查等来解决。如果断开负载变频器还是过电流故障，说明变频器逆变电路已坏，需要更换变频器。

根据变频器显示的故障代码，可从以下几方面寻找原因：

（1）电动机遇到冲击负载或传动机构出现“卡住”现象，引起电动机电流的突然增加。

（2）变频器输出侧发生短路，如输出端到电动机之间的连接线发生相互短路，或电动机内部发生短路等、接地（电动机烧毁、绝缘劣化、电缆破损而引起的接触、接地等）。

（3）变频器自身工作不正常，如逆变桥中同一桥臂的两个逆变器件在不断交替的工作过程中出现异常。如环境温度过高，或逆变器元器件本身老化等原因，使逆变器的参数发生变化，导致在交替过程中，一个器件已经导通、而另一个器件却还未来得及关断，引起同一个桥臂的上、下两个器件的“直通”，使直流电压的正、负极间处于短路状态。

解决办法：

1）针对启动中的过电流，可以检查：

盘动工作机械查看是否卡涩；负载侧有无短路、接地故障；变频器功率模块有无损坏；启动转矩设置是否过小，拖动系统转不起来。

2）针对升速、降速时过电流，可以检查：

升速时间设定是否太短，延长加速时间；减速时间设定太短，延长减速时间；转矩补偿（U/f 比）设定太大，引起低频时空载电流过大；电子热继电器整定不当，动作电流设定得太小，引起变频器误动作。

2. 变频器过电压

整流电路后的直流电压超过电压设定值，变频器控制系统报过电压保护动作。过电压保护主要有三种现象：加速时过电压、减速时过电压和恒速时过电压。过电压报警一般是出现在停机的时候，其主要原因是减速时间太短或制动电阻及制动单元有问题。

变频器的过电压集中表现在直流母线的电压上。正常情况下，低压变频器直流电为三相全波整流后的平均值，若以 380 V 线电压计算，则平均直流电压 U_d=1.35U_L=513 V；在过电压发生时，直流母线的储能电容将被充电，当电压上至 760 V 左右时，变频器过电压保护动作。因此，变频器都有一个正常的工作电压范围，当电压超过这个范围时很可能损坏变频器。常见的过电压主要是发电制动时的过电压，这种情况出现的概率较高。

3. 变频器欠电压

欠电压也是使用中经常碰到的问题。电源电压降低后，主电路直流电压若降到欠电压检测值以下，保护功能动作；另外，电压若降到不能维持变频器控制电路的工作，则全部保护功能自动复位（检测值：DC400 V）。当出现欠电压故障时，首先应该检查输入电源是否缺相，如无问题则检查整流回路、直流检测电路是否存在问题了。若主回路电压太低（380 V 系列低于 400 V），主要原因是整流桥某一路损坏或晶闸管三相电路中有一相工作不正常，其次主回路断路器、接触器损坏也会导致欠电压。电压检测电路发生故障及变频器故障或噪声引起的误动作造成主电路直流端（P、N 之间）超过了检测值的问题，需联系变频器厂家处理。

4. 变频器过热

过热是经常会碰到的一个故障。当遇到这种情况时，首先必须考虑散热风扇是否运转，观察机器外部就会看到风扇是否运转。对于 30 kW 及以上的较大功率变频器内部也带有一个散热风扇，此风扇的损坏也会导致过热的报警。根据内部的设定值，变频器停止输出，电动机过热时，可以修正负载的大小、加减速时间长短、运行周期时间间隔、修正 *V*/F 特性、确认从端子 A1/A2 输入的电动机温度在许可范围。

5. 整流模块损坏

整流模块损坏一般是由于电网电压或内部短路引起。在排除内部短路情况下，发生整流模块损坏需要更换整流桥。

6. 逆变模块损坏

逆变模块损坏一般是由于电动机或电缆损坏及驱动电路故障引起。如果发生逆变模块损坏，在修复驱动电路之后，测驱动波形良好状态下，则需要更换模块。在现场服务中更换驱动板之后，还必须注意检查电动机及连接电缆；在确定无任何故障下，方可运行变频器。

7. 上电后无显示

上电后无显示一般是由于开关电源损坏或软充电电路损坏使直流电路无直流电引起，如启动电阻损坏，也有可能是面板损坏。

8. 上电后显示即过电压或欠电压

上电后显示即过电压或欠电压一般由于输入电源缺相、电路老化及电路板受潮引起。

如果发生上电后显示即过电压或欠电压现象，需找出其电压检测电路及检测点，更换损坏的器件。

9. 上电后显示过电流或接地短路

上电后显示过电流或接地短路一般是由于电流检测电路损坏，如霍尔元件、运算放大器等。

10. 空载输出电压正常，带载后显示过负荷或过电流

空载输出电压正常，带载后显示过负荷或过电流一般是由于参数设置不当或驱动电路老化，模块损伤引起。

第九章　继电保护及自动装置

第一节　概　　述

脱硫高低压配电系统普遍采用双电源单母线分段结构，高压电源切换时间在 100 ms 以内，配置电源快速切换装置；低压电源切换时间在 1000 ms 以内，配置备用电源自动切换装置。脱硫配电系统的高低压电动机、变压器、电缆依据 GB/T 14285—2006《继电保护和安全自动装置技术规程》配套相应继电保护装置。

随着电子科学技术的不断进步，继电保护装置的选择性、快速性、灵敏性和可靠性得到了极大提高。微机型继电保护装置同时集测量、控制、监视、保护、通信等多种功能于一体，已成为电气设备继电保护装置的主流配置。备用电源自动投入自动装置的发展与继电保护装置的演进是同步的，脱硫配电系统已经广泛配置微机型 / 智能型备用电源自动投入装置。

对于仍在使用的电磁型、整流型、集成电路型保护装置，由于使用的范围和数量较少，本章不再讲述。

第二节　脱硫电气系统保护装置的结构及工作原理

一、微机型保护装置结构及工作原理

微机保护装置由硬件系统和软件系统两部分组成。硬件系统由六个功能单元构成：数据采集单元、CPU 处理单元、开关量输入输出单元、开关电源单元、通信接口单元和人机对话单元；软件系统分为监控程序和运行程序两部分。

1. 硬件系统

（1）数据采集单元。

数据采集单元的作用是将电流互感器的二次电流模拟量信号和电压互感器二次电压模拟量信号变换为数字量信号。数据采样方模式分为逐次逼近采样和压频转换积分式采样两种。

1）采用逐次逼近（A/D）数据采集单元由电压量调整回路、模拟低通滤波器、采样保持器、多路转换开关、A/D 芯片构成，A/D 采样单元原理框图如图 9-1 所示。

逐次逼近式的模数变换电路有两项重要技术指标，其一是 A/D 转换精度，输出的数字量位数越多，分辨率越高，转换的数字量舍入误差越小，A/D 转换精度越高；其二是 A/D

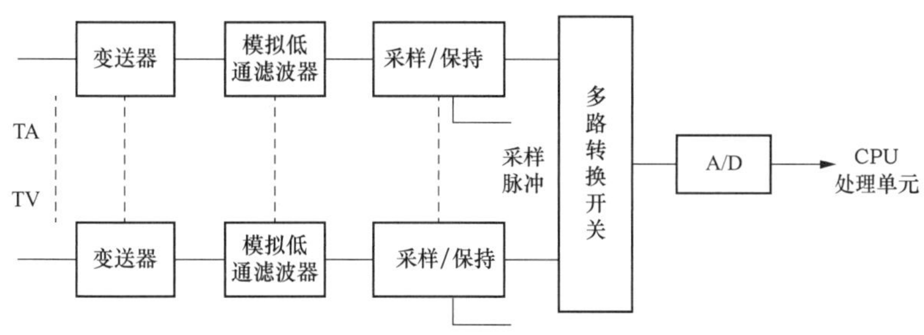

图 9-1 A/D 数据采集单元原理框图

转换速度，指模数转换器完成一次将模拟量转换为数字量所需要的时间。通常分辨率越高，转换速度就相对降低。

2）电压频率变换式（VFC）数据采集单元由电压调整回路、浪涌吸收器、电压 / 频率变化变换器 VFC、光电隔离器、计数器组成。VFC 数据采集单元框图如图 9-2 所示。

图 9-2 VFC 数据采集单元原理框图

（2）开关量输入 / 输出单元。保护装置的开关量输入信号分为内部开关量和外部开关量两类，内部开关量是保护装置内部触点状态的开关量；外部开关量指从保护装置外部通过接线端子接入微机的反映外部信号的开关量。开关量输入 / 输出电路由整形、延时、光电隔离部分组成，内部 / 外部开关量输入回路如图 9-3 所示，开关量输出回路如图 9-4 所示。

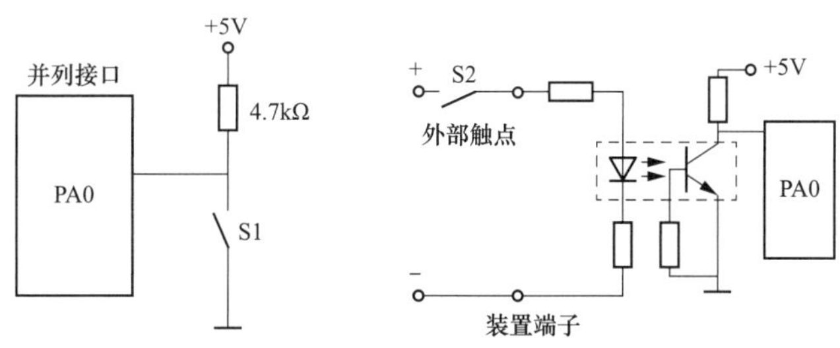

图 9-3 内部 / 外部开关量输入回路

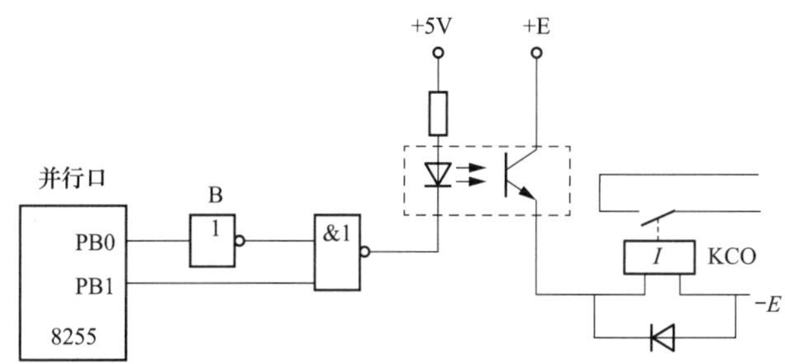

图 9-4 开关量输出回路

（3）CPU 处理单元。CPU 处理器与外围芯片、存储器共同构成了保护测量运算逻辑判断等功能硬件，CPU 内部程序完成电流 / 电压输入量的处理，完成保护决策。

（4）开关电源单元。保护装置采用开关电源以适应电源电压宽幅变化，电源电压为交直流 220 V，电源向内部的芯片供电电源为 ±5 V，继电器电源为 ±24 V。开关电源典型电路如图 9-5 所示。

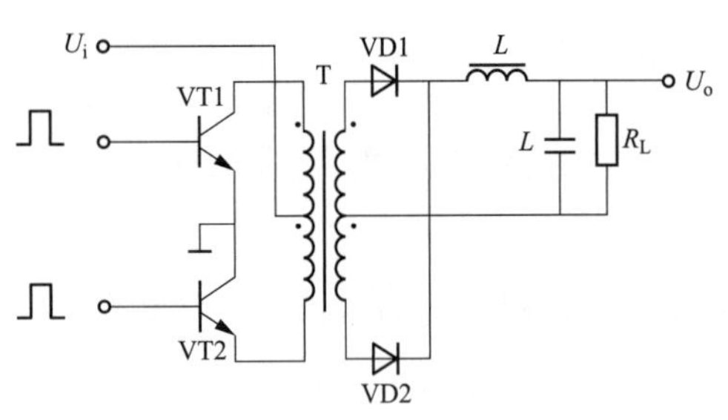

图 9-5　开关电源的典型电路

（5）人机对话单元。人机对话单元（人机接口）是指人与计算机之间建立联系、交换信息的输入 / 输出设备的接口，这些设备包括键盘、显示器、打印机、鼠标等。

（6）通信接口单元。保护装置与外设的通信采用并行和串行两种通信方式，串行 / 并行通信接口结构图如图 9-6 所示。保护装置的串行接口 RS232 串行接口，传输速度低，但传输通信距离可达 1200 m；保护装置配置的并行接口是 25 针 D 型接口，打印机端是 36 针弹簧式接口，传输速度快，但是传输距离短。

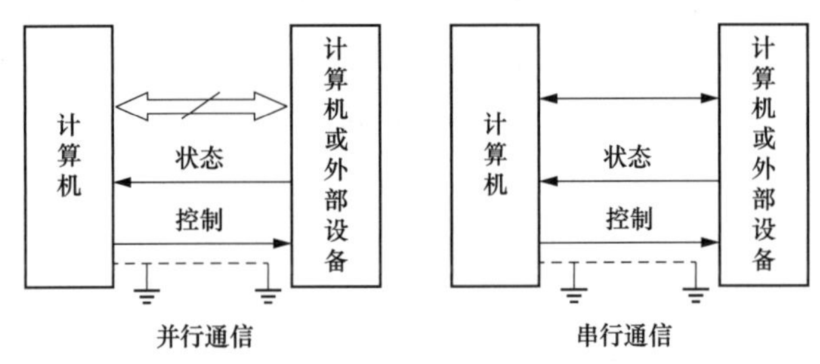

图 9-6　串行 / 并行通信接口结构图

2. 软件系统

（1）监控程序包括人机对话键盘命令处理程序及插件调试、定值整定、报告显示等所配置的程序。

（2）运行程序分为主程序和中断服务程序两部分。主程序包括初始化、全面自检、开放及等待中断服务程序等；中断服务程序包含采样中断，用于数据采集与处理、保护启动判定。中断服务程序包含故障处理子程序，在保护启动后才投入，用于进行保护特性计算，判断故障性质等，主程序框图如图 9-7 所示，中断程序框图如图 9-8 所示。

3. 外观结构

保护装置采用金属外壳屏蔽外部电磁干扰，通常采用 6U、19/3 in 标准铝合金机箱，整体嵌入式安装。显示面板安装在前方，电源插件、I/O 插件、CPU 插件、交流插件采用后插安装方式。保护装置外形图如图 9-9 所示，保护装置端子排图如图 9-10 所示。

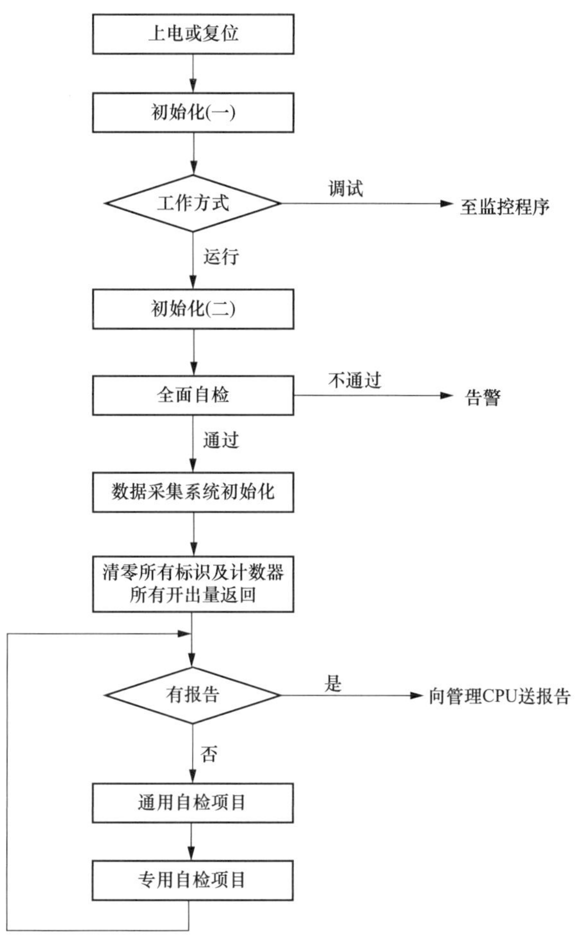

图 9-7 主程序框图

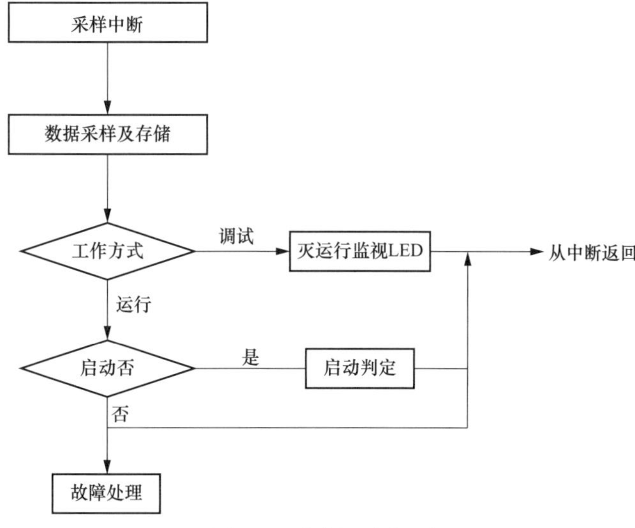

图 9-8 中断程序框图

图 9-9　保护装置外形图

4. 保护装置技术参数

（1）保护装置交直流输入电源电压为 86～265 V。

（2）保护装置输入的交流电压电流回路的电压等级一般选择 100/ $\sqrt{3}$ V 或 100 V。电流回路额定电流一般选择 1 A 或 5 A。电流回路过负荷能力为 2 倍额定电流连续工作；10 倍额定电流允许 10 s；40 倍额定电流允许 1 s。

（3）保护装置定值最大整定范围如下：

电压元件：1～120 V。

电流元件：0.1～$20I_n$。

时间元件：0.00～100.00 s。

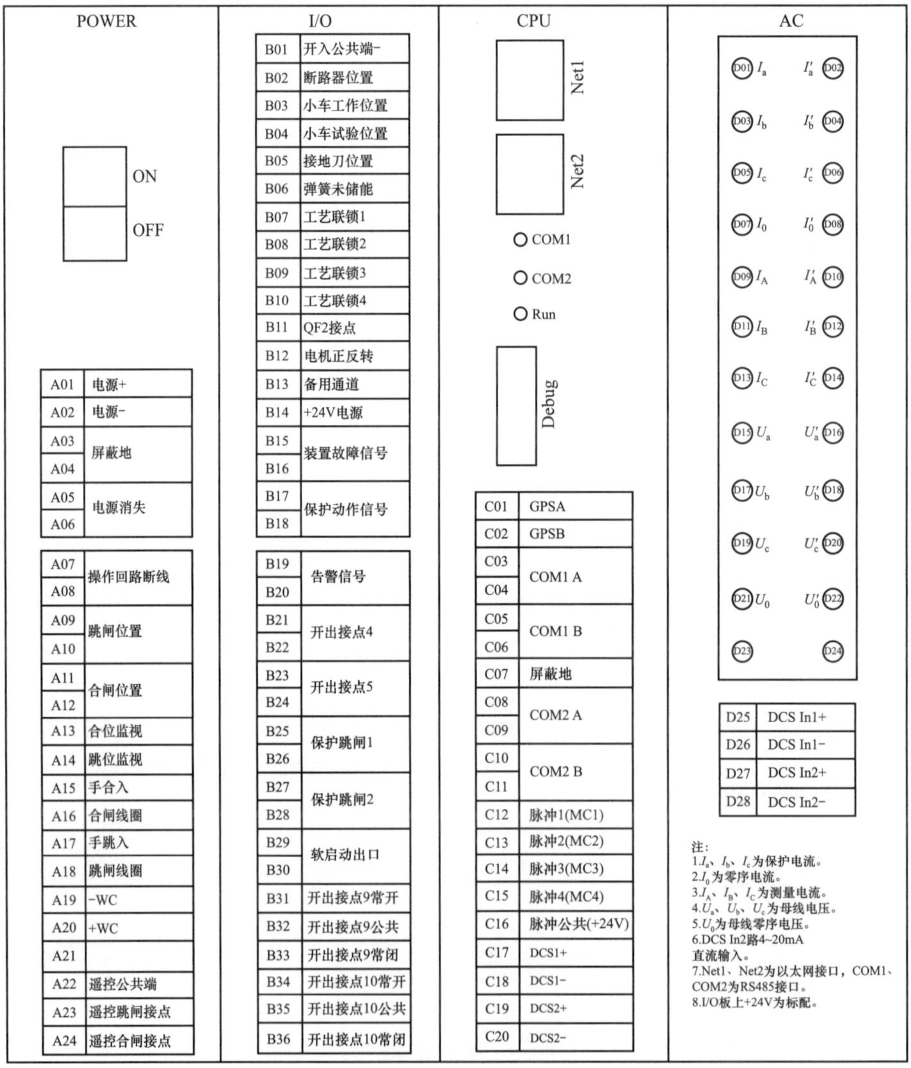

POWER

ON / OFF

端子	名称
A01	电源+
A02	电源-
A03	屏蔽地
A04	
A05	电源消失
A06	
A07	操作回路断线
A08	
A09	跳闸位置
A10	
A11	合闸位置
A12	
A13	合位监视
A14	跳位监视
A15	手合入
A16	合闸线圈
A17	手跳入
A18	跳闸线圈
A19	-WC
A20	+WC
A21	
A22	遥控公共端
A23	遥控跳闸接点
A24	遥控合闸接点

I/O

端子	名称
B01	开入公共端-
B02	断路器位置
B03	小车工作位置
B04	小车试验位置
B05	接地刀位置
B06	弹簧未储能
B07	工艺联锁1
B08	工艺联锁2
B09	工艺联锁3
B10	工艺联锁4
B11	QF2接点
B12	电机正反转
B13	备用通道
B14	+24V电源
B15	装置故障信号
B16	
B17	保护动作信号
B18	
B19	告警信号
B20	
B21	开出接点4
B22	
B23	开出接点5
B24	
B25	保护跳闸1
B26	
B27	保护跳闸2
B28	
B29	软启动出口
B30	
B31	开出接点9常开
B32	开出接点9公共
B33	开出接点9常闭
B34	开出接点10常开
B35	开出接点10公共
B36	开出接点10常闭

CPU

Net1

Net2

COM1

COM2

Run

Debug

端子	名称
C01	GPSA
C02	GPSB
C03	COM1 A
C04	
C05	COM1 B
C06	
C07	屏蔽地
C08	COM2 A
C09	
C10	COM2 B
C11	
C12	脉冲1(MC1)
C13	脉冲2(MC2)
C14	脉冲3(MC3)
C15	脉冲4(MC4)
C16	脉冲公共(+24V)
C17	DCS1+
C18	DCS1-
C19	DCS2+
C20	DCS2-

AC

端子	名称	名称	端子
D01	I_a	I'_a	D02
D03	I_b	I'_b	D04
D05	I_c	I'_c	D06
D07	I_0	I'_0	D08
D09	I_A	I'_A	D10
D11	I_B	I'_B	D12
D13	I_C	I'_C	D14
D15	U_a	U'_a	D16
D17	U_b	U'_b	D18
D19	U_c	U'_c	D20
D21	U_0	U'_0	D22
D23			D24

端子	名称
D25	DCS In1+
D26	DCS In1-
D27	DCS In2+
D28	DCS In2-

注：
1.I_a、I_b、I_c为保护电流。
2.I_0为零序电流。
3.I_A、I_B、I_C为测量电流。
4.U_a、U_b、U_c为母线电压。
5.U_0为母线零序电压。
6.DCS In2路4~20mA 直流输入。
7.Net1、Net2为以太网接口，COM1、COM2为RS485接口。
8.I/O板上+24V为标配。

图 9-10　保护装置端子排图

定值误差：电流 / 电压值小于或等于 ±3% 整定值；频率定值小于或等于 ±0.02 Hz。

整组时间：2 倍整定值，小于或等于 45 ms。

（4）保护装置环境标准为环境温度 –20 ℃～+55 ℃，相对湿度不大于 80%。

二、电动机保护

1. 启动时间过长保护

电动机启动过程中，相电流从零开始超过 10%I_e（I_e 为电动机额定电流）时到相电流下降到 120% 小于或等于为止的时间称为电动机启动时间（T_{start}），电动机启动过程中电流变化如图 9-11 所示。当 T_{start} 超过整定的电动机启动时间时，保护动作于跳闸。根据负载特性的差异，电动机启动时间也不相同。保护装置电流回路原理图如图 9-12 所示。

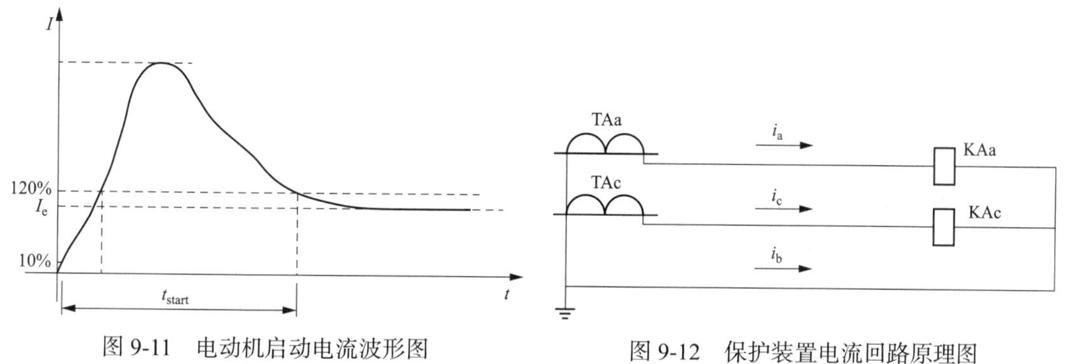

图 9-11 电动机启动电流波形图

图 9-12 保护装置电流回路原理图

2. 两段式速断保护

两段式速断保护的动作逻辑如图 9-13 所示。电动机启动过程中速断高值保护投入，可以防止因启动电流过大而引起误动，正常运行时速断低值保护投入，运行保护有较高的灵敏度。

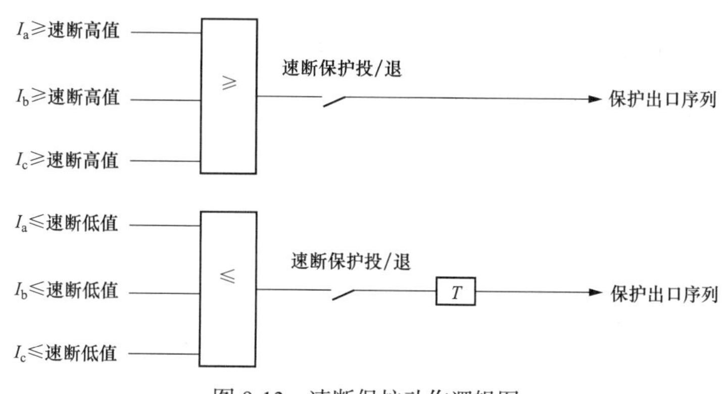

图 9-13 速断保护动作逻辑图

3. 负序过电流保护

负序过电流保护分为负序定时限过电流保护和负序反时限过电流保护，在电动机为反相、断相、匝间短路以及较严重的电压不对称等异常运行状况时提供保护。负序过电流保护的动作逻辑如图 9-14 所示。

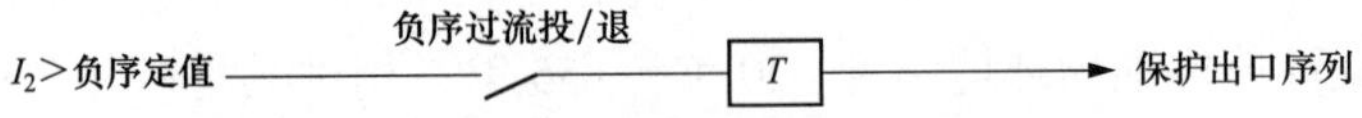

I_2>负序定值　负序过流投/退　T　保护出口序列

图 9-14　负序定时限过电流保护动作逻辑图

负序保护一般采用式（9-1）～式（9-4）的反时限曲线方程，I_p 为负序反时限过电流启动电流定值；τ_p 为负序反时限过电流时间常数。

一般反时限
$$t=\frac{0.14}{(I/I_\text{P})^{0.02}-1}\tau_\text{P} \tag{9-1}$$

非常反时限
$$t=\frac{13.5}{(I/I_\text{P})-1}\tau_\text{P} \tag{9-2}$$

极端反时限
$$t=\frac{80}{(I/I_\text{P})^{2}-1}\tau_\text{P} \tag{9-3}$$

长反时限
$$t=\frac{120}{(I/I_\text{P})-1}\tau_\text{P} \tag{9-4}$$

4. 接地（零序过电流）保护

电动机的接地保护采用零序电流互感器获取电动机的零序电流，当电流超过整定值时，经过延时启动保护出口，保护可以选择跳闸或发信。零序定时限过电流保护动作的动作逻辑如图 9-15 所示。

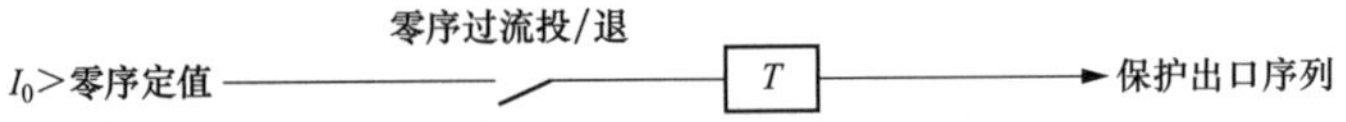

I_0>零序定值　零序过流投/退　T　保护出口序列

图 9-15　零序过电流保护动作逻辑图

5. 过负荷保护

电动机启动时保护闭锁退出；电动机进入运行状态时，保护投入，任一相电流超过整定值时，延时后启动出口，过负荷保护可以选择跳闸或发信。零序定时限过电流保护动作的动作逻辑如图 9-16 所示。

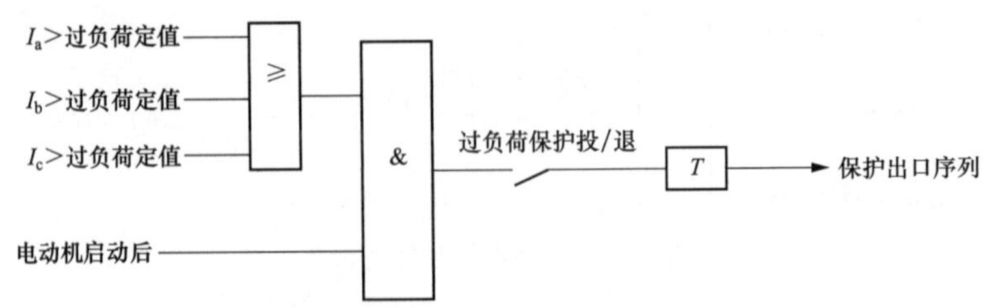

图 9-16　过负荷保护动作逻辑图

6. 过热保护

电动机过热保护的判据如式（9-5）：

$$t=\frac{\tau_1}{K_1(I_1/I_e)^2+K_2(I_2/I_e)^2-1.05^2} \tag{9-5}$$

式中 t——保护的动作时间，s；

τ_1——电动机的过热时间常数，对应于电动机的过负荷能力，s；

I_1——电动机实际运行电流的正序分量，A；

I_2——电动机实际运行电流的负序分量，A；

I_e——过热保护启动电流定值（电动机二次额定电流值）；

K_1——电动机正序发热系数，正常取 1；

K_2——电动机负序发热系数在 0～1 范围内选取，正常取 6。

保护设置报警和跳闸两种出口方式，过热报警值在跳闸值 30%～100% 选择。保护跳闸后，保护装置按照设定的散热时间常数进行散热计时，电动机散热至跳闸值的 40% 时，闭锁解除，允许电动机再启动。电动机需要紧急启动时，可通过“复归”按钮解除过热保护闭锁。

7. 欠载保护

欠载保护为欠电流保护，电动机启动过程中闭锁，运行中三相电流全部低于整定值，经过延时保护出口。欠载保护的动作逻辑如图 9-17 所示。

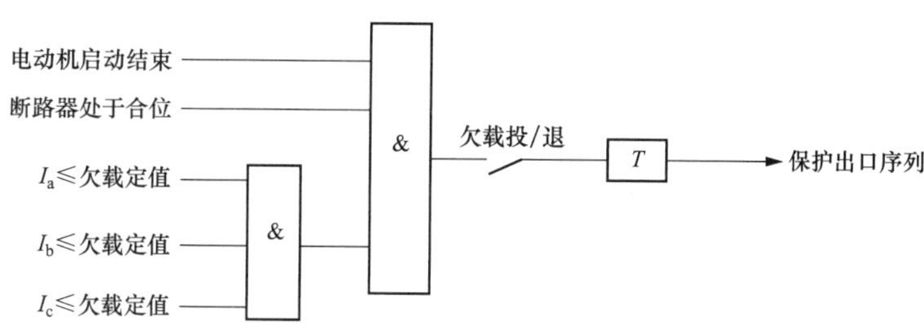

图 9-17 欠载保护动作逻辑图

8. 低电压保护

保护装置比较最大线电压值，若低于整定值并达到整定延时时，保护动作于跳闸，保护经开关位置闭锁、TV 断线闭锁。低电压保护的动作逻辑如图 9-18 所示。

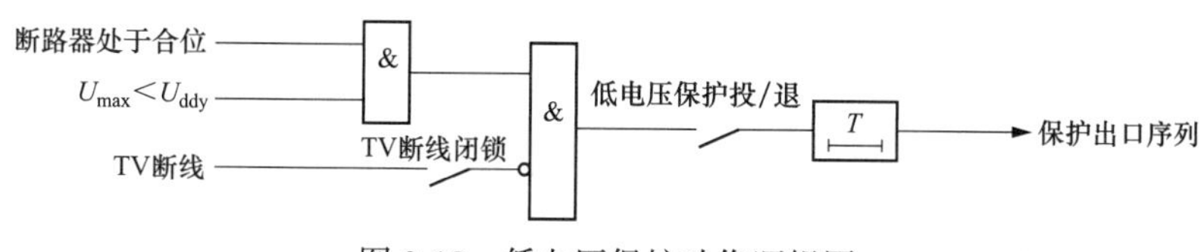

图 9-18 低电压保护动作逻辑图

9. 过电压保护

保护装置比较最大线电压值，若高于整定值并达到整定延时时，保护动作于跳闸。保护经开关位置闭锁。过电压保护的动作逻辑如图 9-19 所示。

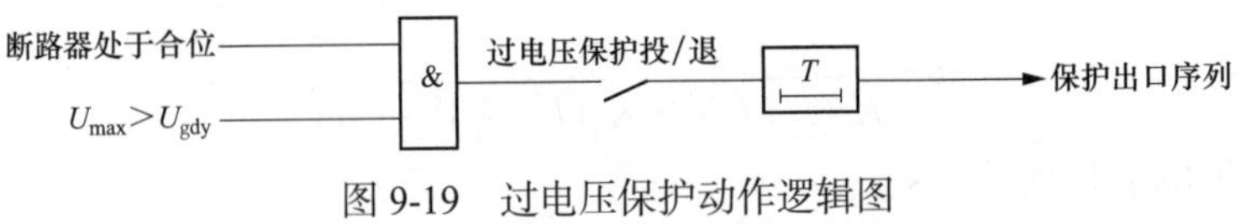

图 9-19 过电压保护动作逻辑图

10. TV 断线

TV 断线闭锁功能投入时，如果 TV 断线，闭锁低电压保护和复合电压元件、电流方向元件。TV 断线保护的动作逻辑如图 9-20 所示。

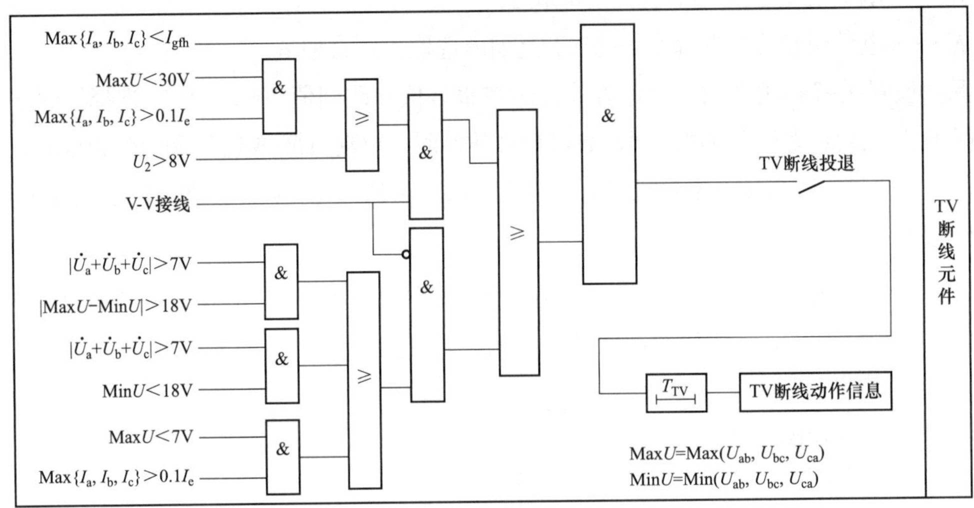

图 9-20 断线动作逻辑图

V-V 方式保护动作逻辑，最大相电流值小于最大负荷电流（取过负荷电流定值）；最大相间电压小于 30 V；任意一相电流大于 $0.1I_e$；负序电压大于 8 V。满足以上任一条件延时报 TV 断线，断线消失后返回。

Y-Y 方式保护动作逻辑，最大相电流值小于最大负荷电流（取过负荷电流定值）；$|U_a+U_b+U_c|>7$ V 时；且最大线电压和最小线电压的模差大于 18 V 时，判一相或两相 TV 断线；$|U_a+U_b+U_c|>7$ V，最小线电压小于 18 V。用于检测两相断线。

三、变压器保护

1. 比例制动式纵联差动保护

变压器差动保护的原理是比较变压器高压侧、低压侧电流的大小和相位。变压器纵差保护单相原理图如图 9-21 所示，在变压器高压、低压两侧各装设一组电流互感器，两侧电流互感器一次侧极性均置于母线侧，将两侧电流互感器的二次侧同极性侧线路连接保护装置的同极性端子，就构成了变压器纵联差动保护。

当变压器运行或区外故障时，流过保护装置电流按照式（9-6）计算：

$$\dot{I}_K=\dot{I}_2\dot{I}_2'=\dot{I}_K'\approx 0 \tag{9-6}$$

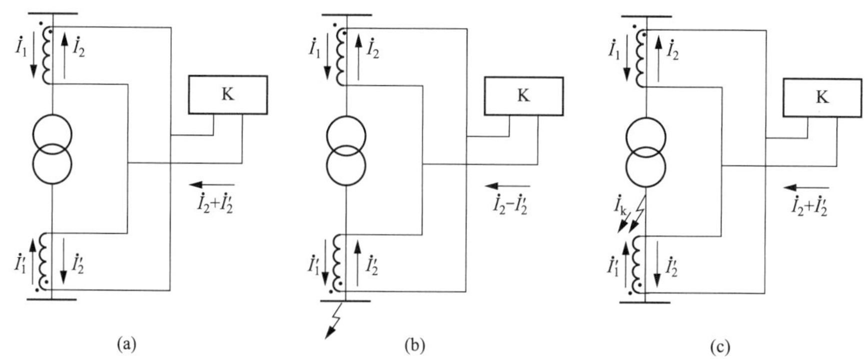

图 9-21　变压器纵差保护原理接线图

（a）电流正方向规定；（b）正常运行与区外短路；（c）区内故障

当变压器运行或区内故障时，流过保护装置的电流按照式（9-7）计算：

$$\dot{I}_K=\dot{I}_2+\dot{I}_2'=\dot{I}_{gz} \tag{9-7}$$

变压器正常运行时，流入保护装置的电流不完全为零，存在不平衡电流，造成不平衡电流的原因有以下因素：

（1）变压器高压侧、低压侧接线形式不同。

（2）变压器高压侧、低压侧电流互感器变比不同。

（3）变压器的励磁涌流。

我们通常使用两种方法消除变压器因高压侧、低压侧接线组别不同引起的不平衡差流。

（1）用电流互感器二次接线进行相位补偿，YNd11 变压器 TA 为△/丫连接的保护原理图如图 9-22 所示，向量图如图 9-23 所示，将变压器星形侧的电流互感器二次线接成三角形，将三角形侧的电流互感器二次线接成星形。

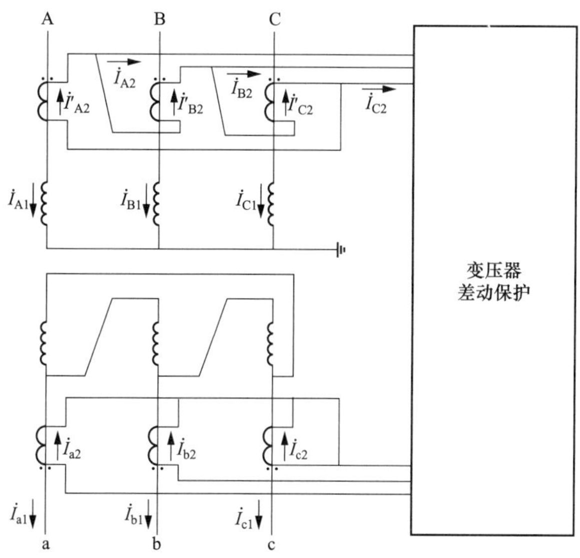

图 9-22　YNd11 变压器 TA 为△/丫连接的保护原理图

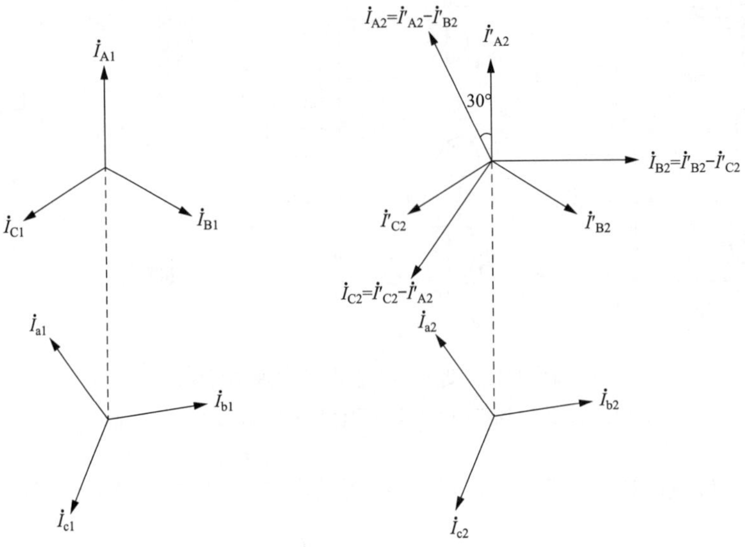

图 9-23　向量图

（2）保护内部算法进行相位补偿，变压器为 YN，d11 接线，变压器各侧电流互感器二次均采用星型接线，二次电流直接接入保护装置。保护原理图如图 9-24 所示，向量图如图 9-25 所示。补偿方法分为两种，一种以 Y 侧为基准，将 d 侧电流进行移相，使得 d 侧电流相位与 Y 侧电流相位一致；另一种以 d 侧为基准，将 Y 侧电流进行移相，使得 Y 侧电流相位与 d 侧电流相位一致。

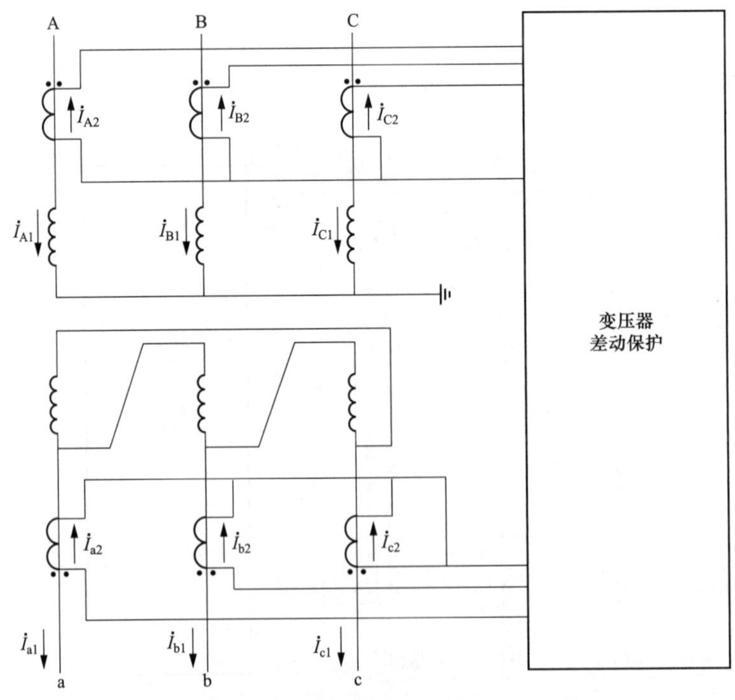

图 9-24　YN，d11 变压器二次保护原理图

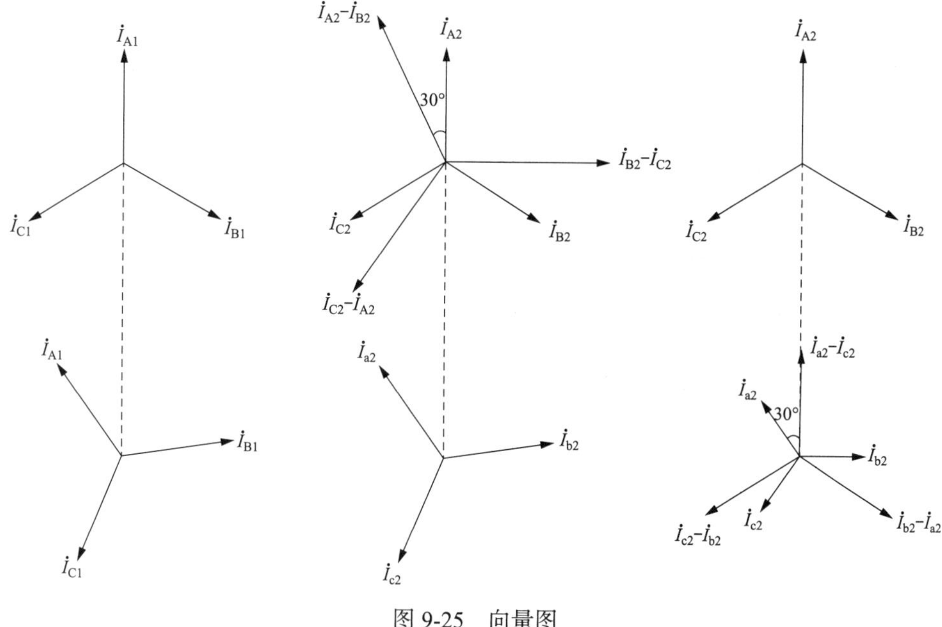

图 9-25 向量图

对于变压器励磁涌流引起的不平衡电流采用二次谐波制动方式避免保护装置误动。

对于电流互感器变比不同引起的不平衡电流采用增加可靠系数值增大保护动作值的方法躲过。

三段折线比率制动式差动保护特性如图 9-26 所示，保护的判据为式（9-8）～式（9-10）：

$$D_{\mathrm{Ia}}=\left|(\dot{I}_{\mathrm{A2}}-\dot{I}_{\mathrm{B2}})/\sqrt{3}+\dot{I}_{\mathrm{a2}}\right| \tag{9-8}$$

$$H_{\mathrm{Ia}}=(\left|(\dot{I}_{\mathrm{A2}}-\dot{I}_{\mathrm{B2}})/\sqrt{3}\right|+\left|+\dot{I}_{\mathrm{a2}}\right|)/2 \tag{9-9}$$

$$\begin{cases} D_{\mathrm{I}}>I_{\mathrm{cdqd}} & H_{\mathrm{I}}\leqslant 0.5I_{\mathrm{e}} \\ D_{\mathrm{I}}-I_{\mathrm{cdqd}}>K\times(H_{\mathrm{I}}-0.5I_{\mathrm{e}}) & 0.5I_{\mathrm{e}}<H_{\mathrm{I}}\leqslant 3I_{\mathrm{e}} \\ D_{\mathrm{I}}-I_{\mathrm{cdqd}}-K\times 2.5I_{\mathrm{e}}>H_{\mathrm{I}}-3I_{\mathrm{e}} & 3I_{\mathrm{e}}<H_{\mathrm{I}} \end{cases} \tag{9-10}$$

式中 I_{cdqd}——三段折线比率制动式差动保护动作电流整定值；

I_{e}——变压器额定电流二次值。

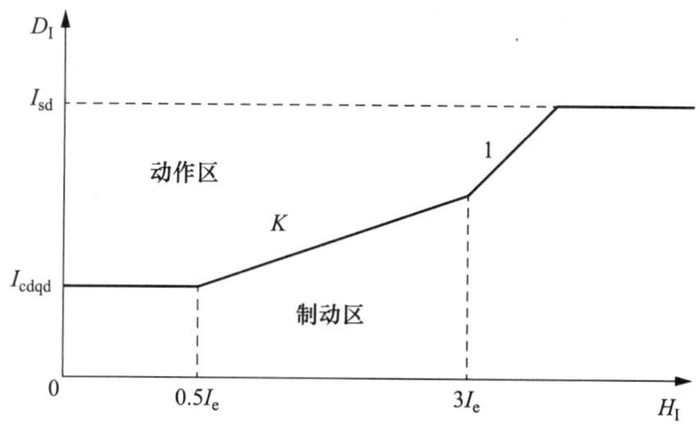

图 9-26 变压器纵差保护比率制动特性图

比率差动保护利用差动电流中的二次谐波作为励磁涌流的闭锁判据，采用综合相制动方式。保护判据如式（9-11）：

$$DI_{2max} > K_{xb} \times DI_{max} \tag{9-11}$$

式中　DI_{2max}——三相差动电流中二次谐波最大值；

DI_{max}——三相差动电流最大值；

K_{xb}——谐波制动系数。

三段折线比率制动式差动保护的 TA 断线告警闭锁功能：组成三段折线比率制动式差动保护电流回路的电流回路发生断线故障时保护不应误动，应发出报警信号并闭锁保护。闭锁启动判据，变压器任一侧三相电流有一相或两相小于 $0.125I_e$，且其他两相均大于 $0.2I_e$，延时发断线报警，不闭锁保护。

三段折线比率制动式差动保护保护元件启动后，投入瞬时 TA 断线判别，同侧电流同时满足以下条件判断线：只有一相或两相电流为零；其他两相或一相电流与启动前相等。

差流越限告警：当正常工况下，三段折线比率制动式差动保护回路的不平衡电流应在较低值，为避免异常工况下不平衡电流增大未被检测到，设置差动电流越限门槛，即差动电流如果大于额定电流的 15%，但是又小于差动电流门槛超过 10 s，就会发差流越限告警信号；检测到最大差动电流大于整定值，延时告警。差流越限告警逻辑图如图 9-27 所示。

图 9-27　差流越限告警逻辑图

三段折线比率制动式差动保护动作电流按躲过正常运行时的不平衡电流整定。为了防止保护装置误动及保证区内匝间短路的灵敏度，一般取 0.3～0.5 倍额定电流。

2. 复合电压闭锁电流速断保护

电流速断保护指当最大相电流大于电流设定值，同时负序电压大于整定值或低电压小于整定值（可以选择），保护不经延时动作于跳闸。复合电压闭锁电流速断保护的动作逻辑如图 9-28 所示，速断电流按躲过励磁涌流及区外故障时的不平衡电流整定，一般按 6～12 倍额定电流整定；对于大型变压器可取较小值，对于小型变压器取较大值。

3. 正序过电流保护

正序过电流包括定时限和反时限两种模式。若考虑定时限模式，正序过电流保护按躲过可能出现的最大过负荷电流来整定；若考虑反时限模式，正序过电流定值一般按变压器正常过负荷能力考虑，反时限时间常数整定：按超过变压器正常过负荷能力 1.1 倍过电流

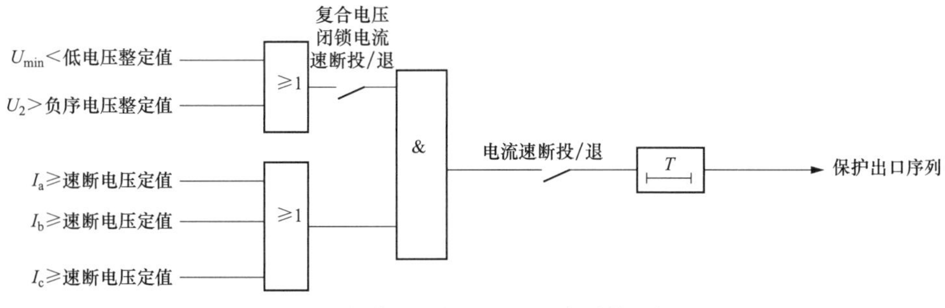

图 9-28 复合电压闭锁电流速断动作逻辑图

时，变压器可运行 600 s 计算。保护装置按相应的反时限特性曲线动作于跳闸。正序反时限过电流保护的动作逻辑如图 9-29 所示。

$I_{max}>I_p$
过流反时限投/退
T
保护出口序列

图 9-29 正序反时限过电流保护逻辑图

4. 负序过电流保护

当正序过电流保护的灵敏度不能满足要求时，使用负序过电流保护包括定时限和反时限两种模式。负序过电流保护定时限模式：当负序电流超过负序定时限电流整定值时，保护动作于跳闸；为避免变压器合闸时三相不同步可能引起的保护误动，一般取 0.2 s 的延时。

5. 过负荷保护

过负荷保护指变压器最大相电流大于过负荷定值时，经延时动作；保护出口可选择动作于信号或动作于跳闸。过负荷保护的动作逻辑如图 9-30 所示。

I_{max}>过负荷定值
过负荷投/退
T
保护出口序列

图 9-30 过负荷动作逻辑图

6. 变压器高压侧接地（零序）保护

变压器高压侧为中性点不接地系统，当高压侧发生接地时，专用零序 TA 可准确检测到一次电缆零序电流；当电流超过整定值并达到整定延时时，保护动作。变压器高压侧接地（零序）保护出口可选择动作于信号或动作于跳闸。

7. 变压器低压侧接地（零序）保护

当高压侧零序保护校验灵敏度不满足要求时，设变压器低压侧零序过电流保护。当低压侧发生接地，零序电流超过整定值并达到整定延时时，保护动作，保护出口动作于跳闸。定值计算原则取正常运行时中性线上最大不平衡电流和下限支线零序电流保护定值的大值。

8. 低电压保护

低电压保护指保护装置比较最大线电压值，若低于整定值并达到整定延时时，保护动作于跳闸，保护经开关位置闭锁、TV 断线闭锁。低电压保护的动作逻辑如图 9-31 所示。

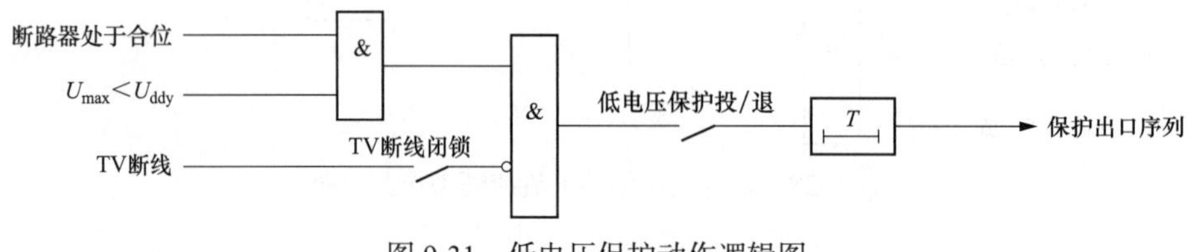

图 9-31 低电压保护动作逻辑图

9. 过电压（过励磁）保护

过电压（过励磁）保护指若变压器母线电压的线电压值高于整定值并达到整定延时时，保护动作于跳闸，保护经开关位置闭锁。过电压（过励磁）保护的动作逻辑如图 9-32 所示。

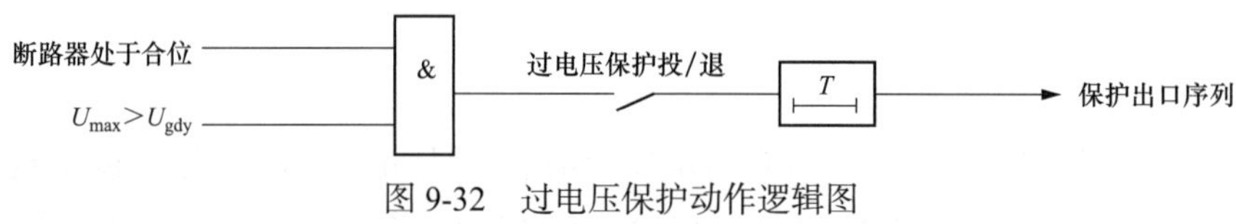

图 9-32 过电压保护动作逻辑图

10. TV 断线

TV 断线指判断逻辑同电动机保护的 TV 断线逻辑。

四、线路保护

1. 复合电压闭锁过电流保护

复合电压闭锁过电流保护分为两段，一段电流保护通过比较线电压值，低于一段电压整定值则保护投入，任一相电流超过电流定值，保护按照一段延时出口动作；二段电流保护逻辑通过比较线电压值，低于二段电压定值则保护投入，任一相电流超过二段电流定值，保护延时为二段延时时限，出口动作。复合电压闭锁过电流保护的动作逻辑如图 9-33 所示。

2. 过负荷保护

过负荷保护指线路三相电流中，当最大相电流大于过负荷定值时，经延时动作，保护出口可选择动作于信号或动作于跳闸。过负荷保护的动作逻辑如图 9-34 所示。

3. 接地保护

接地保护指线路采用零序电流互感器获取零序电流，构成馈线 / 母线分段回路的单相接地保护。为防止线路中有较大不平衡负荷电流下，由于零序不平衡电流引起本保护误动作，所以接地保护采用了最大相电流 I_{max} 作制动量，制动特性如图 9-35 所示，保护的判据为式（9-12）。

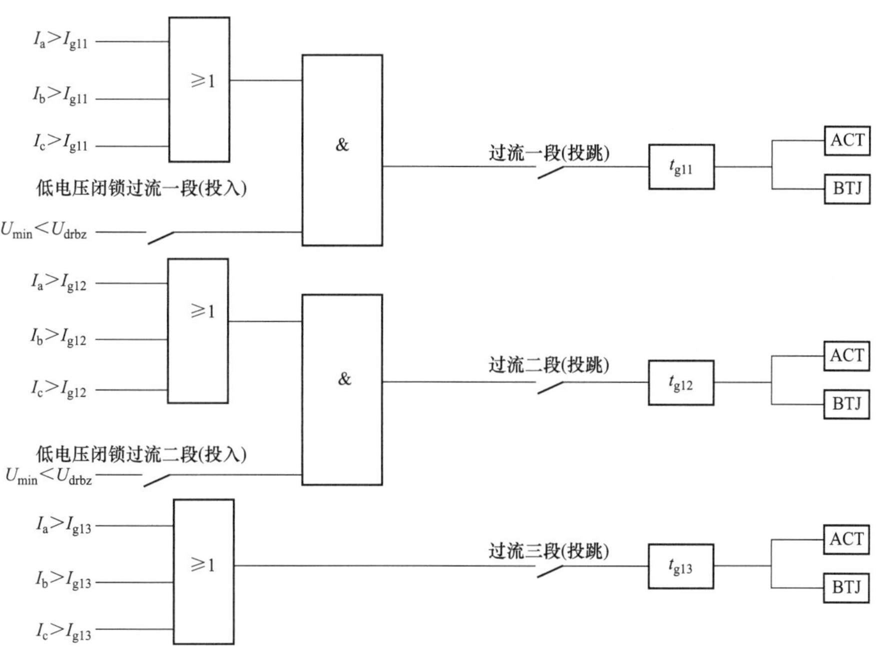

图 9-33 复合电压闭锁过电流动作逻辑图

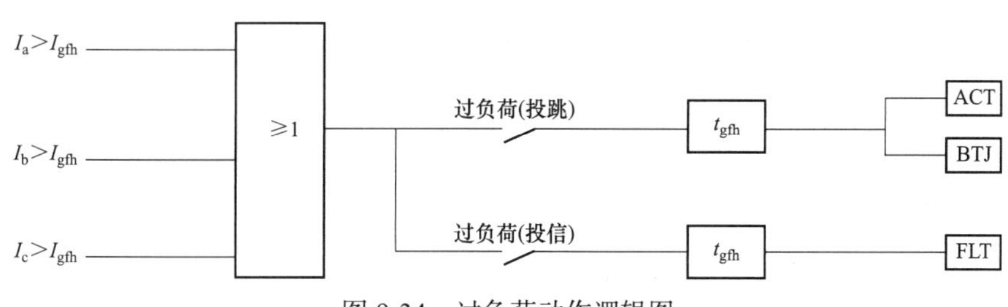

图 9-34 过负荷动作逻辑图

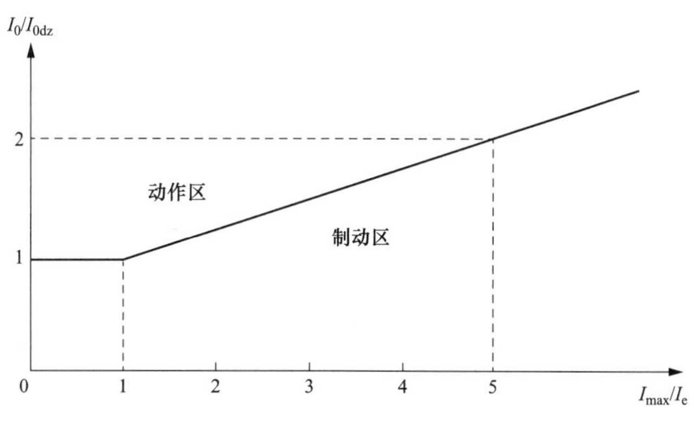

图 9-35 接地保护制动特性曲线

$$\begin{cases} I_0>I_{0dz}\text{（当 } I_{max}\leqslant 1.05I_e \text{ 时）} \\ \text{或 } I_0>[1+(I_{max}/I_e-1.05)/4]I_{0dz}\text{（当 } I_{max}>1.05I_e \text{ 时）} \\ t_0>t_{0dz} \end{cases} \tag{9-12}$$

式中　I_0——馈线 / 母线分段的零序电流倍数（零序额定电流视中性点接地方式而定）；

I_{0dz}——零序电流动作值，A；

I_e——馈线 / 母线分段额定电流，A；

t_{0dz}——整定的接地保护动作时间，s；

t_0——接地保护动作时间，s。

接地保护的动作逻辑如图 9-36 所示。

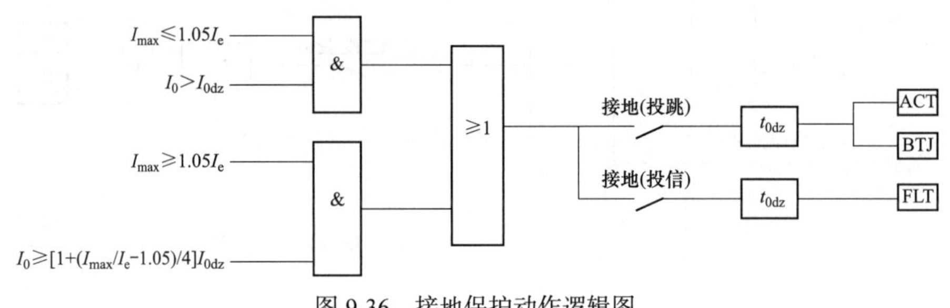

图 9-36　接地保护动作逻辑图

4. TV 断线

TV 断线指判断逻辑同电动机保护的 TV 断线逻辑。

第三节　厂用电源快速切换装置

一、厂用电源快速切换装置结构与工作原理

厂用电源快速切换装置是在工作电源因故障断开后，能够自动而迅速地将备用电源投入或将用户切到备用电源供电，从而使用电设备不至于停电的一种自动装置，简称 APR。

厂用电源快速切换装置用来投入厂用备用变压器、备用线路及重要电动机，正常情况下，厂用电母线Ⅰ段、Ⅱ段分别由 1 号厂用变压器 T1、2 号厂用变压器 T2 供电，备用变压器 T3 不投入工作；当厂用变压器 T1 故障时，继电保护使得变压器 T1 两侧断路器 QF1、QF2 断开，厂用电源快速切换装置启动，将备用变压器两侧断路器 QF3、QF4 投入，使得厂用电母线Ⅰ段恢复供电。这种采用专用变压器的备用方式叫作明备用，如图 9-37（a）所示。

厂用母线采用母线分段运行方式，两段母线分别由电源 WL1、WL2 供电，分断断路器断开，当电源 WL1 故障时，电源开关断开，厂用电源快速切换装置启动；将分断断路器合上，使得电源 WL1 供电的母线恢复供电，这种靠分断断路器互相备用的方式叫作暗备用，厂用电源备用方式如图 9-37 所示。

厂用电源快速切换装置的硬件与电气设备保护装置相同，整体结构采用金属外壳，整

体嵌入式安装。显示单元安装在前，其他插件采用后插安装方式，自左至右是电源插件、I/O 插件、CPU 插件和交流插件，如图 9-38 所示为某品牌厂用电源快速切换装置外形图。

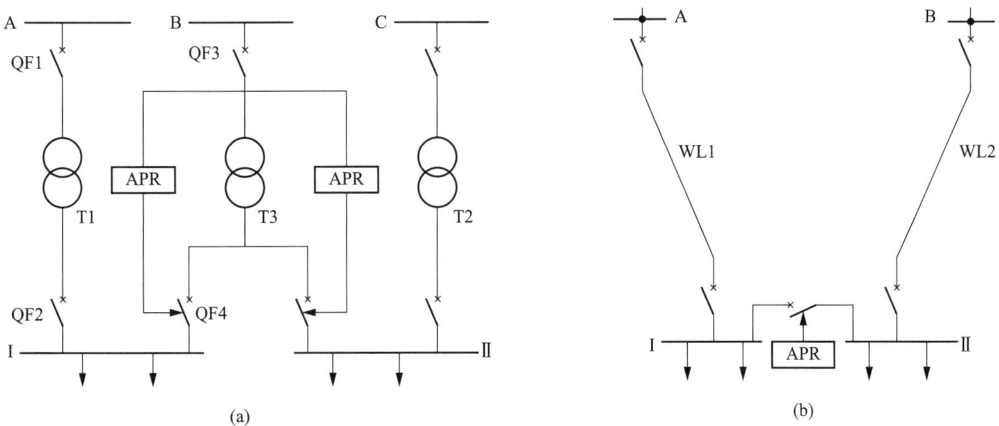

图 9-37 厂用电源备用方式

（a）明备用方式；（b）暗备用方式

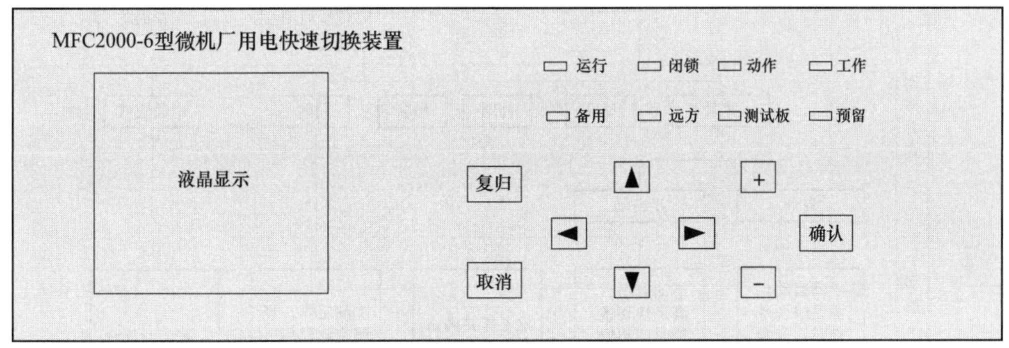

图 9-38 厂用电源快速切换装置外形图

二、厂用电源快速切换装置基本功能

1. 电源快速切换功能

电源快速切换包含以下启动方式和动作方式（厂用电源切换功能简图如图 9-39 所示）。

（1）手动切换。手动切换指由运行人员手动操作启动，快速切换装置按事先设定的手动切换方式（并联、串联、同时）进行分合闸操作。

（2）事故切换。事故切换指由保护出口启动，快速切换装置按事先设定的自动切换方式（串联或同时）进行分合闸操作。

（3）不正常情况自动切换。不正常情况自动切换有两种不正常情况：一是母线失压，母线电压低于整定电压且进线无流达整定延时后，电源切换装置自行启动，并按自动方式进行切换；二是工作电源开关误跳，由工作电源开关辅助触点启动切换，在合闸条件满足后合上备用电源。

（4）并联切换动作方式。并联切换动作方式指先合上备用电源，再跳开工作电源。并联切换动作方式多用于正常切换，如启动、停机。并联方式可分为并联自动和并联半自动两种，并联自动方式指由快切装置先合上备用开关，经短时并联后，再跳开工作电源；并联半自动方式指快切装置仅完成合备用开关，手动跳开工作电源，并联切换母线不断电。

（5）串联切换动作方式。串联切换动作方式指先跳开工作电源，在确认工作开关跳开后，再合上备用电源，母线断电时间等于备用开关合闸时间。串联切换动作方式用于事故切换。

（6）同时切换动作方式。同时切换动作方式指先发跳工作命令，经短延时后再发合备用命令，短延时的目的是保证工作电源先断开、备用电源后合上。母线断电时间大于 0 而小于备用开关合闸时间。同时切换动作方式既可用于正常切换，也可用于事故切换。

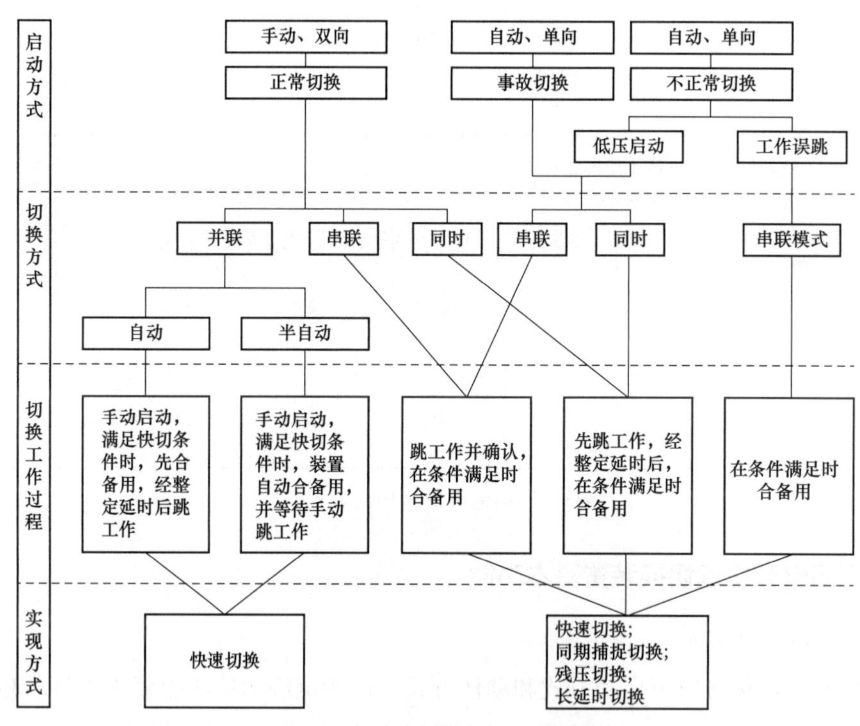

图 9-39　厂用电源切换功能简图

2. 同期捕捉切换功能

同期捕捉切换功能指在如图 9-40 所示的厂用电源切换一次系统中，当电源开关 1QF 断开后，厂用母线失电，电动机惰走，进入异步发电机状态，厂用母线出现反馈电压，也叫母线残压，母线残压的频率与幅值随时间衰减。母线残压特性示意图如图 9-41 所示，图 9-41 中的 V_D 为残压后相量轨迹，V_S 为系统母线电压；B 点为电源切换临界点，B 点后 BC 段为不安全区域，不得切换；实时跟踪母线残压的频差和角差变化，捕捉 C 点至 D 段母线残压与备用电源电压的第一次相位重合点，以实现合闸，这就是“同期捕捉切换”。通过合理设置定值，可以实现 ±5°范围内合闸，此时的母线残压为 65%～70%U_e，备用电源合上时冲击电流较小，不会对设备及系统造成危害。切换过程中，同期捕捉切换时的电流电压波形如图 9-42 所示。

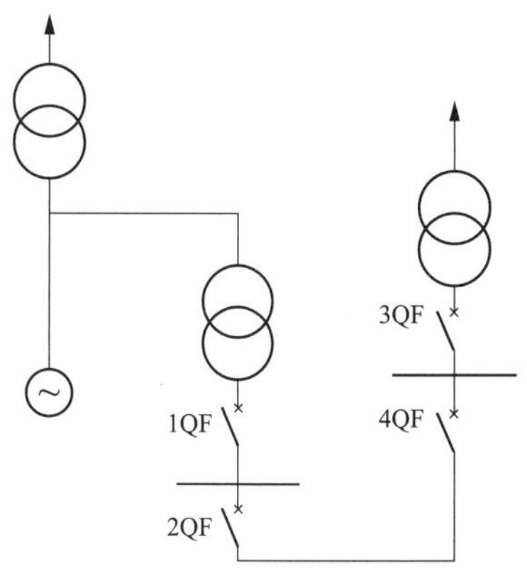

图 9-40　厂用电源切换一次系统图

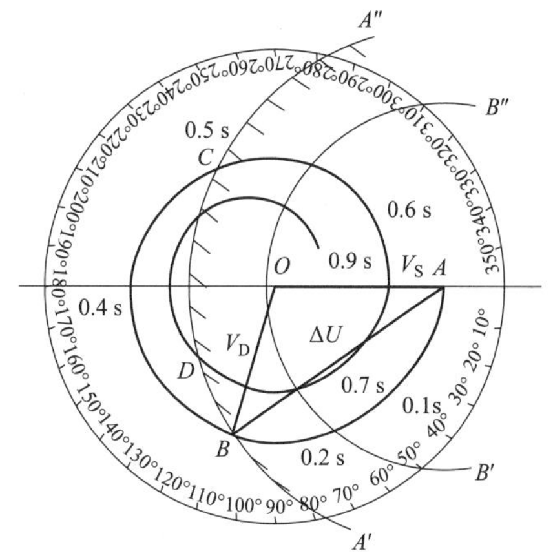

图 9-41　母线残压特性示意图

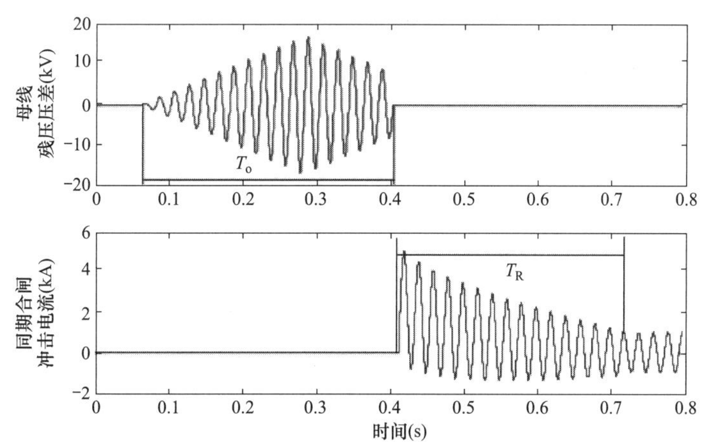

图 9-42　同期捕捉切换时的电流电压波形

3. 残压切换功能

残压切换功能指当母线电压衰减到 20%～40% 额定电压后实现的切换通常称为“残压切换”。残压切换虽能保证电动机安全，但由于停电时间过长，电动机自启动成功与否、自启动时间等都将受到较大限制。如图 9-39 所示情况下，残压衰减到 40% 的时间约为 1 s，衰减到 20% 的时间约为 1.4 s。残压切换功能一般作为切换后备手段。

4. 长延时切换功能

长延时切换功能指对于正常切换通过发电机出口开关完成的一次厂用电系统，或者备用电源系统的容量无法满足要求时的一次厂用电系统，当工作电源发生故障时，需切换至备用电源以便安全停机，采用长延时切换。

5. 低压减载功能

低压减载功能指切换过程中的短时断电将使厂用母线电压和电动机转速下降，备用电源合上后，电动机成组自启动成功与否将主要取决于备用变压器容量、备用电源投入时的母线电压以及参加自启动的负载数量和容量。在不能保证全部负载整组自启动的情况下，厂用电源切换装置切除一些不必须参加自启动的设备，以提高厂用电母线电压。

6. 启动后加速保护功能

启动后加速保护功能指为防止切换时将备用电源投入故障从而引起事故扩大，应同时将备用分支后加速保护投入，以便瞬时切除故障。厂用电源切换装置在启动任何切换时，将同时输出一个短时闭合的触点信号，供分支保护投入后加速保护功能。

7. 启动后闭锁功能

启动后闭锁功能指厂用电源快速切换装置只能动作一次，无论切换成功与否，动作后，必须人工复归，以免在母线或引出线上发生永久性故障时，备用电源被多次投入到故障元件上去，对系统造成不必要的冲击。

三、厂用电源快速切换装置基本参数

（1）正常并联切换压差、正常并联切换频差、正常并联切换相差、正常并联跳闸延时：正常并联切换，是指手动并联切换方式。并联切换实现方式必须为快速切换。当工作开关（备低开关）两侧的压差、频差和相差分别小于正常并联切换压差、正常并联切换频差和正常并联切换相差时，厂用电源快速切换装置发合命令，合上待合开关，并经过正常并联跳闸延时后，跳开另一侧开关。

（2）同时切换合备用延时：如果实现方式为同时切换，则发跳工作开关（备用低开关）命令后，还需要经过此定值所设定的延时，才发出合备用低开关（工作开关）的命令。

（3）备用高低压合闸延时：发合备用高开关命令后，经过本延时，厂用电源快速切换装置才发合备用低开关命令。

（4）快速切换频差、快速切换相差：快速切换时当待合开关两侧的频差和相差小于快速切换频差、快速切换相差，厂用电源快速切换装置发合命令。

（5）同捕切换频差：是越前相角切换的必要条件之一。一般设置为 5 Hz。

（6）同捕恒定越前相角：待合开关两侧频差小于同捕切换频差时，只要开关两侧的角差在定值范围（一般设置为 ±5°），厂用电源快速切换装置则发合闸命令。

（7）同捕恒定越前时间：此整定值为实测值，是备用开关的固有合闸总时间。

（8）残压切换电压幅值：如果实现方式为残压切换，则母线电压小于本定值时，厂用电源快速切换装置发合命令。一般设置 25%。

（9）失压启动电压幅值、失压启动延时：母线电压小于失压启动电压值，时间超过失压启动延时，失压启动条件满足。一般取值分别为 40%，1 s。当失压判据启动时，同捕捉切换成功的概率较低。

（10）无流判据整定值：用于失压启动判别逻辑，TV 电压互感器断线判别逻辑以及开关误跳辅助判别逻辑。一般整定为：$0.06I_n$（I_n 为电流互感器 TA 二次额定值 1/5 A）。误跳启动逻辑中，如果开关跳开且电流小于本定值时，厂用电源快速切换装置进入误跳逻辑。

厂用电源快速切换装置相关参数设置详见表 9-1。

表 9-1　　厂用电源快速切换装置参数设置表

序号	名称	单位	取值范围	整定值计算原则
1	并联切换压差	%	0～20	按照同期并列的标准，压差不得超过 5%
2	并联切换相差	°	0.5～20	按照同期并列的标准内取值即可取 10
3	并联跳闸延时	s	0.01～5	一般取 5 s
4	同时切换合延时	ms	1～500	取备用开关总时间
5	快速切换频差	Hz	0.1～2	一般取范围的中值，频差过大会造成冲击电流过大
6	快速切换相差	°	0.5～60	一般取范围的中值，相差过大会造成冲击电流过大
7	开关 1 合闸时间	s	0～1	取备用开关总时间
8	开关 3 合闸时间	s	0～1	取备用开关总时间
9	开关 3 合闸时间	s	0～1	取备用开关总时间
10	残压切换定值	%	20～60	默认值为 25%
11	长延时定值	s	0～5	一般取 5 s
12	失压启动定值	%	20～90	当母线电压低于失压启动电压幅值，且持续时间超过失压启动延时，装置失压启动条件满足，失压默认取值分别 40%
13	失压启动延时	s	0～5	失压启动延时：当母线电压低于失压启动电压幅值，且持续时间超过失压启动延时，厂用电源快速切换装置失压启动条件满足。延时默认取值取 1 s
14	同捕切换频差	Hz	0.1～5	是越前相角切换的必要条件之一，默认值为 5 Hz
15	同捕恒定越前相角	°	30～120	当待合开关两侧的频差小于同捕切换频差时，只要开关两侧的角差取中值
16	同捕恒定越前时间	ms	1～150	取备用开关总时间
17	无流启动定值	A	0～5	取 $0.06I_n$ TA 二次额定值 1 A/5 A

第四节　日常维护和检修

继电保护及自动装置的日常维护和检修标准应执行 DL/T 587—2016《继电保护和安全

自动装置运行管理规程》，主要包括装置本体和外部二次回路的维护检修。

一、继电保护及自动装置日常维护

（1）环境温湿度检查，由运行和电气维护人员分别进行。安装在开关柜上的继电保护及电源快切装置的环境温度在应在5～45 ℃，最大相对湿度不应超过95%；安装在继电保护小室的继电保护及电源快切装置的环境温度在应在5～30 ℃，最大相对湿度不应超过75%。如有偏差，运行人员及时调整空调设备，使得环境温湿度满足装置的要求。

（2）继电保护及自动装置的运行信息检查，由运行和电气维护人员分别进行。运行人员巡查装置的电流、电压、电能、相位各项运行参数是否超限报警；电气维护人员定期比对各项运行参数数值是否一致，定期检查装置的时钟与全厂时钟是否保持一致，如有偏差，进行调整。

（3）继电保护及自动装置的报警信息检查。继电保护及自动装置的报警信息检查由运行和电气维护人员分别进行，运行人员检查确认故障信息；电气维护人员排查故障原因。

（4）继电保护及自动装置的定值定期核对。继电保护及自动装置的定值定期核对由电气维护人员进行，定值核对应办理工作票，两人进行；定值核对完成后，具备打印条件的，应打印定值。

（5）继电保护及自动装置的定期清扫维护。继电保护及自动装置的定期清扫维护由电气维护人员进行，对继电保护及自动装置的端子螺栓进行紧固，紧固力矩符合要求；继电保护及自动装置内部使用吸尘器吸尘，继电保护及自动装置接插件应使用电子清洗剂清洗，严禁使用酒精清洗；接插件的氧化层使用绘图橡皮进行清洁；重点对电流变送器、电压变送器的焊接点进行检查，防止焊点脱焊发生二次回路开路。

（6）继电保护及自动装置的外部二次回路的定期清扫维护。外部二次回路的定期清扫维护由电气维护人员进行，对继电保护及自动装置的端子螺栓进行紧固，紧固力矩符合要求；重点对电流回路端子进行检查，防止端子导线压接松脱，发生二次回路开路。

二、继电保护及自动装置检修

继电保护及自动装置的检修分为A、B、C三级。继电保护及自动装置的检修具体工作分为三部分：装置硬软件检修、保护定值校验和整组传动试验。

继电保护及自动装置检修项目和质量标准见表9-2。

表9-2　继电保护及自动装置检修项目和质量标准

项目	检查项目	检修工艺及质量标准
继电保护及自动装置外观及二次回路检查	（1）继电保护及自动装置外观检查	（1）继电保护及自动装置固定良好，无明显变形及损坏现象，各部件安装端正牢固。 （2）电流电压回路电缆的连接与图纸相符，施工工艺良好，压接可靠，导线绝缘无裸露现象。 （3）端子排安装位置正确，质量良好，数量与图纸相符。

续表

项目	检查项目	检修工艺及质量标准
继电保护及自动装置外观及二次回路检查	（2）继电保护及自动装置接线检查	（4）切换开关、按钮、键盘等应操作灵活、手感良好。 （5）所有单元、连片、端子排、导线接头、电缆及其接头、信号指示应有明确的标示，标示字迹清晰无误；锈蚀端子、模糊端子套牌应更换。 （6）各部件应清洁良好。 （7）交流电流回路、插件电源回路接线牢固，无松动、虚接现象。 （8）二次，端子排引线螺钉压接可靠，导线绝缘无裸露现象。 （9）继电保护及自动装置后板配线连接紧固良好，插件螺钉紧固良好。校验直流回路没有寄生回路存在。 （10）保护装置外壳接地线与接地网连接可靠正确
继电保护及自动装置及二次回路绝缘检查	（1）继电保护及自动装置绝缘检查。 （2）二次回路绝缘检查	（1）交流电压回路对地绝缘电阻大于 10 MΩ。 （2）交流电流回路对地绝缘电阻大于 10 MΩ。 （3）直流回路对地绝缘电阻大于 10 MΩ。 （4）跳闸、合闸回路触点绝缘电阻之间 1 MΩ
逆变电源校验	（1）电源过电压检查。 （2）电源欠电压检查。 （3）电源额定电压检查	（1）80% 额定工作电压，继电保护及自动装置工作正常。 （2）110% 额定工作电压，继电保护及自动装置工作正常。 （3）100% 额定工作电压，拉直流电源，继电保护及自动装置无异常。 （4）继电保护及自动装置直流失电 5 min 以上，走时准确，整定值不变化
交流电量采样检查	（1）交流电压量检查。 （2）交流电流量检查。 （3）电压电流相位检查	（1）按照 0、1、5、30、60 V 挡位输入交流电压，零漂允许误差为 $\pm 1\%U_n$；电压允许误差为 $\pm 5\%U_n$。 （2）按照 0.5、1、5、10 A 挡位输入交流电流，零漂允许误差为 $\pm 1\%U_n$；电流允许误差为 $\pm 5\%U_n$。 （3）调整电压、电流相位 0°，45°，90°，相位误差应不大于 ±3°
开关量检查	（1）开关量输入检查。 （2）开关量输出检查	（1）输入量相应正常。 （2）输出量相应正常
电流回路直阻	（1）外部电流回路直阻。 （2）内部电流回路直阻	符合继电保护及自动装置及回路电阻要求

第五节　继电保护及安全自动装置校验

继电保护及安全自动装置校验执行 DL/T 995—2016《继电保护和电网安全自动装置检验规程》、GB/T 7261—2016《继电保护和安全自动装置基本试验方法》。

继电保护及安全自动装置校验一般随等级检修执行。继电保护装置保护校验项目见表 9-3，厂用电源快速切换装置保护校验项目见表 9-4。

表 9-3　　继电保护及自动装置保护定值校验项目一览表

序号	继电保护及自动装置检修 / 项目	新安装校验	全部校验 A 级检修	部分校验 1 B 级检修	部分校验 2 C 级检修
1	设备参数检查	√	√		
2	外观及接线检查	√	√	√	√
3	继电保护及自动装置绝缘检查	√	√	√	√
4	保护装置逆变电源检查	√	√	√	√
5	开关量检查				
5.1	开入量检查	√	√	√	
5.2	开出量检查	√	√	√	√
6	模数变换系统校验				
6.1	零漂校验	√	√	√	√
6.2	幅值特性校验	√	√	√	√
6.3	相位特性校验	√	√	√	√
	微机型电动机保护功能校验				
1	速断保护	√	√	√	
2	负序过电流保护	√	√		
3	接地保护	√	√	√	
4	过热保护	√	√		
5	长启动保护	√	√		
6	正序过电流保护	√	√		
7	过负荷保护	√	√		
8	欠电压保护	√	√		
9	TV 断线告警	√	√		
	微机型电动机差动保护功能校验				
1	差动速断保护	√	√	√	
2	比率差动保护	√	√	√	
3	TA 断线闭锁差动	√	√		
4	定值加倍	√	√		
	微机型变压器保护功能校验				
1	速断保护	√	√	√	
2	高压侧零序保护	√	√	√	
3	高压侧过电流保护	√	√		
4	高压侧过负荷保护	√	√		
5	低压侧零序保护	√	√	√	

续表

序号	继电保护及自动装置检修 / 项目	新安装校验	全部校验 A 级检修	部分校验 1 B 级检修	部分校验 2 C 级检修
6	开关量一保护	√	√	√	
7	开关量二保护	√	√		
8	开关量三保护	√	√		
	微机型变压器差动保护校验				
1	差动速断保护	√	√	√	
2	比率差动保护	√	√	√	
3	TA 断线闭锁差动	√	√		
	微机型线路保护功能校验				
1	过电流一段保护	√	√	√	
2	过电流二段保护	√	√		
3	低压闭锁过电流二段保护	√	√		
4	接地保护	√	√	√	

表 9-4　　厂用电源快速切换装置保护校验一览表

电源快切装置定值校验	校验项目	新安装校验	全检 A 级检修	部检 BC 级检修
1	厂用电源快速切换装置型号及参数	√	√	√
2	电流、电压互感器检查	√	√	√
3	二次回路及外观检查	√	√	
4	绝缘试验	√	√	√
5	厂用电源快速切换装置上电检查		√	√
6	定值校验	√	√	
7	模拟功能试验	√	√	√
8	带负荷切换试验	√	√	√

第六节　继电保护装置校验示例

以珠海万利达 MLPR-610 Hb 型线路保护装置为例。校验前按照如图 9-43 所示的 MLPR-610 Hb/T1 线路保护测控装置端子图和如图 9-44 所示的装置典型接线图布置校验线路。

一、MLPR-610 Hb 装置端子及外部保护原理接线图

MLPR-610 Hb/T1 线路保护测控装置端子图如图 9-43 所示。

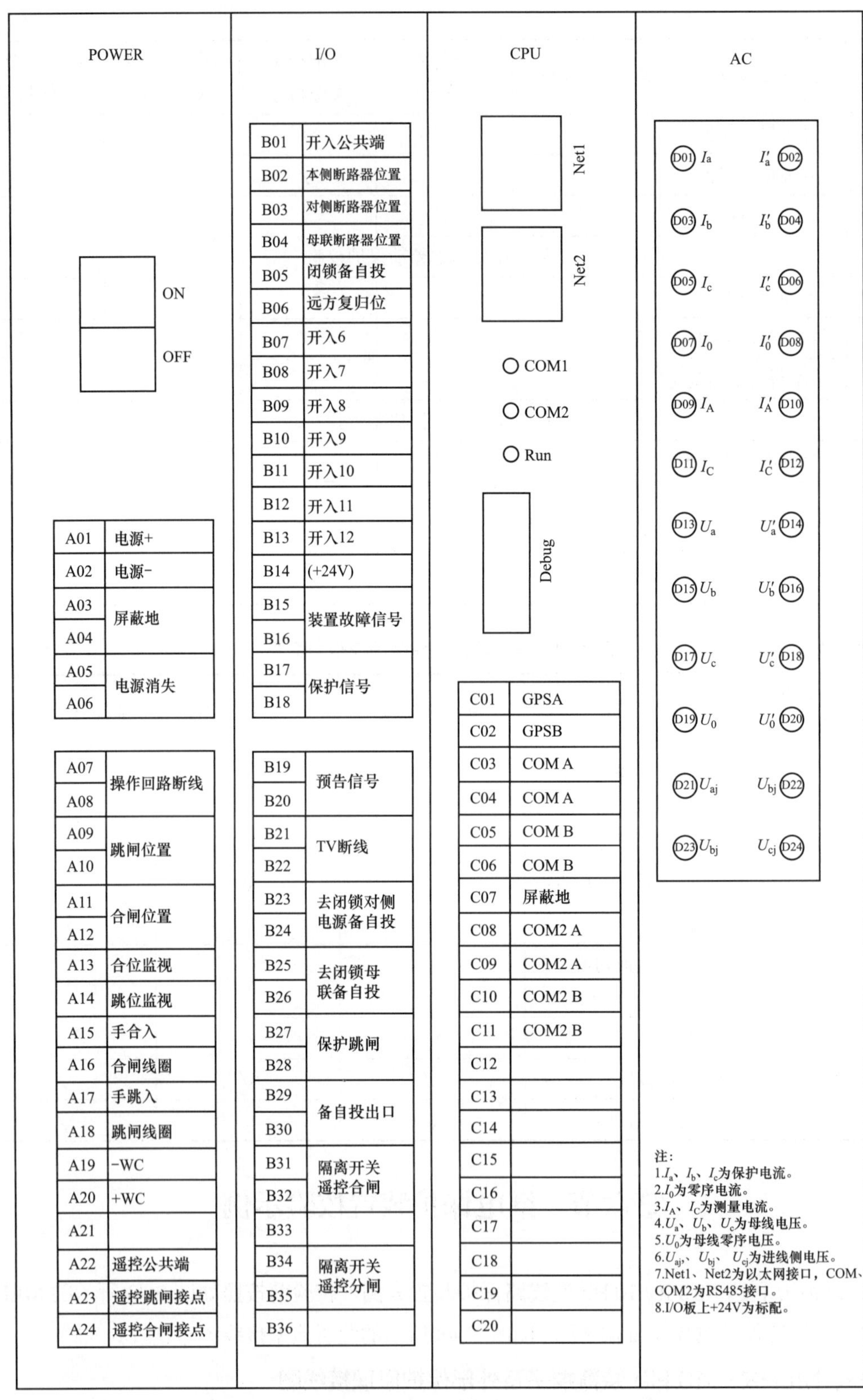
POWER
ON
OFF
A01 电源+
A02 电源-
A03 A04 屏蔽地
A05 A06 电源消失
A07 A08 操作回路断线
A09 A10 跳闸位置
A11 A12 合闸位置
A13 合位监视
A14 跳位监视
A15 手合入
A16 合闸线圈
A17 手跳入
A18 跳闸线圈
A19 -WC
A20 +WC
A21
A22 遥控公共端
A23 遥控跳闸接点
A24 遥控合闸接点
I/O
B01 开入公共端
B02 本侧断路器位置
B03 对侧断路器位置
B04 母联断路器位置
B05 闭锁备自投
B06 远方复归位
B07 开入6
B08 开入7
B09 开入8
B10 开入9
B11 开入10
B12 开入11
B13 开入12
B14 (+24V)
B15 B16 装置故障信号
B17 B18 保护信号
B19 B20 预告信号
B21 B22 TV断线
B23 B24 去闭锁对侧电源备自投
B25 B26 去闭锁母联备自投
B27 B28 保护跳闸
B29 B30 备自投出口
B31 B32 隔离开关遥控合闸
B33
B34 B35 隔离开关遥控分闸
B36
CPU
Net1
Net2
COM1
COM2
Run
Debug
C01 GPSA
C02 GPSB
C03 COM A
C04 COM A
C05 COM B
C06 COM B
C07 屏蔽地
C08 COM2 A
C09 COM2 A
C10 COM2 B
C11 COM2 B
C12
C13
C14
C15
C16
C17
C18
C19
C20
AC
D01 I_a　I'_a D02
D03 I_b　I'_b D04
D05 I_c　I'_c D06
D07 I_0　I'_0 D08
D09 I_A　I'_A D10
D11 I_C　I'_C D12
D13 U_a　U'_a D14
D15 U_b　U'_b D16
D17 U_c　U'_c D18
D19 U_0　U'_0 D20
D21 U_{aj}　U_{bj} D22
D23 U_{bj}　U_{cj} D24
注:
1.I_a、I_b、I_c为保护电流。
2.I_0为零序电流。
3.I_A、I_C为测量电流。
4.U_a、U_b、U_c为母线电压。
5.U_0为母线零序电压。
6.U_{aj}、U_{bj}、U_{cj}为进线侧电压。
7.Net1、Net2为以太网接口，COM、COM2为RS485接口。
8.I/O板上+24V为标配。

图 9-43　MLPR-610 Hb/T1 线路保护测控装置端子图

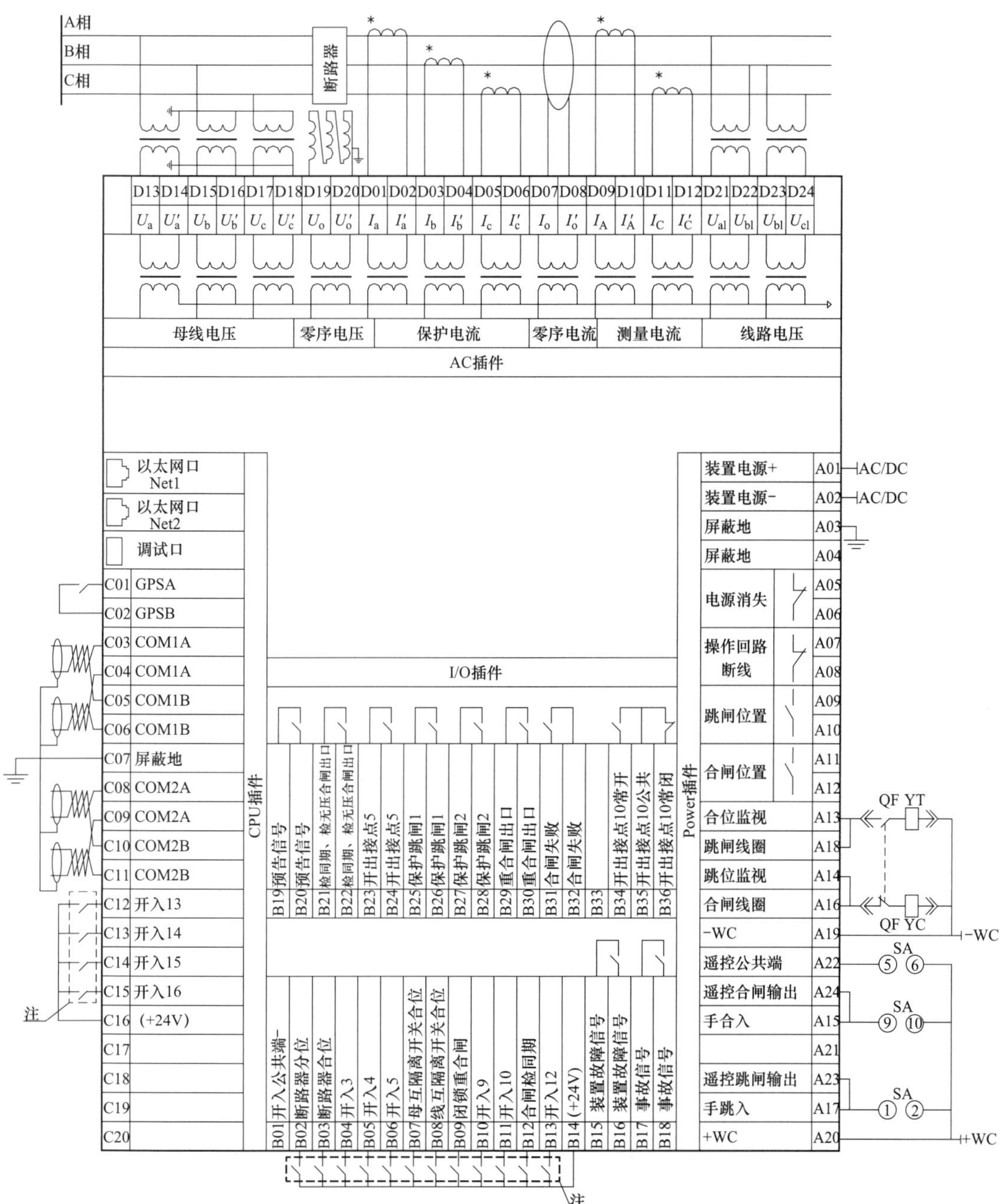

注：装置开入通道1(B01)～开入通道12(B13)；开入通道13(C12)～开入通道16(C15)标准电源为24V，选配情况下开入通道1～16可接入直流220V或110V电源。

图 9-44　装置典型接线图

二、MLPR-610 Hb 装置参数及定值说明

MLPR-610 Hb 装置参数设置表见表 9-5。

表 9-5　　**MLPR-610 Hb 装置参数设置表**

参数名称	范围	说明
定值区号设置		
定值区号	0～7	整定级差：1（出厂设为 0）
通信设置		
RS485 地址	1～99	整定级差：1（出厂设为 1）
RS485 波特率	0～5	整定级差：1（出厂设为 1） 0：2.4 KB；1：4.8 KB；2：9.6 KB；3：19.2 KB；4：38.4 KB；5：115.2 KB；
IP 地址	四个段每个段 0～255	每段整定级差：1（出厂设为 192.168.6.117）
子网掩码		每段整定级差：1（出厂设为 255.255.255.0）
kW 默认值		每段整定级差：1（出厂设为 8.168.6.1）
基本参数设置		
额定电流二次值	0～1	（I_n）整定级差：1（出厂设为 0）00：5 A；01：1 A
TV 变比	1～1500	整定级差：1（出厂设为 1）
TA 变比	1～5000	整定级差：1（出厂设为 1）
谐波计算通道选择	0～12	谐波计算选择对应的参考量： 0：谐波计算功能退出；1:I_a；2:I_b；3:I_c；4:I_0；5:I_A；6:I_C，7:U_a；8:U_b；9:U_c；10:U_0；11:U_{abL}；12:U_{bcL}
故障录波	0～1	整定级差：1（出厂设为 0），00：退出；01：投入
中性点接地方式	0～2	00：不接地；01：大接地；02：电阻接地
检同期母线电压	0～1	0：U_{ab}；1：U_{bc}
自动打印事件报告	0～1	整定级差：1（出厂设为 0），00：退出；01：投入
通道系数设置		
通道数据 1～14	0.5～5	整定级差：0.001（出厂设为 1），通道数据 1～14 分别对应为模拟量 1～14 的通道系数

MLPR-610 Hb 装置定值说明见表 9-6。

表 9-6　　**MLPR-610 Hb 装置定值说明**

定值名称		范围	说明
保护投退字	速断	1/0	1/0：投入 / 退出（出厂设为退出）
	限时速断	1/0	1/0：投入 / 退出（出厂设为退出）
	过电流	1/0	1/0：投入 / 退出（出厂设为退出）
	速断方向	1/0	1/0：投入 / 退出（出厂设为退出）
	限时速断方向	1/0	1/0：投入 / 退出（出厂设为退出）
	过电流方向	1/0	1/0：投入 / 退出（出厂设为退出）
	零序过电流	1/0	1/0：投入 / 退出（出厂设为退出）

续表

定值名称		范围	说明
保护投退字	零序过电流跳闸 / 告警	1/0	1/0：投入 / 退出（投入跳闸，退出告警）
	零序过电流方向闭锁	1/0	1/0：投入 / 退出（出厂设为退出）
	零序过电流 U_0 闭锁	1/0	1/0：投入 / 退出（出厂设为退出）
	失压跳闸	1/0	1/0：投入 / 退出（出厂设为退出）
	过负荷	1/0	1/0：投入 / 退出（出厂设为退出）
	过负荷跳闸 / 告警	1/0	1/0：投入 / 退出（投入跳闸，退出告警）
	低频减载Ⅰ段	1/0	1/0：投入 / 退出（出厂设为退出）
	低频减载Ⅱ段	1/0	1/0：投入 / 退出（出厂设为退出）
	低电压闭锁	1/0	1/0：投入 / 退出（出厂设为退出）
	滑差闭锁	1/0	1/0：投入 / 退出（出厂设为退出）
	保护启动重合闸	1/0	1/0：投入 / 退出（出厂设为退出）
	不对应启动重合闸	1/0	
	重合闸检同期	1/0	1/0：投入 / 退出（出厂设为退出）
	重合闸检无压	1/0	1/0：投入 / 退出（出厂设为退出）
	合闸后加速	1/0	1/0：投入 / 退出（出厂设为退出）
	母线 TV 断线告警	1/0	1/0：投入 / 退出（出厂设为退出）
	线路 TV 断线告警	1/0	1/0：投入 / 退出（出厂设为退出）
	TV 断线闭锁	1/0	1/0：投入 / 退出（出厂设为退出）
	手动同期合闸	1/0	1/0：投入 / 退出（出厂设为退出）
	遥控同期合闸	1/0	1/0：投入 / 退出（出厂设为退出）
三段定时限过电流保护			
速断电流		0.5～100 A	整定级差：0.01 A
限时速断电流		0.5～100 A	整定级差：0.01 A
过电流定值		0.5～100 A	整定级差：0.01 A
限时速断延时		0.0～10.0 s	整定级差：0.01 s
过电流延时		0.0～10.0 s	整定级差：0.01 s
零序过电流保护			
零序电压闭锁		0.00～80.00 V	整定级差：0.01 V
零序过电流		0.10～00.00 A	整定级差：0.01 A
零序过电流延时		0.00～10.00 s	整定级差：0.01 s
失压保护			
失压定值		0.0～100.00 V	整定级差：0.01 V

续表

定值名称	范围	说明
无流定值	0.00～10.00 A	整定级差：0.01 A
失压保护延时	0.00～10.00 s	整定级差：0.01 s
过负荷保护		
过负荷电流	0.5～100.00 A	整定级差：0.01 A
过负荷延时	0.00～10.00 s	整定级差：0.01 s
低频减载		
低频Ⅰ段定值	45.00～55.00 Hz	整定级差：0.01 Hz
低频Ⅱ段定值	45.00～55.00 Hz	整定级差：0.01 Hz
低频Ⅰ段延时	0.20～100.00 s	整定级差：0.01 s
低频Ⅱ段延时	0.20～100.00 s	整定级差：0.01 s
低电压闭锁	1.00～90.00 V	整定级差：0.01 V
滑差闭锁	0～10.00 Hz/s	整定级差：0.01 Hz/s
重合闸		
重合闸延时	0.00～10.00 s	整定级差：0.01 s
检同期角差	0.00～60.00°	整定级差：0.01°
检同期压差	0.1～30.00 V	整定级差：0.01 V
检同期频差	0.1～2 Hz	整定级差：0.01 Hz
有压定值	30.00～00.00 V	整定级差：0.01 V
TV 断线定值		
TV 断线负序电压定值	0.50～30.00 V	整定级差：0.01 V
同期合闸		
同期合闸压差	0.1～30.00 V	整定级差：0.01 V
同期合闸频差	0.1～2 Hz	整定级差：0.01 Hz
同期合闸角差	0.00～60.00°	整定级差：0.01°
同期合闸时间	1.00～100.00 s	整定级差：0.01s
同期无压定值	0.00～00.00 V	整定级差：0.01 V

三、MLPR-610 Hb 装置保护定值校验

1. 模拟量系统校验

在 MLPR-610 Hb 装置的 AC 插件模拟量端子依次施加交流电压、电流量，读取装置显示屏模拟量示值，与标准表示值进行比较，计算误差，不超过规定值为合格。模拟量系统校验方法见表 9-7。

表 9-7 模拟量系统校验方法

模拟量端子	模拟量名称	检查方法
端子 D01、D02	保护 A 相电流（I_a）	在端子处输入交流电流，数值为 2 倍额定电流值，保护装置显示电流与输入电流偏差不超过 1%
端子 D03、D04	保护 B 相电流（I_b）	在端子处输入交流电流，数值为 2 倍额定电流值，保护装置显示电流与输入电流偏差不超过 1%
端子 D05、D06	保护 C 相电流（I_c）	在端子处输入交流电流，数值为 2 倍额定电流值，保护装置显示电流与输入电流偏差不超过 1%
端子 D07、D08	零序电流（I_0）	在端子处输入 1A 交流电流，模拟零序电流，保护装置显示电流与输入电流偏差不超过 0.2%
端子 D09、D10	测量 A 相电流（I_A）	在端子处输入交流电流，数值为 1 倍额定电流值，保护装置显示电流与输入电流偏差不超过 0.2%
端子 D11、D12	测量 C 相电流（I_C）	在端子处输入交流电流，数值为 1 倍额定电流值，保护装置显示电流与输入电流偏差不超过 0.2%
端子 D13、D14	A 相电压（U_a）	在端子处输入交流电压，数值为 50 V，模拟 A 相电压，偏差不超过 0.2%
端子 D13、D15	F 系统频率	在端子处输入交流电压，数值为 50 V 电压频率为 50Hz 模拟 F 系统频率，保护装置显示的频率与输入电压的频率偏差不超过 0.2%
端子 D15、D16	B 相电压（U_b）	在端子处输入交流电压，数值为 50 V，保护装置显示电压与输入电压偏差不超过 0.2%
端子 D17、D18	C 相电压（U_c）	在端子处输入交流电压，数值为 50 V，保护装置显示电压与输入电压偏差不超过 0.2%
端子 D19、D20	零序电压（U_0）	在端子处输入交流电压，数值为 50 V，保护装置显示电压与输入电压偏差不超过 0.2%
端子 D21、D22	线路电压（U_{abl}）	在端子处输入交流电压，数值为 50 V，保护装置显示电压与输入电压偏差不超过 0.2%
端子 D23、D24	线路电压（U_{bcl}）	在端子处输入交流电压，数值为 50 V，保护装置显示电压与输入电压偏差不超过 0.2%
端子 D23、D24	线路频率（F_l）	在端子处输入交流电压，数值为 50 V 电压频率为 50 Hz 模拟线路系统频率，保护装置显示的频率与输入电压的频率偏差不超过 0.2%
端子 D09、D10；D11、D12；D13、D14；D15、D16；D17、D18 按极性加入电压	三相有功功率和无功功率	按极性加入交流电流，数值为 1 倍额定电流，极性加入电压，线电压数值为 100 V 改变相位角，功率显示偏差不超过 0.5%

2. 开入 / 开出量系统校验

按照表 9-8 中的开入 / 开出量系统校验方法在保护装置 DI 卡件的开入 / 开出量端子上，

顺次短接公用端和开入端子，监视保护装置显示屏开入 / 开出量的变位，应与 DI 卡件变位一致。

表 9-8　　开入 / 开出量系统校验方法

开入量端子	开入量名称	校验方法
B01	开入公共端（用于 DC220 V 和 DC110 V 外接电源负极接入）	开入量可外接 220 V 或 110 V 直流电源，将负极接入 B01 端子，用正极接入 B02～B13 端子，在【状态显示】的【开入量】菜单下可以看到开入量的分合状态。 在“手跳开入”“手合开入”“操作回路”三个开入量采自操作回路中，用来监测操作回路的状态。试验时，将负控电源接入端子 A19（-WC），正控电源分别接入 A15（手合入）、A17（手跳入），在【开入量】菜单中可以看到手合手跳状态；将正控电源接入端子 A20（+WC），负控电源接入跳位监视端子 A13 或合位监视端子 A14，在【开入量】菜单中可以看到操作回路分合状态
B02	断路器分位信号	
B03	断路器合位信号	
B04	开入 3	
B05	开入 4	
B06	开入 5	
B07	隔离开关合位	
B08	隔离开关合位	
B09	闭锁重合闸	
B10	开入 9	
B11	开入 10	
B12	合闸检同期	
B13	开入 12	
操作回路中的开入量	手跳开入	
	手合开入	
	操作回路	
B14	保护装置自产直流 24 V 正极	
B15～B16	保护装置故障信号	进入分合闸操作菜单，用“+”“–”键进行分合操作，测量所对应的端子，则导通；B31-B32 和 B34-B35 为动合端子则闭合
B17～B18	事故信号	
B19～B20	报警信号	
B21～B22	检同期、检无压触点	
B23～B24	开出触点 5	
B25～B26	保护跳闸 1	
B27～B28	保护跳闸 2	
B29～B30	重合闸触点	
B31～B32（动合）	合闸失败	
B32～B33		
B34～B35（动合）	开出触点 10	
B35～B36		
A22～A23	遥分出口	
A22～A24	遥合出口	

3. 保护定值校验

（1）过电流保护。包含电流速断保护和定时限过电流保护两种，保护的校验方式相同，以电流速断保护校验为例：

1）按如图 9-45 所示的过电流保护测试接线图完成接线，并检查接线正确无误。

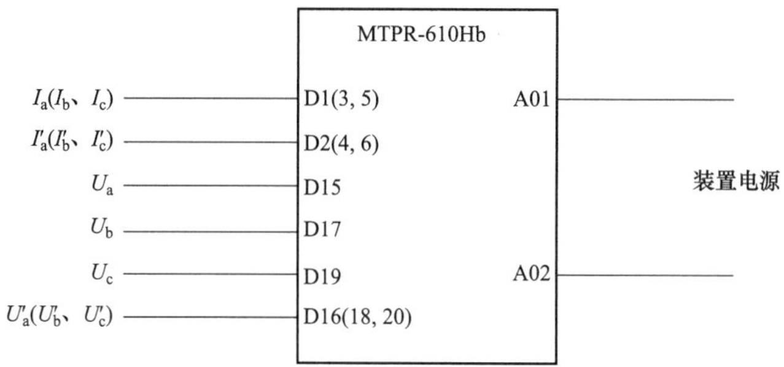

图 9-45　过电流保护测试接线图

2）在保护装置的定值设置表内将其他保护退出，将无时限过电流保护投入。

3）核对保护装置内定值。

4）按照电流速断试验表（见表 9-9），施加电流定值，记录保护动作情况。

表 9-9　电流速断试验表

输入 A 相电流	速断电流定值（A）	0.95 倍定值	1.05 倍定值
	动作情况		
输入 B 相电流	速断电流定值（A）	0.95 倍定值	1.05 倍定值
	动作情况		
输入 C 相电流	速断电流定值（A）	0.95 倍定值	1.05 倍定值
	动作情况		

注　速断动作时，测量 B17-B18、B25-B26、B27-B28 端子应导通。

（2）零序过电流保护校验。

1）按如图 9-46 所示的零序过电流保护测试接线图完成接线，并检查接线正确无误。

2）在保护装置的定值设置表内将其他保护退出，将零序过电流保护投入。

3）核对保护装置内定值。

4）按照零序过电流保护试验（见表 9-10），施加零序过电流定值，并记录保护动作情况。

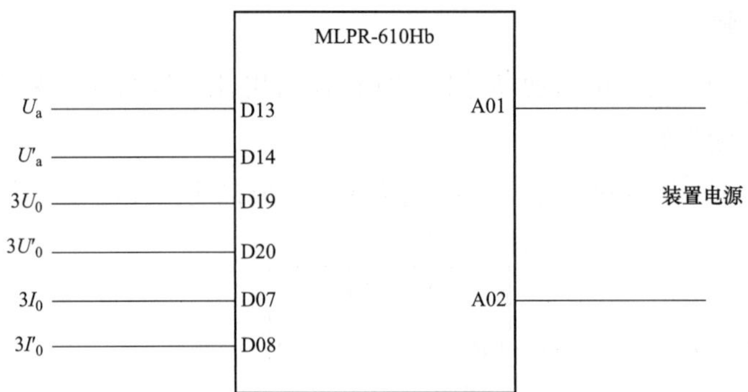

图 9-46　零序过电流保护测试接线图

表 9-10　　零序过电流保护试验表

输入零序电流	零序过电流定值	在开口 U_0（V）端子处输入≥15 V 电压；同时输入 0.95 倍定值	在开口 U_0（V）端子处输入≥15 V 电压；同时输入 1.05 倍定值
	过电流时间定值		
动作情况			

保护动作时测量 B17-B18、B25-B26、B27-B28 端子应导通。

（3）失压保护校验。

1）按如图 9-44 所示完成 U_a、U_b、U_c 电压回路接线，检查接线正确无误。

2）在保护装置的定值设置表内将其他保护的软压板退出，将失压保护投入软压板投入。

3）核对需校验保护装置内的整定定值与定值清单定值一致无误。

4）按照失压保护试验表 9-11，顺序施加电压定值，并记录保护动作情况。

表 9-11　　失压保护试验表

输入 U_{AB} 相电压	失压定值（V）	0.95 倍定值	1.05 倍定值
	动作情况		
输入 U_{BC} 相电压	失压定值（V）	0.95 倍定值	1.05 倍定值
	动作情况		
输入 U_{CA} 相电压	失压定值（V）	0.95 倍定值	1.05 倍定值
	动作情况		

保护动作时，测量 B17-B18、B25-B26、B27-B28 端子应导通。

（4）过负荷保护校验。过负荷保护取最大相电流进行判别，跳闸或告警可选择。按如

图 9-47 所示的过负荷保护测试接线图接线，过负荷告警投入。

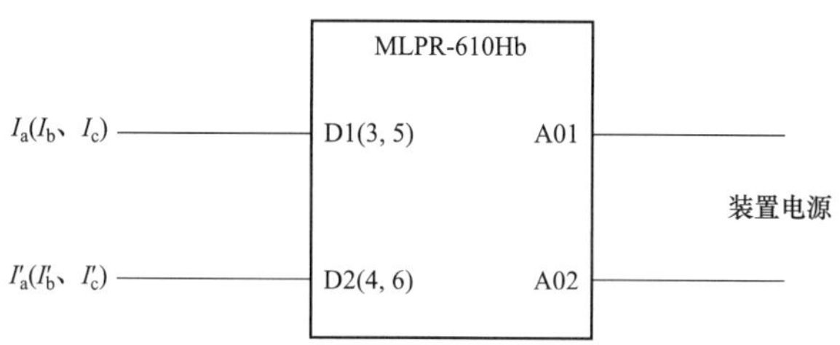

图 9-47 过负荷保护测试接线图

按表 9-12 过负荷保护试验表进行整定，测量动作电流值，将数据记录表中。过负荷告警动作时，测量 B19～B20 端子应导通。

表 9-12 过负荷保护试验表

输入 A 相电流	过负荷定值（A）	0.95 倍定值	1.05 倍定值
	过负荷时间定值（t）		
	动作情况		
输入 B 相电流	过负荷定值（A）	0.95 倍定值	1.05 倍定值
	过负荷时间定值（t）		
	动作情况		
输入 C 相电流	过负荷定值（A）	0.95 倍定值	1.05 倍定值
	过负荷时间定值（t）		
	动作情况		

（5）TV 断线功能校验。

1）按照如图 9-44 所示完成 U_a、U_b、U_c 电压回路接线，检查接线正确无误。

2）加三相电压（57.7 V），断开任一相或两相接线，保护装置报 TV 断线。

3）不加三相电压，输入 I_a、I_b、I_c 三相电流为 $0.1I_n$（I_n 为 5 A 或 1 A），装置应报 TV 断线，测量 B19-B20 端子应导通。

第十章 预防性试验

第一节 概 述

预防性试验是脱硫电力设备运行和维护工作中的一个重要环节，是电力设备绝缘监督工作的基本要求，也是电力设备全过程管理工作的重要组成部分。

电气设备在运行过程中，受温度、湿度、腐蚀气体、空气污秽等因素的影响，绝缘状况会不断劣化，因此需要对设备绝缘状况、设备性能等按时进行定期试验和检查，及时发现内部缺陷，并采取相应措施进行维护与检修，保证设备安全可靠运行。

预防性试验包括绝缘测量、耐压测试、泄漏电流测试等项目，主要依据电力部 DL/T 596—2021《电力设备预防性试验规程》、GB 50150—2016《电气装置安装工程电气设备交接试验标准》以及 DL/T 1054—2021《高压电气设备绝缘技术监督规程》中的各项条款。

预防性试验常用的一些基本术语及符号说明如下：

1. 在线监测

在线监测指在不影响设备运行的条件下，对设备状况连续或定时进行的监测，通常是自动进行的。

2. 带电测量

带电测量指对在运行电压下的设备，采用专用仪器，由人员参与进行的测量。

3. 绝缘电阻

绝缘电阻指在绝缘结构的两个电极之间施加的直流电压值与流经该对电极的泄流电流值之比，常用绝缘电阻表直接测得。本章中，若无说明，均指加压 1 min 时的测得值。

4. 吸收比

吸收比指在同一次试验中，1 min 时的绝缘电阻值与 15 s 时的绝缘电阻值之比。

5. 极化指数

极化指数指在同一次试验中，10 min 时的绝缘电阻值与 1 min 时的绝缘电阻值之比。

6. 符号

U_n：设备额定电压（对发电机转子是指额定励磁电压）。

U_m：设备最高电压。

U_0/U 电缆额定电压（其中 U_0 为电缆导体与金属套或金属屏蔽之间的设计电压，U 为导体与导体之间的设计电压）。

U_{1mA}：避雷器直流 1 mA 下的参考电压。

$\tan\delta$：介质损耗因数。

第二节 预防性试验基本要求

一、人员及试验设备要求

（1）参加预防性试验工作的人员应具备相应资质。试验队伍应取得五级及以上等级《承装（修、试）电力设施许可证》，试验人员应持有《高压电工进网作业许可证》《特种作业人员操作资格证》，且证件在有效期内。

（2）所用试验仪器经检验合格并粘贴合格证，仪器无破损，试验前应通电检查功能正常，试验人员熟悉仪器的使用方法和紧急处理措施。

（3）待试验设备已办理工作票，安全措施已正确执行，安排专人负责监护和协调。

二、预防性试验注意事项

（1）交流耐压试验，加至试验电压后的持续时间，凡无特殊说明者，均为 1 min。耐压试验时，应尽量将连在一起的各种设备分离开来单独试验。

（2）进行与温度和湿度有关的各种试验时（直流电阻、绝缘电阻、介质损耗的正切值、泄漏电流等），应同时测量被试品的温度和周围空气的温度和湿度。

（3）直流高压试验时，应采用负极性接线。

（4）绝缘试验时，被试品温度不应低于 5 ℃，户外试验应在良好的天气进行，且空气相对湿度一般不高于 80%。

（5）充油电力设备在注油后应有足够的静置时间才可进行耐压试验。

（6）试验电缆时，被试电缆的末端必须派人看守；试验过程中需变换接线时，必须先将电源切断，然后将电缆充分接地放电，检查无残存电压后，方可更换接线。

（7）用绝缘电阻表遥测绝缘电阻时，被测量物应与电源完全断开，试验中应防止与人接触；试验后被测量物应接地放电；选用的绝缘电阻表的电压等级必须与被测量设备的电压等级匹配，严禁用高一级电压的绝缘电阻表测量低一级电压的设备。

（8）在做二次回路耐压试验中，有关回路和设备应设专人监视。

（9）检查高压试验设备或被试设备是否有电时，应使用符合使用要求并检验合格的高压验电器，严禁使用低压验电器检验高压试验设备。

（10）试验时如发生异常情况，应立即断开电源，接地放电后再进行检查。

三、异常数据的分析

（1）对试验结果必须进行全面、历史的综合分析和比较，既要对照历次试验结果，也要对照同类设备或不同相别的试验结果，根据变化规律和趋势，经全面分析后作出判断。

（2）数据异常的设备要全面排查，防止因接线错误导致数据异常，如电缆测绝缘时另外一端挂设接地线导致绝缘不合格；数据确有异常时，应对异常设备进行检修后再次试验。

第三节　预防性试验项目

电力设备预防性试验规程内容项目较多，技术规定较为复杂，但就脱硫系统而言，主要包括变压器、电动机、高压侧、低压侧开关柜（含断路器、隔离开关、电流互感器、电压互感器、避雷器等）、电力电缆、母线（含封闭母线、一般母线）、接地装置、二次回路等预防性试验。

本章中所说的“大修、小修”是指对设备本体的大修、小修（如变压器绕组更换），而不是电力系统常说的A、B级等级检修。设备本体没有执行大修、小修项目时，一般仅执行定期试验项目。“投运前”是指交接后长时间未投运及新设备投运之前。

一、预防性试验项目要求

脱硫系统虽然只是电力生产的环节之一，但脱硫电气设备的预防性试验工作与电厂主设备同等重要，是保证脱硫系统设备安全运行的关键，因此必须按照规程要求，系统开展预防性试验工作。

为便于脱硫专业开展预防性试验工作，现将典型的脱硫系统预防性试验项目汇总。由于脱硫电气系统配置不尽相同，表中所列试验项目并不全面，在制定预防性试验项目和确定预防性试验周期时，还需按照DL/T 596—2021《电力设备预防性试验规程》和现场实际情况统筹计划、安排。

1. 交流电动机

交流电动机的试验项目、周期和要求见表10-1。

表10-1　　交流电动机的试验项目、周期和要求

序号	项目	周期	要求	说明
1	绕组的绝缘电阻和吸收比	（1）小修时。 （2）大修时	（1）绝缘电阻值：	（1）500 kW及以上的电动机，应测量吸收比（或极化指数），吸收比或极化指数：沥青浸胶及烘卷云母绝缘吸收比不应小于1.3或极化指数不应小于1.5；环氧粉云母绝缘吸收比不应小于1.6或极化指数不应小于2.0。水内冷定子绕组自行规定。

续表

序号	项目	周期	要求	说明
1	绕组的绝缘电阻和吸收比	（1）小修时。 （2）大修时	1）额定电压3000 V以下者，室温下不应低于0.5 MΩ。 2）额定电压3000 V及以上者，交流耐压前，定子绕组在接近运行温度时的绝缘电阻值不应低于U_nMΩ（取U_n的kV数，下同）；投运前室温下（包括电缆）不应低于U_nMΩ。 （2）吸收比自行规定	（2）3 kV以下的电动机使用1000 V绝缘电阻表；3 kV及以上者使用2500 V绝缘电阻表。 （3）小修时定子绕组可与其所连接的电缆一起测量。 （4）有条件时可分相测量
2	绕组的直流电阻	（1）1年（3 kV及以上或100 kW及以上）。 （2）大修时。 （3）必要时	（1）3 kV及以上或100 kW及以上的电动机各相绕组直流电阻值的相互差别不应超过最小值的2%；中性点未引出者，可测量线间电阻，其相互差别不应超过1%。 （2）其余电动机自行规定。 （3）应注意相互间差别的历年相对变化	
3	定子绕组泄漏电流和直流耐压试验	（1）大修时。 （2）更换绕组后	（1）试验电压：全部更换绕组时为$3U_n$；大修或局部更换绕组时为$2.5U_n$。 （2）泄漏电流相间差别一般不大于最小值的100%和泄漏电流为20 μA以下者不做规定。 （3）500 kW以下的电动机自行规定	有条件时可分相进行
4	定子绕组的交流耐压试验	（1）大修后。 （2）更换绕组后	（1）大修时不更换或局部更换定子绕组后试验电压为$1.5U_n$，但不低于1000 V。 （2）全部更换定子绕组后试验电压为（$2U_n$+1000）V，但不低于1500 V	（1）低压和100 kW以下不重要的电动机，交流耐压试验可用2500 V绝缘电阻表测量代替。 （2）更换定子绕组时工艺过程中的交流耐压试验按制造厂规定
5	电动机空转并测空载电流和空载损耗	必要时	（1）转动正常，空载电流自行规定。 （2）额定电压下的空载损耗值不得超过原来值的50%	（1）空转检查的时间一般不小于1 h。 （2）测定空载电流仅在对电动机有怀疑时进行。 （3）3 kV以下电动机仅测空载电流不测空载损耗

注 容量在100 kW以下的电动机一般只进行序号1、4、5项的试验，对于特殊电动机的试验项目按制造厂规定。

2. 干式变压器

干式变压器的试验项目、周期和要求见表10-2。

表10-2　　干式变压器的试验项目、周期和要求

序号	项目	周期	要求	说明
1	绕组直流电阻	（1）1～3年或自行规定。 （2）无励磁调压变压器变换分接位置后。 （3）有载调压变压器的分接开关检修后（在所有分接侧）。 （4）大修后。 （5）必要时	（1）1.6 MVA以上变压器，各相绕组电阻相互间的差别不应大于三相平均值的2%，无中性点引出的绕组，线间差别不应大于三相平均值的1%。 （2）1.6 MVA及以下的变压器，相间差别一般不大于三相平均值的4%；线间差别一般不大于三相平均值的2%。 （3）与以前相同部位测得值比较，其变化不应大于2%。 （4）电抗器参照执行	（1）如电阻相间差在出厂时超过规定，制造厂已说明了这种偏差的原因，按要求中（3）项执行。 （2）不同温度下的电阻值按下式换算： $R_2=R_1\left(\frac{T+t_2}{T+t_1}\right)$ （3）式中R_1、R_2分别为在温度t_1、t_2时的电阻值；T为计算用常数，铜导线取235；铝导线取225。 （4）无励磁调压变压器应在使用的分接锁定后测量
2	绕组绝缘电阻、吸收比或（和）极化指数	（1）1～3年或自行规定。 （2）大修后。 （3）必要时	（1）绝缘电阻换算至同一温度下，与前一次测试结果相比应无明显变化。 （2）吸收比（10～30 ℃）不低于1.3或极化指数不低于1.5	（1）采用2500 V或5000 V绝缘电阻表。 （2）测量前被试绕组应充分放电
3	交流耐压试验	（1）1～5年（10 kV及以下）。 （2）大修后（66 kV及以下）。 （3）更换绕组后。 （4）必要时	干式变压器全部更换绕组时，按出厂试验电压值；部分更换绕组和定期试验时，按出厂试验电压值的0.85倍	（1）可采用倍频感应或操作波感应法。 （2）66 kV及以下全绝缘变压器，现场条件不具备时，可只进行外施工频耐压试验
4	穿心螺栓、铁轭夹件、绑扎钢带、铁芯、线圈压环及屏蔽等的绝缘电阻	（1）大修后。 （2）必要时	220 kV及以上者绝缘电阻一般不低于500 MΩ，其他自行规定	（1）采用2500 V绝缘电阻表（对运行年久的变压器可用1000 V绝缘电阻表）。 （2）连接片不能拆开者可不进行

续表

序号	项目	周期	要求	说明
5	绕组所有分接的电压比	（1）分接开关引线拆装后。 （2）更换绕组后。 （3）必要时	（1）各相应接头的电压比与铭牌值相比，不应有显著差别，且符合规律。 （2）电压 35 kV 以下，电压比小于 3 的变压器电压比允许偏差为 ±1%；其他所有变压器：额定分接电压比允许偏差为 ±0.5%；其他分接的电压比应在变压器阻抗电压值（%）的 1/10 以内，但不得超过 ±1%	
6	校核三相变压器的组别或单相变压器极性	更换绕组后	必须与变压器铭牌和顶盖上的端子标志相一致	
7	空载电流和空载损耗	（1）更换绕组后。 （2）必要时	与前次试验值相比，无明显变化	试验电源可用三相或单相；试验电压可用额定电压或较低电压值
8	短路阻抗和负载损耗	（1）更换绕组后 （2）必要时	与前次试验值相比，无明显变化	试验电源可用三相或单相；试验电流可用额定值或较低电流值
9	测温装置及其二次回路试验	（1）1～3 年。 （2）大修后。 （3）必要时	密封良好，指示正确；测温电阻值应和出厂值相符。 绝缘电阻一般不低于 1 MΩ	测量绝缘电阻采用 2500 V 绝缘电阻表

3. 互感器

（1）电流互感器。电流互感器的试验项目、周期和要求，见表 10-3。

表 10-3　电流互感器的试验项目、周期和要求

序号	项目	周期	要求	说明
1	绕组的绝缘电阻	（1）投运前。 （2）1～3 年。 （3）大修后。 （4）必要时	绕组绝缘电阻与初始值及历次数据比较，不应有显著变化	采用 2500 V 绝缘电阻表
2	交流耐压试验	（1）1～3 年。 （2）大修后。 （3）必要时	二次绕组之间对地为 2 kV	

（2）电压互感器。电磁式电压互感器的试验项目、周期和要求见表 10-4。

表 10-4　　电磁式电压互感器的试验项目、周期和要求

序号	项目	周期	要求	说明
1	绝缘电阻	（1）1～3 年。 （2）大修后。 （3）必要时	自行规定	一次绕组用 2500 V 绝缘电阻表；二次绕组用 1000 V 或 2500 V 绝缘电阻表
2	交流耐压试验	（1）3 年。 （2）大修后。 （3）必要时	（1）一次绕组按出厂值的 85% 进行；出厂值不明的，6 kV、10 kV 电压等级的试验电压分别为 21 kV、30 kV。 （2）二次绕组之间为 2 kV。 （3）全部更换绕组绝缘后按出厂值进行	
3	空载电流测量	（1）大修后。 （2）必要时	（1）在额定电压下，空载电流与出厂数值比较无明显差别。 （2）在下列试验电压下，空载电流不应大于最大允许电流： 中性点非有效接地系统 $1.9U_n/\sqrt{3}$； 中性点接地系统　$1.5U_n/\sqrt{3}$	
4	铁芯铁芯夹紧螺栓（可接触到的）绝缘电阻	大修时	自行规定	采用 2500 V 绝缘电阻表
5	联结组别和极性	（1）更换绕组后。 （2）接线变动后	与铭牌和端子标志相符	
6	电压比	（1）更换绕组后。 （2）接线变动后	与铭牌标志相符	更换绕组后应测量比值差和相位差

4. 开关设备

（1）低压断路器。低压断路器的试验项目、周期和要求见表 10-5。

表 10-5　　低压断路器的试验项目、周期和要求

序号	项目	周期	要求	说明
1	操动机构合闸接触器和分闸、合闸电磁铁的最低动作电压	（1）大修后。 （2）操动机构大修后	（1）操动机构分闸、合闸电磁铁或合闸接触器端子上的最低动作电压应为操作电压额定值的 30%～65%。 （2）在使用电磁机构时，合闸电磁铁线圈通流时的端电压为操作电压额定值的 80%（关合电流峰值等于及大于 50 kA 时为 85%）时应可靠动作	

续表

序号	项目	周期	要求	说明
2	合闸接触器和分闸、合闸电磁铁线圈的绝缘电阻和直流电阻，辅助回路和控制回路绝缘电阻	（1）1～3年。 （2）大修后	（1）绝缘电阻不应小于2 MΩ。 （2）直流电阻应符合制造厂规定	采用500 V或1000 V绝缘电阻表

（2）空气断路器。空气断路器的试验项目、周期和要求见表10-6。

表10-6　空气断路器的试验项目、周期和要求

序号	项目	周期	要求	说明
1	耐压试验	大修后	12～40.5 kV断路器对地及相间试验电压值按DL/T 593—2016《高压开关设备和控制设备标准的共用 技术要求》中的规定值	
2	辅助回路和控制回路交流耐压试验	（1）1～3年。 （2）大修后	试验电压为2 kV	
3	导电回路电阻	（1）1～3年。 （2）大修后	（1）大修后应符合制造厂规定。 （2）运行中的电阻值允许比制造厂规定值提高1倍	用直流压降法测量，电流不小于100 A
4	主、辅触头分闸、合闸配合时间	大修后	应符合制造厂规定	
5	断路器的分闸、合闸时间及合分时间	大修后	连续测量3次均应符合制造厂规定	
6	分闸、合闸同期性	大修后	应符合制造厂规定，制造厂无规定时，则相间合闸不同期不大于5 ms；分闸不同期不大于3 ms	
7	分闸、合闸电磁铁线圈的最低动作电压	大修后	操动机构分闸、合闸电磁铁的最低动作电压应在操作电压额定值的30%～65%	在额定气压下测量
8	分闸和合闸电磁铁线圈的绝缘电阻和直流电阻	大修后	（1）绝缘电阻不应小于2 MΩ。 （2）直流电阻应符合制造厂规定	采用1000 V绝缘电阻表

（3）真空断路器的试验项目、周期和要求见表10-7。

表10-7 真空断路器的试验项目、周期、要求

序号	项目	周期	要求	说明
1	绝缘电阻	（1）1～3年。 （2）大修后	整体绝缘电阻参照制造厂规定或自行规定	
2	交流耐压试验（断路器主回路对地、相间及断口）	（1）1～3年。 （2）大修后。 （3）必要时	断路器在分闸、合闸状态下分别进行，试验电压值按DL/T 593—2016《高压开关设备和控制设备标准的共用技术要求》规定值	（1）更换或干燥后的绝缘提升杆必须进行耐压试验，耐压设备不能满足时可分段进行。 （2）相间、相对地及断口的耐压值相同
3	辅助回路和控制回路交流耐压试验	（1）1～3年。 （2）大修后	试验电压为2kV	
4	导电回路电阻	（1）1～3年。 （2）大修后	（1）大修后应符合制造厂规定。 （2）运行中自行规定，建议不大于1.2倍出厂值	用直流压降法测量，电流不小于100 A
5	断路器的合闸时间和分闸时间；分闸、合闸的同期性，触头开距；合闸时的弹跳过程	大修后	应符合制造厂规定	在额定操作电压下进行
6	操动机构合闸接触器和分闸、合闸电磁铁的最低动作电压	大修后	（1）操动机构分闸、合闸电磁铁或合闸接触器端子上的最低动作电压应在操作电压额定值的30%～65%；在使用电磁机构时，合闸电磁铁线圈通流时的端电压为操作电压额定值的80%（关合峰值电流等于或大于50 kA时为85%）时应可靠动作。 （2）进口设备按制造厂规定	
7	合闸接触器和分闸、合闸电磁铁线圈的绝缘电阻和直流电阻	（1）1～3年。 （2）大修后	（1）绝缘电阻不应小于2 MΩ。 （2）直流电阻应符合制造厂规定	采用1000 V绝缘电阻表
8	真空灭弧室真空度的测量	大修、小修时	自行规定	有条件时进行
9	检查动触头上的软连接夹片有无松动	大修后	应无松动	

（4）隔离开关。隔离开关的试验项目、周期和要求见表10-8。

表 10-8　　隔离开关的试验项目、周期和要求

序号	项目	周期	要求	说明
1	二次回路的绝缘电阻	（1）1～3 年。 （2）大修后。 （3）必要时	绝缘电阻不低于 2 MΩ	采用 1000 V 绝缘电阻表
2	交流耐压试验	大修后	（1）试验电压值按 DL/T 593—2016《高压开关设备和控制设备标准的共用技术要求》规定。 （2）用单个或多个元件支柱绝缘子组成的隔离开关进行整体耐压有困难时，可对各胶合元件分别做耐压试验，其试验周期和要求按第 10 章的规定进行	在交流耐压试验前、后应测量绝缘电阻；耐压后的阻值不得降低
3	二次回路交流耐压试验	大修后	试验电压为 2 kV	
4	导电回路电阻测量	大修后	不大于制造厂规定值的 1.5 倍	用直流压降法测量，电流值不小于 100 A

（5）高压开关柜。高压开关柜的试验项目、周期和要求见表 10-9。

表 10-9　　高压开关柜的试验项目、周期和要求

序号	项目	周期	要求	说明
1	辅助回路和控制回路绝缘电阻	（1）1～3 年。 （2）大修后	绝缘电阻不应低于 2 MΩ	采用 1000 V 绝缘电阻表
2	辅助回路和控制回路交流耐压试验	大修后	试验电压为 2 kV	
3	断路器速度特性	大修后	应符合制造厂规定	如制造厂无规定可不进行
4	断路器的合闸时间、分闸时间和三相分闸、合闸同期性	大修后	应符合制造厂规定	
5	断路器、隔离开关及隔离插头的导电回路电阻	（1）1～3 年。 （2）大修后	（1）大修后应符合制造厂规定。 （2）运行中应不大于制造厂规定值的 1.5 倍	隔离开关和隔离插头回路电阻的测量在有条件时进行

续表

序号	项目	周期	要求	说明
6	操动机构合闸接触器和分闸、合闸电磁铁的最低动作电压	（1）大修后。 （2）机构大修后	（1）操动机构分、合闸电磁铁或合闸接触器端子上的最低动作电压应在操作电压额定值的30%～65%。 （2）在使用电磁机构时，合闸电磁铁线圈通流时的端电压为操作电压额定值的80%（关合电流峰值等于及大于50 kA时为85%）时应可靠动作	
7	合闸接触器和分合闸电磁铁线圈的绝缘电阻和直流电阻	大修后	（1）绝缘电阻应大于2 MΩ。 （2）直流电阻应符合制造厂规定	采用1000 V绝缘电阻表
8	绝缘电阻试验	（1）1～3年（12 kV及以上）。 （2）大修后	应符合制造厂规定	在交流耐压试验前、后分别进行
9	交流耐压试验	（1）1～3年（12 kV及以上）。 （2）大修后	试验电压值按DL/T 593—2016《高压开关设备和控制设备标准的共用技术要求》规定	（1）试验电压施加方式：合闸时各相对地及相间；分闸时各相断口 （2）相间、相对地及断口的试验电压值相同
10	检查电压抽取（带电显示）装置	（1）1年。 （2）大修后	应符合制造厂规定	
11	“五防”性能检查	（1）1～3年。 （2）大修后	应符合制造厂规定	“五防”是：①防止误分、误合断路器；②防止带负荷拉、合隔离开关；③防止带电（挂）合接地（线）开关；④防止带接地线（开关）合断路器；⑤防止误入带电间隔
12	对断路器的其他要求	（1）大修后。 （2）必要时	根据断路器形式，应符合： （1）SF_6断路器和GIS的试验项目、周期和要求。 （2）多油断路器和少油断路器的试验项目、周期和要求。 （3）真空断路器的试验项目、周期和要求	
13	高压开关柜的电流互感器	（1）大修后。 （2）必要时	见第七章	

（6）其他形式高压开关柜的各类试验项目：其他形式，如计量柜，电压互感器柜和电容器柜等的试验项目、周期和要求可参照表 10-9 中有关序号进行。柜内主要元件（如互感器、电容器、避雷器等）的试验项目按本规程有关章节规定。

5. 电力电缆线路

橡塑绝缘电力电缆是指聚氯乙烯绝缘、交联聚乙烯绝缘和乙丙橡皮绝缘电力电缆。

橡塑绝缘电力电缆线路的试验项目、周期和要求见表 10-10，橡塑绝缘电力电缆的直流耐压试验电压见表 10-11。

表 10-10　　橡塑绝缘电力电缆线路的试验项目、周期和要求

序号	项目	周期	要求	说明
1	电缆主绝缘电阻	（1）重要电缆：1 年。 （2）一般电缆： 1）3.6/6 kV 及以上 3 年。 2）3.6/6 kV 以下 5 年	自行规定	0.6/1 kV 电缆用 1000 V 绝缘电阻表；0.6/1 kV 以上电缆用 2500 V 绝缘电阻表（6/6 kV 及以上电缆也可用 5000 V 绝缘电阻表）
2	电缆外护套绝缘电阻	（1）重要电缆：1 年。 （2）一般电缆： 1）3.6/6 kV 及以上 3 年。 2）3.6/6 kV 以下 5 年	每 km 绝缘电阻值不应低于 0.5 MΩ	采用 500 V 绝缘电阻表；当每 km 的绝缘电阻低于 0.5 MΩ 时应采用附录 D 中叙述的方法判断外护套是否进水。 本项试验只适用于三芯电缆的外护套
3	电缆内衬层绝缘电阻	（1）重要电缆：1 年。 （2）一般电缆： 1）3.6/6 kV 及以上 3 年。 2）3.6/6 kV 以下 5 年	每 km 绝缘电阻值不应低于 0.5 MΩ	采用 500 V 绝缘电阻表；当每 km 的绝缘电阻低于 0.5 MΩ 时，应采用附录 D 中叙述的方法判断内衬层是否进水
4	铜屏蔽层电阻和导体电阻比	（1）投运前。 （2）重作终端或接头后。 （3）内衬层破损进水后	对照投运前测量数据自行规定	铜屏蔽层电阻和导体电阻比的试验方法： （1）用双臂电桥测量在相同温度下的铜屏蔽层和导体的直流电阻。 （2）当前者与后者之比与投运前相比增加时，表明铜屏蔽层的直流电阻增大，铜屏蔽层有可能被腐蚀；当该比值与投运前相比减少时，表明附件中的导体连接点的接触电阻有增大的可能
5	电缆主绝缘直流耐压试验	新做终端或接头后	（1）试验电压值按表 10-11 规定，加压时间 5 min，不击穿。 （2）耐压 5 min 时的泄漏电流不应大于耐压 1 min 时的泄漏电流	

表 10-11　　橡塑绝缘电力电缆的直流耐压试验电压　　（kV）

电缆额定电压 U_0/U	直流试验电压	电缆额定电压 U_0/U	直流试验电压
1.8/3	11	21/35	63
3.6/6	18	26/35	78
6/6	25	48/66	144
6/10	25	64/110	192
8.7/10	37	127/220	305

6. 避雷器

金属氧化物避雷器的试验项目、周期和要求见表 10-12。

表 10-12　　金属氧化物避雷器的试验项目、周期和要求

序号	项目	周期	要求	说明
1	运行电压下的交流泄漏电流	必要时	测量运行电压下的全电流、阻性电流或功率损耗；测量值与初始值比较，有明显变化时应加强监测；当阻性电流增加 1 倍时，应停电检查	应记录测量时的环境温度、相对湿度和运行电压；测量宜在瓷套表面干燥时进行；应注意相间干扰的影响
2	工频参考电流下的工频参考电压	必要时	应符合 GB/T 11032—2020《交流无间隙金属氧化物避雷器 交流无间隙金属氧化物避雷器》或制造厂规定	（1）测量环境温度 20±15 ℃。 （2）测量应每节单独进行，整相避雷器有一节不合格，应更换该节避雷器（或整相更换），使该相避雷器为合格
3	底座绝缘电阻	（1）发电厂、变电站避雷器每年雷雨季前。 （2）必要时	自行规定	采用 2500 V 及以上绝缘电阻表
4	检查放电计数器动作情况	（1）发电厂、变电站避雷器每年雷雨季前。 （2）必要时	测试 3～5 次，均应正常动作；测试后计数器指示应调到“0”	

7. 母线

（1）封闭母线。封闭母线的试验项目、周期和要求见表 10-13。

（2）一般母线。一般母线的试验项目、周期和要求见表 10-14。

8. 二次回路

二次回路的试验项目、周期和要求见表 10-15。

表 10-13　　封闭母线的试验项目、周期和要求

<table>
<tr><th>序号</th><th>项目</th><th>周期</th><th colspan="3">要求</th><th>说明</th></tr>
<tr><td>1</td><td>绝缘电阻</td><td>大修时</td><td colspan="3">6 kV 共箱封闭母线在常温下的分相绝缘电阻值不小于 6 MΩ</td><td>采用 2500 V 绝缘电阻表</td></tr>
<tr><td rowspan="4">2</td><td rowspan="4">交流耐压试验</td><td rowspan="4">大修时</td><td rowspan="2">额定电压（kV）</td><td colspan="2">试验电压（kV）</td><td rowspan="4"></td></tr>
<tr><td>出厂</td><td>现场</td></tr>
<tr><td>≤1</td><td>4.2</td><td>3.2</td></tr>
<tr><td>6</td><td>42</td><td>32</td></tr>
</table>

表 10-14　　一般母线的试验项目、周期和要求

序号	项目	周期	要求	说明
1	绝缘电阻	（1）1～3 年。 （2）大修时	不应低于 1 MΩ/kV	
2	交流耐压试验	（1）1～3 年。 （2）大修时	额定电压在 1 kV 以上时，试验电压按支柱绝缘子耐压试验要求进行；额定电压在 1 kV 及以下时，试验电压为 1000 V	

表 10-15　　二次回路的试验项目、周期和要求

序号	项目	周期	要求	说明
1	绝缘电阻	（1）大修时。 （2）更换二次线时	（1）直流小母线和控制盘的电压小母线，在断开所有其他并联支路时不应小于 10 MΩ。 （2）二次回路的每一支路和断路器、隔离开关、操动机构的电源回路不小于 1 MΩ；在比较潮湿的地方，允许降到 0.5 MΩ	采用 500 V 或 1000 V 绝缘电阻表
2	交流耐压试验	（1）大修时。 （2）更换二次线时	试验电压为 1000 V	（1）不重要回路可用 2500 V 绝缘电阻表试验代替。 （2）48 V 及以下回路不做交流耐压试验。 （3）带有电子元件的回路，试验时应将其取出或两端短接

9. 绝缘支撑及连接元件

绝缘支撑及连接元件的试验项目、周期和要求见表 10-16。

表 10-16 绝缘支撑及连接元件的试验项目、周期和要求

序号	项目	周期	要求	说明
1	绝缘电阻	更换后	＞500 MΩ	采用 2500 V 绝缘电阻表
2	耐压试验	更换后	直流 100 kV 或交流 72 kV，保持 1 min 无闪络	

10. 高压、低压开关柜及通用电气部分

按有关章节执行。

二、预防性试验测量方法

1. 绝缘电阻测量

（1）绝缘电阻测试时电压等级的选择主要是根据被试设备的电压等级来确定。一般 380 V 设备选用 500 V 或 1000 V 电压等级绝缘电阻表；额定电压在 6000 V 等级时，选用 2500 V 绝缘电阻表。

（2）绝缘电阻测试仪的三个端子使用：L- 相线端子；G- 屏蔽端子；E- 接地端子。

（3）正常测量绝缘电阻的接线方式如图 10-1 所示。被试品的测量端与 L 相线端子连接；被试品的接地端与 E 接地线端子连接。需要考虑绝缘测试仪的泄漏电流影响时，将被试品的屏蔽层与 G 屏蔽端子连接。

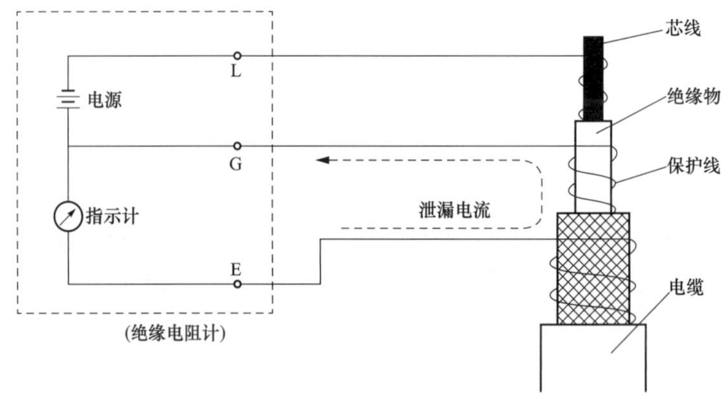

图 10-1 绝缘电阻测量接线示意图

（4）被试品测量前后必须充分放电，必须大于充电时间。操作应使用绝缘工具。

（5）被试品表面的油污、污垢必须清洁干净。

（6）手动测试仪在全速后进行测量，测量后先断开相线侧测试线，再降速。

（7）对于容量较大的变压器、电缆、应使用 G 端子进行屏蔽泄漏电流。

（8）环境湿度过大时（80%），应对被试品的表面加等电位屏蔽，以减小测量误差。

（9）电气设备的绝缘受潮后，其绝缘电阻降低，通过后极化过程加快，而由极化过程决定的吸收电流衰减速度也变快。因此，随着测量时间的增加，绝缘电阻迅速上升，在这种情况下，

只要测出不同测量时间下的绝缘电阻，并进行比较就能判断绝缘是否受潮，以及受潮的程度。

（10）对于电力变压器、电力电容器、交流电动机等高压电气设备，为了考察其绝缘的受潮情况，除了测量它们的绝缘电阻外，还要测量吸收比。吸收比（K）通常用加压后 60s 的绝缘电阻值（记作 R_{60}）和加压后 15s 的绝缘电阻值（记作 R_{15}）的比值表示，即 $K=R_{60}/R_{15}$。如果 K 值大，表明绝缘干燥；如果 K 值小，表明绝缘已受潮。一般来说，未受潮的绝缘，其 K 值应大于 1.3；而当 K 值接近于 1 时，则说明绝缘已受潮或有局部缺陷。

2. 直流电阻测量

（1）对于绕组阻值在 1 Ω 以上的，可以选用单臂电桥。

（2）对于绕组阻值在 1 Ω 以下的，可以选用双臂电桥或者数字电桥。

（3）直流电阻测试仪（如图 10-2 所示）电流选择有两种方法，一是根据被试设备功率大小选择，功率在 45 kW 以下选用 1 A 充电电流；45～2500 kW 选用 5～10 A 充电电流；另一种是选择自动模式，直流电阻测试仪会根据被测设备自动选择合适的充电电流。

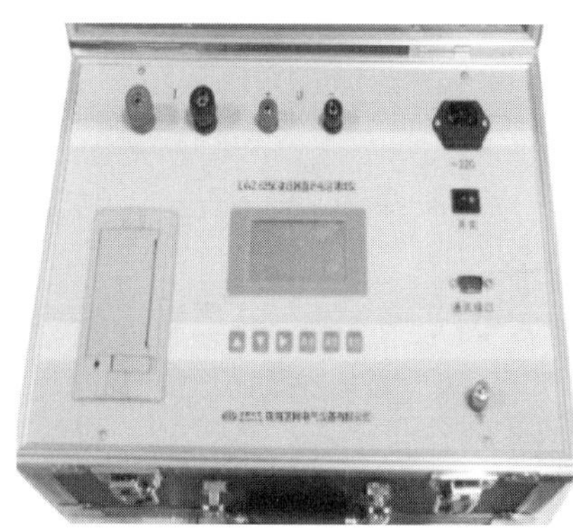

图 10-2　直流电阻测试仪

（4）正常测量时，应事先预估被测品的直流电阻，对于双臂电桥，应按照估计的电阻值选择电桥的标准电阻 R_n 和适当的倍率，以提高读数精度；数字电桥则可选择合适的充电电流，以缩短测量时间。

（5）双臂电桥测试结束时，应先断开检流计按钮，再断开电源。

（6）数字电桥测试结束时，应先断开电源，再断开接线。

（7）电动机的绕组冷态温度确定，电动机应在室内放置一段时间，温度计（埋线式温度计）测量温度与冷却介质温度（环境温度）温差不大于 2 K，大中型电动机温度计放置时间不少于 15 min 后取值。

（8）使用伏安法或数字式微欧计测量直流电阻时，通过被试绕组的电流不得大于绕组额定电流 10%，不得超过 1 min，防止发热温升，造成电阻值增大。

（9）测量时，电动机的转子应静止不动。

（10）每个电阻测量三次，每次读数与三次读数的平均值之差应在 ±0.5% 以内，取算数平均值作为电阻的实际值。

（11）检查试验时，可以进行一次测量。

3. 直流耐压测试

（1）根据被测设备选择电压等级，电动机全部更换绕组时为 $3U_n$；大修或局部更换绕组时为 $2.5U_n$。400 V 电动机全部更换绕组后直流耐压试验电压等级为 1200 V；部分绕组更换耐压试验电压等级为 1000 V。6 kV 高压电动机大修全部更换绕组后耐压试验电压等级为 18 kV；部分绕组检修后耐压试验电压为 15 kV。

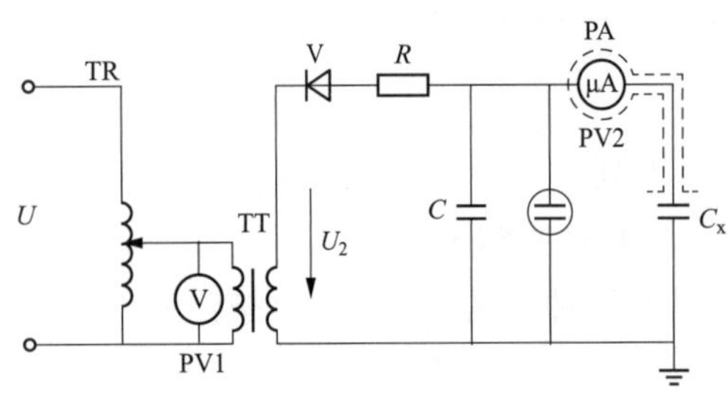

图 10-3　高压侧接线

PV1—低压电压表；PV2—高压静电电压表；R—保护电阻；TR—自耦调压器；PA—微安表；TT—试验变压器；U_2—高压试验变压器二次输出电压

（2）半波整流试验接线：由试验变压器、自耦调压器、高压二极管、测量表计构成，根据测量表计的接入位置分为高压侧接线（如图 10-3 所示）和低压侧接线（如图 10-4 所示）两种。低压侧接线时尽量选择 a 接线，b 接线测量数值偏大。

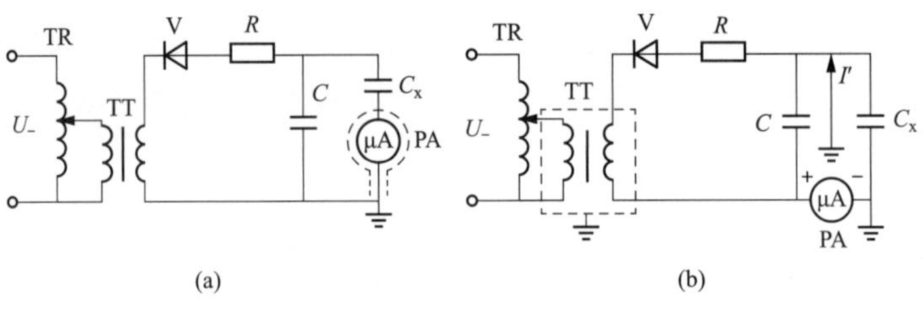

图 10-4　低压侧接线

（a）被试品对地绝缘；（b）被试品直接接地

（3）全波倍压整流试验接线（如图 10-5 所示）：半波整流的直流输出只能接近试验变压器的峰值电压 U_{max}，更高的直流电压需通过倍压整流实现，整流方式分为单倍和多倍两种，现更多采用性能更好的脉宽调制的直流高压电源（如图 10-6 所示）。

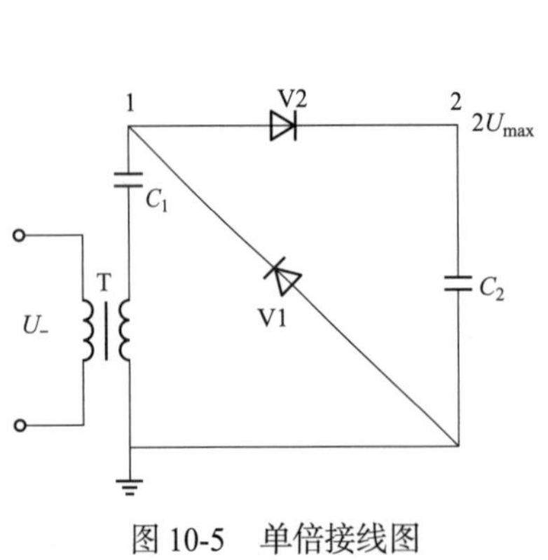

图 10-5　单倍接线图

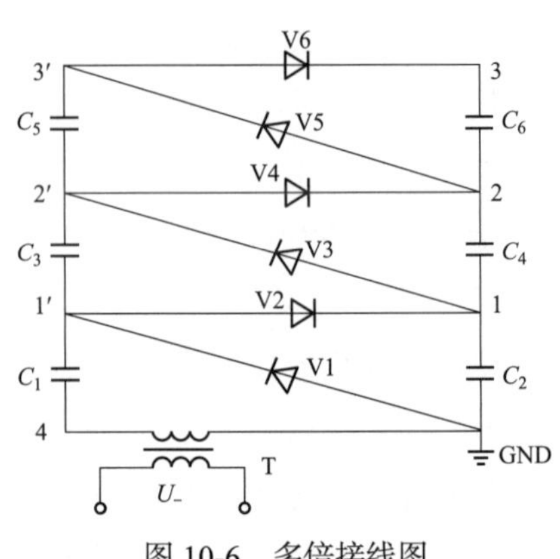

图 10-6　多倍接线图

（4）直流电压测量按照测量方式可以分为直接测量和间接测量两类，直接测量：高电阻＋微安表、分压器＋低压电压表、静电电压表三种。间接法为试验变压器低压侧折算法。

（5）泄漏电流的测量使用微安表串入回路进行示数。试验过程中以确保被试品放电或击穿产生的脉冲电流、脉动交流分量不会造成微安表发热或损坏。

（6）直流耐压测试时的注意事项：

1）当微安表在高压侧时，表与被试品之间的连线必须屏蔽。

2）使用试验变压器半波整流接线时，限流电阻按照 0.5～1 MΩ/100 kV 计算，过电流继电器应在 0.02 s 内断电。

3）被试品表面应擦拭干净，并加以屏蔽以消除表面脏污引起的误差。

4）能分相试验的被试品应分相试验，非试验相短路接地。

5）试验结束后，大容量被试品，应先经放电电阻放电后，再充分放电。

6）高压连接导线及连接部位不得有尖端部位，防止出现电晕损耗；连接导线应尽量短，导线对地距离要增加，可以减少对测量结果的影响。

7）控制被试品的温度（30～80 ℃）之间，在此温度范围内泄漏电流变化明显，建议电动机停运后在热态下试验，还可在冷却过程中对几种温度下测量数值比较。

8）被试品测量的泄漏电流应换算到同一温度下与历次试验比较，也可做出电流与时间关系曲线和电流与电压变化曲线进行分析。

4. 交流耐压试验

（1）交流耐压电压的选择。电动机不更换或局部更换定子绕组后试验电压为 $1.5U_n$，但不低于 1000 V；全部更换定子绕组后试验电压为（$2U_n$+1000）V，但不低于 1500 V。400 V 电动机大修部分更换绕组后交流耐压电压为 1000 V，全部更换绕组后交流耐压电压为 1800 V。6 kV 高压电动机大修部分更换绕组后交流耐压电压为 9 kV；全部更换绕组后交流耐压电压为 13 kV。

（2）交流耐压测试接线如图 10-7 所示。交流耐压试验回路由熔断器、电磁开关、过电流继电器、试验变压器、电压互感器、测量表计构成，进行交流耐压的被试品一般为容性负荷，电容电流与试验变压器的漏抗会产生较大压降，有可能因电容电压升高造成被试品上的电压比试验变压器输出的电压还高，因此要求必须在被试品上直接测量电压。此外，必须考虑被试品的容抗与试验变压器漏抗产生串联谐振，造成被试品过电压，必须在试验回路中设置保护电阻 R1，R1 按照 0.1～0.5 Ω/V 选取。

（3）试验变压器参数的选择：

1）试验电压选择：按照试验标准选择电压。

2）试验电流选择按照式（10-1）计算：

$$I_C=\omega C_x U_s \tag{10-1}$$

式中 I_C——试验时被试品的电容电流，mA；

ω——电源角频率；

C_x——被试品的电容量，μF；

U_s——试验电压，kV。

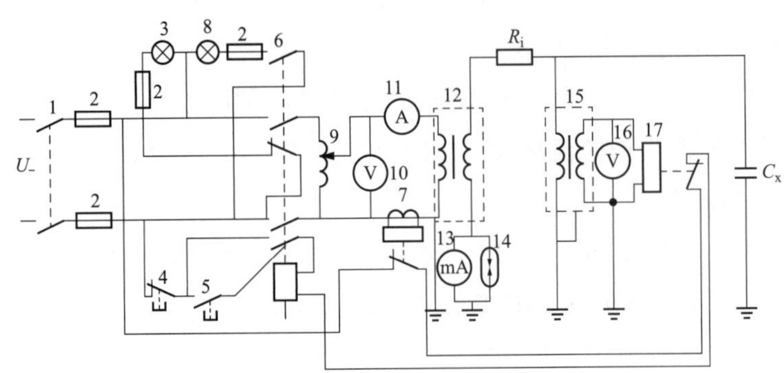

图 10-7　交流耐压试验接线图

1—双极开关；2—熔断器；3—绿色指示灯；4—动断分闸按钮；5—动合合闸按钮；6—电磁开关；7—过流继电器；8—红色指示灯；9—调压器；10—低压侧电压表；11—电流表；12—高压试验变压器；13—毫安表；14—放电管；15—测量用电压互感器；16—电压表；17—过压继电器；R_i—保护电阻；C_x—被试品

C_x 可用交流电桥或电容电桥测出，也可在被试品上施加工频低压，根据测得的电压和电流（感性和电阻的影响不计）来估算，也可在附表中查出估算值，按照式（10-2）计算：

$$C_x \approx I/(\omega U) \tag{10-2}$$

式中　I——测量电流，mA；

U——外加电压，kV。

3）试验变压器容量 P（kVA）的选择按照式（10-3）计算：

$$P = K\omega C_x U_s^2 \times 10^{-3} \tag{10-3}$$

式中　K——安全系数，按 K=1～2 选取；

C_x——被试品的电容量，μF；

U_s——试验电压，kV。

4）试验电压的测量分为直接测量和间接测量两类，直接测量又分为电压互感器、分压器 + 低压电压表和高压静电电压表三种；间接法为试验变压器低压侧折算法。

5）交流耐压测试时的注意事项：

a. 被试品为有机绝缘材料时，试验后应立即触摸，如出现普遍发热或局部发热，应及时处理，再做试验。

b. 如果耐压试验后的绝缘电阻在耐压前下降 30%，则检查该试品是否合格。

c. 试验过程中，因空气湿度、温度、表面脏污影响引起的被试品表面滑闪或空气放电，不应认为被试品内绝缘不合格，需清洁干燥后再进行试验。

d. 升压必须从零开始，不可冲击合闸，升压速度在 40% 试验电压以内可以不受限制，其后应均匀升压，速度为 3%/s；耐压试验前后必须测量被试品绝缘电阻。

第四节 预防性试验的影响因素分析

一、影响设备绝缘电阻的因素

（1）湿度影响。湿度不仅影响表面绝缘电阻，也影响体积绝缘电阻。当绝缘物在湿度较大的环境中时，其表面会吸收潮气形成水膜，使绝缘电阻显著下降。此外，当湿度不变时，温度变化会在绝缘表面形成凝露，凝露不仅降低表面绝缘还会加速绝缘吸湿过程。测量设备的绝缘电阻应在空气相对湿度 80% 以下进行。

（2）温度影响。温度上升，许多绝缘材料的绝缘电阻都会明显下降，因为温度升高使离子德尔活动增加和游离机会增加，绝缘材料离子数目增加、运动加剧，绝缘材料的绝缘能力下降。温度升高包含环境温度与电气本体温升两个方面的因素。

针对这一因素，试验人员应将测试结果换算到同一温度下进行纵横向比较，如果试验数据相差很大，且不合乎试验规程，应根据试验结果，分析绝缘是否有老化或受潮现象。一般要求测试绝缘时环境温度不低于 5 ℃。

（3）表面状态的影响。表面的污染、受潮使绝缘物的表面电阻率下降，从而使绝缘电阻也下降。测试品表面容易附着灰尘或油污等污秽物质，这些污秽物质大多能够导电，使绝缘物表面电阻降低，但这不代表绝缘体的真实情况。针对这一情况，通常要用清扫手段，把绝缘体表面揩拭干净，这样被测试物的绝缘电阻值就会大大提高。

（4）试验电压高低的影响。随着试验电压的增加，绝缘电阻会减小，但对良好的干燥绝缘的影响较小，所以对于不同电压等级的电气设备，应采用不同电压的绝缘电阻表。

（5）电气设备上剩余电荷的影响。重复测量时，由于残余电荷的存在，使重复测量时所得到的充电电流和吸收电流比前一次小，造成绝缘电阻假增现象。因此，每测一次绝缘电阻后，应将被测试品充分放电，做到放电时间大于充电时间，以利于残余电荷放尽。

（6）绝缘电阻表容量的影响。

（7）接线和表计形式的影响。绝缘电阻表使用不当，会使得数据不准确，因此，应选择合适电压等级的绝缘电阻表；接线要正确（测量端接表的“L”端，接地端接表的“E”端，屏蔽端接表的“G”端），驱动转速为 120 r/min；只有通过正确的操作方法，才能测得一个比较真实的试验数据。

因此，应将测得的值和同一设备过去的数据（包括出厂数据）；各相之间的数据；同类设备的数据进行比较。在分析判断时，应充分地排除各种影响因素，如湿度、温度、表面污染等。

二、影响直流耐压试验泄漏电流的因素

绝缘体不导电只是相对的。随着外围环境条件的变化，实际上没有一种绝缘材料是绝对不导电的。任何一种绝缘材料，在其两端施加电压，总会有一定电流通过，这种电流的有功分量叫作泄漏电流，而这种现象也叫作绝缘体的泄漏。

泄漏电流实际上就是电气线路或设备在没有故障和施加电压的作用下，流经绝缘部分的电流。因此，泄漏电流是衡量电器绝缘性好坏的重要标识之一，是产品安全性能的主要指标。将泄漏电流限制在一个很小值，这对提高产品安全性能具有重要作用。

由于绝缘电阻测量的局限性，所以在绝缘试验中就出现了测量泄漏电流的项目。测量泄漏电流所用的设备要比绝缘电阻表复杂，一般用高压整流设备进行测试。由于试验电压高，所以就容易暴露绝缘本身的弱点，用微安表测量泄漏电流，这可以做到随时进行监视，灵敏度高；并且可以用电压和电流、电流和时间的关系曲线来判断绝缘的缺陷。因此，测量泄漏电流属于非破坏性试验的方法。

影响直流耐压试验泄漏电流的因素有以下几点：

（1）温度的影响。当温度升高时，泄漏电流增大。

（2）表面污染的影响。

（3）加压速度的影响。加压速度过快，将影响吸收过程的完成，对电容量大的设备就有影响。

（4）微安表位置和高压连线的影响。这主要是杂散电流和电晕电流的影响。

（5）试验电压波形和极性的影响，要求试验电压的电源波形是正弦波形（交流）。

（6）湿度影响。和绝缘电阻相似，应在空气相对湿度 80% 以下进行。

三、影响直流电阻试验的因素

一般来说，影响直流电阻测试方法已经相对完善，但是我们需要尽可能避免如温度、导体的影响，从根本上将误差降低到符合标准的范围内。

1. 温度影响

金属导电是由于金属中的自由电子定向运动。金属中还存在原子，当温度越高时，原子的振动越剧烈，同时自由电子与原子之间的碰撞机会就越大，进而阻碍电子的定向运动，最终体现为电流变小，电阻变大。

在试验前，如果没有将导体提前静置在试验环境中一段时间，那么导体与环境之间就可能会形成温度差。在这样的情况下进行试验，导体温度就会一直处于变化的状态，试验结果也就在这个过程中不断发生动态变化，导致最终结果可能与实际值存在很大误差。同理可证，如果环境的温度不断变化，也会导致相同的问题。

因此，为了防止导体在试验过程中因温度变化导致出现误差，需要将导体提前静置在试验环境中一段时间，当其温度保持恒定时，再开始试验。试验应当在环境温度相对恒定

时进行，使同时多次取得的结果之间的差异不会过大，容易进行分析。除此之外，电流通过导体导致的温升也是不容忽视的，需要在完成试验后再通入相反的电流再获取一次结果，并将两次结果取平均值，以此来抵消电流带来的误差。

2. 接触电阻

接触电阻指导体在经过长时间放置后，表面会发生氧化反应，形成氧化层，其本身具有电阻，且数值较大，容易对试验的结果产生较大的影响。如果试验的导体与试验夹具之间有氧化层，则会有接触电阻，其具体数值与氧化层的长度、厚度、温度等因素直接相关，也与夹具施加力的大小、使用角度存在一定关联。同时，绞线中的每根单线也会由于氧化而产生接触电阻。

同时，如果导体的截面较大，那么其阻值就会很小，甚至比接触电阻更小，产生的误差甚至大于最终的结果，即使通过方法进行抵消，结果的准确性也很难保证。除此之外，由于接触电阻的数值是处于动态变化的，所以获得的试验结果也必然不是一个确定的值，两次试验结果之间很可能存在很大的差值。大量的试验表明，这种原因导致的误差是最明显的，同时也是最难以进行控制的，只能通过对导体进行良好保存来从根本上避免。

因而在试验前，需要将导体与夹具接触部分的氧化层去除，当导体表面有污垢时，可以用酒精进行擦拭并风干；如果有氧化层，则需要使用低浓度的稀盐酸进行擦拭，但是当观察到氧化层基本消失后，就需要停止擦拭，防止造成过多的腐蚀或影响其整体的结构。在日常工作中，也应当加强对电缆的养护，避免表面被大面积氧化，影响其作用的发挥。

第十一章 电 气 设 备 接 地

第一节 概　述

电气设备接地指电气装置的中性点、电气设备的外露导电部分和装置外导电部分经由导体与大地相连，以保证电气设备的可靠运行或人身、设备的安全。按接地目的可以分为工作接地、防雷接地和保护接地。

工作接地是指为了保证电气设备的可靠运行而将电力系统中某一点（如中性点）接地，在正常情况下会有几安培到几十安培的不平衡电流长期流过接地电极；当系统发生接地故障时，可能会有数千安培的接地电流流入接地网，持续时间与继电保护装置动作时间有关。

防雷接地是指为了消除过电压影响而设置的接地，如避雷针、避雷线和避雷器的接地。防雷接地只是在雷电冲击时才会有电流流过，流过防雷接地电极的雷电流幅值可达数千安培，但是持续时间很短。

保护接地是指为了防止设备因绝缘损坏导致带电，进而危及人身安全所设的接地，如电力设备的金属外壳、配电装置的构架和金属杆塔等的接地。保护接地只是在设备绝缘损坏的情况下才会有电流流过。

电流流经以上三种接地电极时都会引起接地电极电位的升高，影响人身和设备的安全。为此必须对接地电极的电位升高加以限制，或者采取相应的安全措施来保证设备和人身安全。

第二节 电气设备接地系统

一、电气设备接地系统分类

电气设备接地系统按照接地形式可分为 TN、TT、IT 三大类。其中，第一个字母表示电源端与地的关系；T- 电源变压器中性点直接接地；I- 电源变压器中性点不接地，或通过高阻抗接地。第二个字母表示电气装置的外露可导电部分与地的关系：T- 电气装置的外露可导电部分直接接地，此接地点在电气上独立于电源端的接地点；N- 电气装置的外露可导电部分与电源端接地点有直接电气连接。

TN 系统中，根据其保护中性线是否与工作中性线分开而划分为 TN-S 系统、TN-C 系统、TN-C-S 系统三种形式。其中，C——中性导体和保护导体是合一的；S——中性导体和保护导体是分开的。

二、电气设备接地系统要求

1. 基本要求

（1）电气设备接地系统为采用自动切断供电这一间接接触防护措施提供了必要的条件。为保证自动切断供电措施的可靠和有效，要求做到：

1）当电气装置中发生了带电部分与外露可导电部分（或保护导体）之间的故障时，所配置的保护电器应能自动切断发生故障部分的供电，并保证不出现这样的情况：一个超过交流 50 V（有效值）的预期接触电压会持续存在到足以对人体产生危险的生理效应（在人体一旦触及它时）。在与系统接地形式有关的某些情况下，不论接触电压大小，切断时间允许放宽到不超过 5 s。

注：对于 IT 系统，在发生第一次故障时，通常不要求自动切断供电，但必须由绝缘监视装置发出警告信号。

2）电气装置中的外露可导电部分，都应通过保护导体或保护中性导体与接地极相连接，以保证故障回路的形成。凡可被人体同时触及的外露可导电部分，应连接到同一接地系统。

（2）系统中应尽量实施总等电位联结。建筑物内的总等电位联结导体应与下列可导电部分互相连接：

1）总保护导体（保护线干线）。

2）总接地导体（接地线干线）或总接地端子。

3）建筑物内的公用金属管道和类似金属构件（如自来水管、煤气管等）。

4）建筑结构中的金属部分、集中采暖和空调系统；来自建筑物外面的可导电体，应在建筑物内尽量在靠近入口之处与等电位联结导体连接。

在如下情况下应考虑实施辅助等电位联结：

1）在局部区域，当自动切断供电的时间不能满足防电击要求。

2）在特定场所，需要有更低接触电压要求的防电击措施。

3）具有防雷和信息系统抗干扰要求，辅助等电位联结导体应与区域内的下列可导电部分互相连接：固定设备的所有能同时触及的外露可导电部分；保护导体（包括设备的和插座内的）；电气装置外的可导电部分（如果可行，还应包括钢筋混凝土结构的主钢筋）。辅助等电位联结导体必须符合 GB/T 16895.3—2017《低压电气装置 第 5-54 部分：电气设备的选择和安装接地配置和保护导体》中 544.2 的规定。

（3）有必要时，分级安装剩余电流保护装置，且其形式和额定漏电动作电流值应符合 GB/T 13955—2017《剩余电流动作保护装置安装和运行》规定。

（4）不得在保护导体回路中装设保护电器和开关，但允许设置只有用工具才能断开的连接点。

（5）严禁将煤气管道、金属构件（如金属水管）用作保护导体。

（6）电气装置的外露可导电部分不得用作保护导体的串联过渡触点。

（7）保护导体必须有足够的截面，其最小截面应符合 GB/T 16895.3—2017《低压电气装置 第 5-54 部分：电气设备的选择和安装 接地配置和保护导体》中 543.1 的规定。

（8）连接保护导体（或 PEN 导体）时，必须保证良好的电气连续性。遇有铜导体与铝导体相连接和铝导体与铝导体相连接时，更应采取有效措施（如使用专门连接器）防止发生接触不良等故障。

2. TN 系统的技术要求

TN 系统电源端有一点直接接地，电气装置的外露可导电部分通过保护中性导体或保护导体连接到此接地点。根据中性导体和保护导体的组合情况，TN 系统的形式有以下三种：

（1）TN-S 系统：整个系统的中性导体（N）和保护导体（PE）是分开的（TN-S 接地系统如图 11-1 所示）。

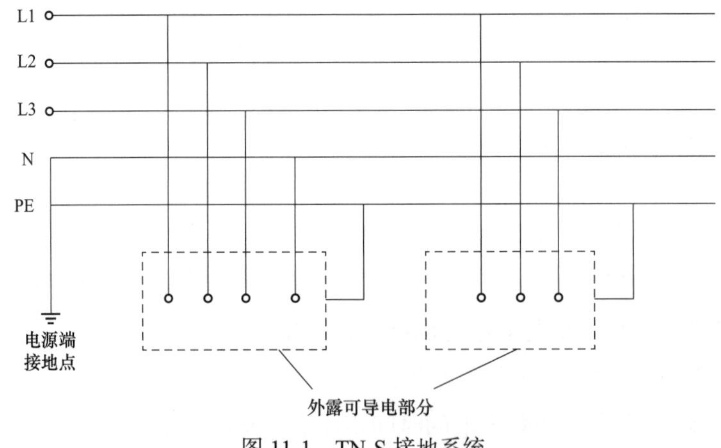

图 11-1　TN-S 接地系统

（2）TN-C 系统：整个系统的中性导体和保护导体是合一的（TN-C 接地系统如图 11-2 所示）。

（3）TN-C-S 系统：系统中一部分线路的中性导体和保护导体是合一的（TN-C-S 接地系统如图 11-3 所示）。

TN 系统中所装设的保护电器的特性和回路的阻抗应保证在电气装置内的任何地方发生相导体与保护导体（或外露可导电部分）之间的阻抗可以忽略不计的故障时，保护电器能在规定的时间内切断其供电。

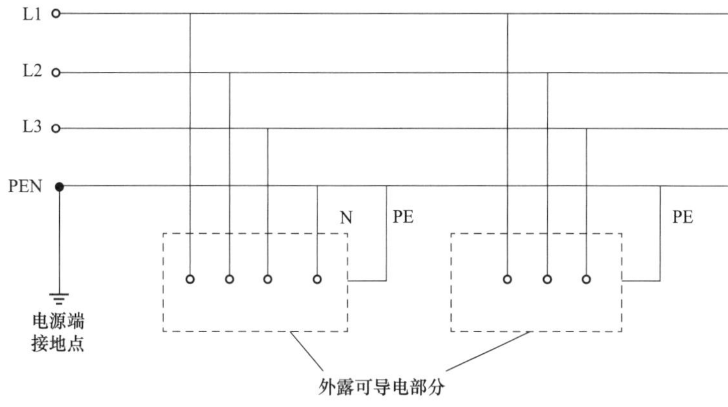

图 11-2 TN-C 接地系统

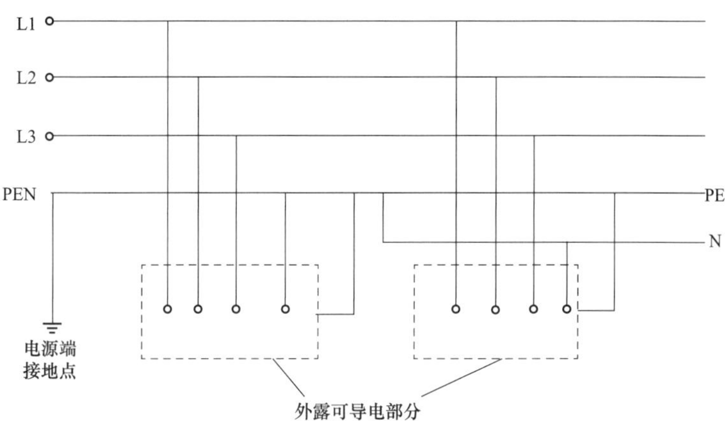

图 11-3 TN-C-S 接地系统

TN 系统主要由过电流保护电器提供电击防护。如果使用过电流保护电器不能满足 $Z_s \cdot I_a \leqslant U_o$（式中，$Z_s$ 为故障回路的阻抗 Ω，I_a 为保证保护电器在规定时间内自动动作切断供电的电流 A，U_o 为对地标称电压 V）的要求时，则应采用总等电位联结或辅助等电位联结措施；也可增设剩余电流动作保护装置，或结合采用等电位联结措施和增设剩余电流动作保护装置等间接接触防护措施来满足要求。TN-C 系统中不能装设剩余电流动作保护装置，若必须装设时，应将系统接地的形式由 TN-C 改装成 TN-C-S 或形成局部的 TT 系统。

3. TT 系统的技术要求

TT 系统电源端有一点直接接地，电气装置的外露可导电部分直接接地，此接地点在电气上独立于电源端的接地点（TT 接地系统如图 11-4 所示）。

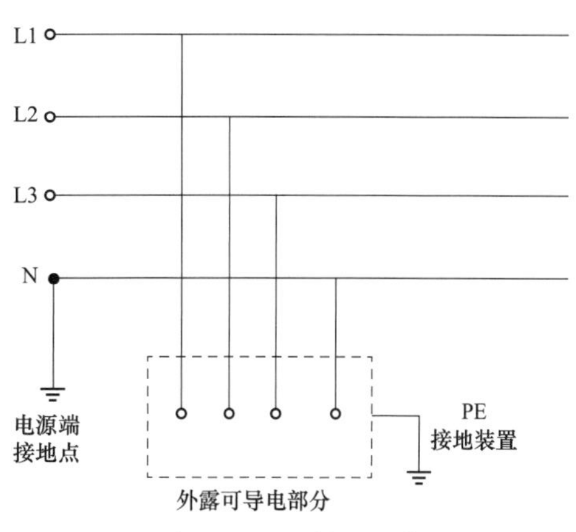

图 11-4 TT 接地系统

TT 系统中所装设的用于间接接触防护的保护电器的特性和电气装置外露可导电部分与大地间的电阻值应满足要求。

TT 系统一般宜采用剩余电流动作保护装置作电击保护，只有在 I_a 的值非常低的条件下，才有可能以过电流保护电器兼作电击保护。装设剩余电流动作保护装置后，被保护设备的外露可导电部分仍必须与接地系统相连接。

4. IT 系统的技术要求

IT 系统的技术要求指 IT 系统电源端的带电部分不接地或有一点通过阻抗接地，电气装置的外露可导电部分直接接地（IT 接地系统如图 11-5 所示）。

IT 系统发生相导体与外露可导电部分（或地）之间的第一次阻抗可以忽略的故障时，如果电阻值能满足，则不一定需要切断供电。

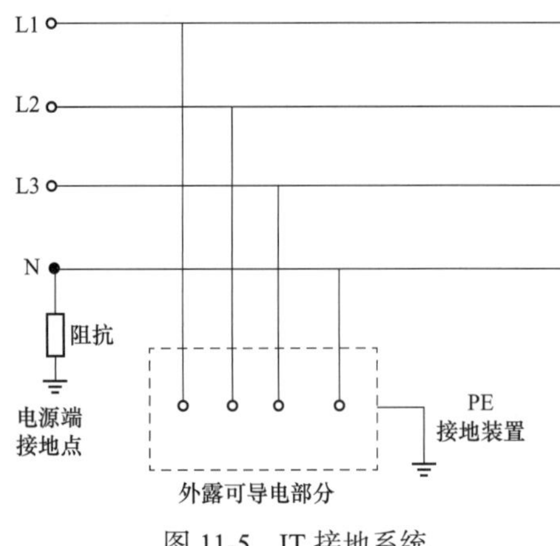

图 11-5　IT 接地系统

为了在尽可能短的时间内发现并进而消除相导体与外露可导电部分（或地）之间的第一次故障，系统中必须装设能发出声或光信号的绝缘监视装置。

针对第二次接地故障而采取的自动切断供电的防护措施，其保护条件取决于电气装置的外露可导电部分的接地方式，在外露可导电部分单独地或成组地与电气上独立的接地极相连接的情况下，其保护条件可采用 TT 系统。

第三节　检修工艺及质量标准

一、脱硫接地装置日常检查

1. 脱硫系统接地的检查周期

（1）脱硫系统的接地装置每年检查一次，并于干燥季节每年测量一次接地电阻。

（2）接地线的运行情况每年检查一次。

（3）各种防雷装置的接地装置每年在雷雨季前检查一次，避雷针的接地装置每 5 年测量一次接地电阻。

（4）对有腐蚀性土壤的接地装置，应根据运行情况一般每 3 年对地面下接地体开挖检查一次。

（5）手持式、移动式电气设备的接地线应在每次使用前进行检查。接地装置的接地电阻一般每年测量一次。

（6）使用了 10 年以上的接地装置需抽样开挖检查接地网的腐蚀情况。

2. 脱硫系统接地的检查项目

（1）应该接地的电气设备是否已按规定可靠接地（按照 GB 50169—2016《电气装置安装工程 接地装置施工及验收规范》要求）。

（2）变压器室、高低压配电室的接地干线，应设置不少于 2 个供临时接地用的接地端子或接地螺栓。

（3）每段高低压配电柜的保护接地铜排应有两点与接地网可靠连接，且接地线材质、截面符合要求。

（4）接地线是否有损伤、断裂、腐蚀、开焊，连接螺栓是否松动、锈蚀，接线端子是否松脱，接地部位油漆是否已经铲除干净。

（5）接地位置是否正确，接地标识是否齐全（接地三角牌、黄绿标线、临时接地端子的接地螺栓等）。

（6）接地线材质、截面面积是否符合要求。对电气动力系统中三相五线制的设备保护接地线、中性线，任何情况下其截面面积不得小于相线的 1/2；照明系统中无论三相五线或单相三线制的地线与中性线必须与相线相同。

（7）每个电气装置的接地应以单独的接地线与接地干线相连接，不得在一个接地线中串接几个需要接地的电气装置。

（8）金属软管跨接线齐全、连接可靠，截面面积符合要求。

（9）工作中性线、接地保护线等是否以不同颜色加以区分：工作中性线为淡蓝色，接地保护线为黄绿双色。

（10）配电柜的金属框架及基础型钢是否可靠接地，配电柜门与框架间跨接线是否使用软铜线接地，截面面积是否符合表 11-1 规定。

表 11-1　　配电柜门与框架间跨接线最小截面面积

配电柜内主断路器的额定工作电流 I_e（A）	接地线的最小截面积（mm^2）
$I_e \leqslant 25$	2.5
$25 < I_e \leqslant 32$	4
$32 < I_e \leqslant 63$	6
$63 < I_e$	10

（11）检查检修电源是否采用 TN-S 系统。

（12）油品库、氨站等门口是否安装了静电释放仪，静电释放仪接地是否可靠，每月检查接地阻值是否小于 10 Ω。

（13）不得利用电缆套管、管道保温层的金属外皮或金属网以及电缆金属护层作接地线。

（14）防雷接地设施完整、无断点、无松动、无严重腐蚀，引下线断接卡连接螺栓压接牢固。

（15）电缆桥架起始两端必须与接地网可靠连接。电缆桥架全长不大于 30 m 时不应少于 2 处与接地干线相连；全长大于 30 m 时，应每隔 20～30 m 增加与接地干线的连接点。

（16）电缆桥架连接片两端连接的铜绞线应齐全（不跨接接地线时，连接板每端应有不少于 2 个有防松螺母或防松垫圈的螺栓固定）。

（17）焊机地线不得使用电气接地线代替，需专门引接到焊接地点。

（18）修后设备进行验收时，必须检查电气设备接地线状况良好。

（19）每年对接地网电阻、防雷接地电阻进行全面测量。

二、脱硫接地装置检修项目

1. 接地装置焊接处检查

（1）检修项目：检查焊接处是否出现开焊情况。如有，应重新进行焊接。

（2）接地装置焊接质量标准：

1）焊接应牢固可靠，焊缝表面应均匀饱满，接头不应接偏或脱节，焊接处不应有夹渣、咬边、气孔及未焊透现象。

2）扁钢与扁钢搭接焊时，搭接长度应是扁钢宽度的 2 倍；当扁钢宽度不同时，搭接长度以窄的为准，且至少三面焊接。

3）圆钢与圆钢搭接焊时，搭接长度应是圆钢直径的 6 倍；当直径不同时，搭接直径以小的为准。

4）圆钢与扁钢焊接时，搭接长度应为圆钢直径的 6 倍。

5）圆钢与钢管或角钢焊接时，除在其接触部位进行焊接外，还应焊上一个由钢带弯成的弧形（或直角形）卡子，也可以直接由钢带本身弯成弧形（或直角形）与圆钢和钢管（或角钢）焊接。

6）在接地体焊接部位外侧 100 mm 范围内应做防腐处理，在做防腐处理前，表面应除锈并去掉焊接处残留的焊渣。

7）接地体（线）为铜、铜覆钢等金属材料时，连接工艺应采用放热焊接。

8）放热焊接接头表面应平滑、无气泡、无贯穿性气孔，应用钢丝刷清除焊渣。

9）焊接完毕的接地体必须对搭接部位进行均匀地涂刷防腐漆。

2. 接地装置压接处检查

（1）检修项目：检查压接处接地电阻是否增大，压接处是否出现螺纹连接处松动。如有，应重新进行压接。

（2）接地装置压接质量标准：

1）接地连接必须牢固、连接前要求清除连接部位的铁锈及其附着物。

2）多股导线端部应使用接线端子。

3）搭接面应保证电气接触面良好。

4）螺栓压接应有足够的导电截面面积和机械强度，接地螺栓规格及数量配置（不包括接线盒内和仪表外部的接地螺栓）应满足要求。

5）螺栓连接应采用直线连接或垂直连接两种方式，螺栓应有防松动措施。

6）螺栓连接应牢固，压接紧密，螺栓螺纹外露长度一致（2～3 扣），配件齐全。

7）搭接面为不同材料时，应按电化学序列选用防电化腐蚀的过渡垫片。

8）钢与铜搭接时，钢搭接面应搪锡。

9）铜与铜搭接时，在干燥室内可直接连接，室外高温潮湿或有腐蚀性气体的室内应搪锡。

10）钢与钢搭接应搪锡或镀锌。

3. 接地装置接地体（线）检查

（1）检修项目：检查接地体处是否有明显标识，接地体电阻是否增大，接电体（线）是有机械损伤、断股或严重锈蚀、腐蚀；锈蚀或腐蚀 30% 以上者应予更换。

（2）接地体（线）检修质量标准

1）接地扁钢必须在不妨碍检修、不妨碍通道处引出，距离地面高度统一；每一处设备接地体必须在软线连接处往下均匀涂刷 50 mm 宽度的黄绿相间标志漆，统一每处涂刷 5 道；每根接地体引出端的直角必须打磨成对称的圆角。

2）接地体与黄绿线必须采用镀锌螺钉连接，接地体开孔位置要求统一在接地体末端以下 20 mm 中心线上；接地体与设备必须采用镀锌螺钉连接。

3）室内接地盒要求离地面高度统一为 300 mm。

4）室内接地网与室外接地网之间连接不少于两点，连接可靠；明敷接地线要求横平竖直、排列整齐，用膨胀螺栓、专用固定夹固定牢固，拐弯处角度一致、美观、防腐层完好；暗敷接地线应完好，无遗漏，埋深、防腐、焊接符合要求。

5）在各主要建筑物、独立避雷针、主要设备及室内外各主要点等处，设置明显的专用接地电阻测量点，并做好标识。

6）电气设备和防雷设施的接地装置的试验项目应包括接地阻抗，测试连接与同一接地网的各相邻设备接地线之间的电气导通情况，以直流电阻值表示，直流电阻值不应大于 0.2 Ω。

如图 11-6 所示为不同设备接地装置质量标准示例。

4. 接地装置的异常及处理：

（1）接地电阻增大：锈蚀、接触不良，应更换紧固或重新焊接。

（2）接地线电阻值增大：连线或跨接线松散、接触面氧化，应紧固或清除氧化。

（3）接地体露出地面：深埋、填土夯实。

（4）遗漏接地或接错位置：重装时补接或正确接线。

变压器本体接地牢固，油箱上下跨接接地规范

就地控制箱接地规范，电缆保护管安装牢固，电缆牌、标牌、安全标牌齐全完整

6 kV高压电动机接规范，动力电缆接线盒接地线截面符合要求

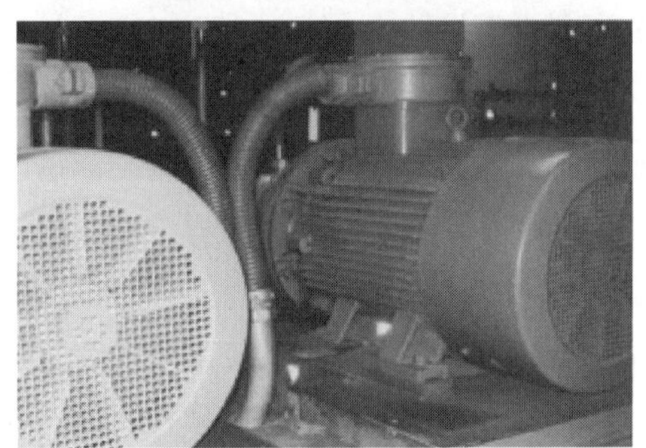
400 V电动机接地牢固可靠，接地标志齐全，电缆保护管与接线盒在同一侧

图 11-6　接地装置质量标准

（5）接地线机械损伤、断股或腐蚀：更换地线。

（6）连触点松散或脱落：及时紧固或重连。

三、接地电阻的测量方法

1. 接地电阻要求

（1）交流工作接地，接地电阻不应大于 4 Ω。

（2）安全工作接地，接地电阻不应大于 4 Ω。

（3）直流工作接地，接地电阻应按计算机系统具体要求确定。

（4）防雷保护地的接地电阻不应大于 10 Ω。

（5）对于屏蔽系统如果采用联合接地时，接地电阻不应大于 1 Ω。

2. 接地电阻测试仪

（1）4105B 型接地电阻测试仪（如图 11-7 所示）适用于测量各种电力系统、电气设备、避雷针等接地装置的电阻值。亦可测量低电阻导体的电阻值和土壤电阻率。

本仪表工作由仪表主机，辅助接地棒，连接导线等组成，全部机构装在塑料壳内，外有皮壳便于携带。附件有辅助探棒导线等，装于附件袋内。其工作原理采用基准电压比较式。

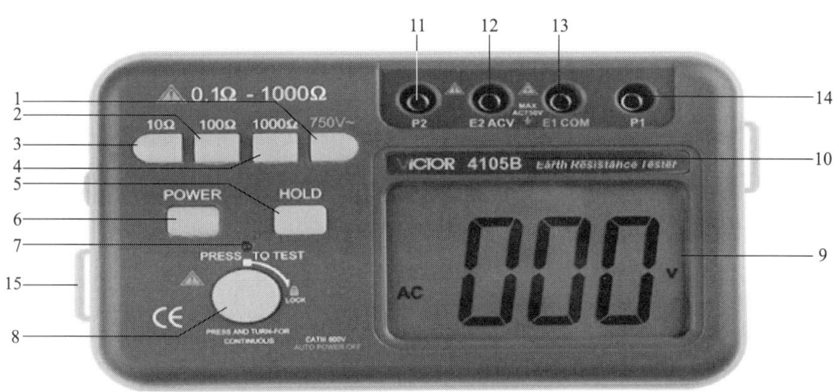

图 11-7 接地电阻测试仪

1～4—量程选择按钮；5—数据保持开关；6—电源开关；7—测试提示；8—测试按钮；9—显示屏；10—仪表型号；11—P2 测量输入端插口；12—E2ACV 测量输入插口；13—E1COM；14—P1 测量输入插口；15—腕带接口

使用前检查测试仪是否完整，测试仪包括如下器件：

1）接地电阻测试仪 1 台。

2）辅助接地棒 2 根。

3）导线 5、20、40 m 各 1 根。

（2）接地电阻测试仪使用与操作。接地电阻测试仪使用与操作指距离被测接地极 E1 等距插入地下两根钢钎作辅助电极连接 P2、E2；当接地电阻很小时，接地极与辅助电极的间距需要达到 20 m 以上；测量地点应尽量避开强地电场，减少测量误差。接地电阻测试接线图如图 11-8 所示。

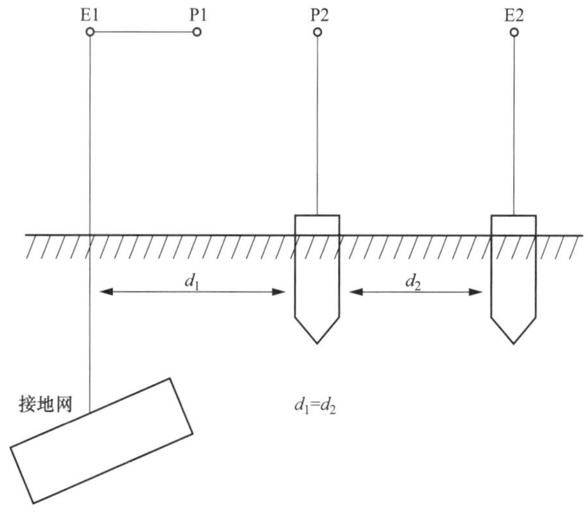

图 11-8 接地电阻测试接线图

接地电阻测试仪有 4 个接线端：E1、P1、P2、E2。一般仪表在出厂前内部已将 E1、P1 连接，所以只需要将 E1 连接被测接地极，将 P2、E2 连接辅助电极；由于引线电阻会产生误差，测量前应先将连接到 P2 的钢钎夹子夹到被测接地极 E1 上，记录下此短路电阻，然后把引线接相应的辅助电动机 P2、E2，调节合适量程，读取测量值，就得出实际电阻值；E1 和 P2 间距离是 20～30 m，取决于土壤条件。

操作步骤为先接好所有接线，记录短路电阻。首先从 1000 Ω 挡位开始，按下测试按钮，背光灯亮表示正在测量，若显示值太小则切换较小量程；接地电阻阻值为测量值减去短路电阻值；测试完成后请关闭电源。

第四节　检修工作中的接地保护

一、检修作业挂设接地线的作用

为确保在设备检修时，突然有人误送电及设备本身产生的静电对检修人员造成危害，所以要在电气设备检修中装设接地线，常用接地线如图 11-9 所示。接地线的作用有：

（1）可将检修设备上的剩余电荷泄入大地。

（2）可将检修设备因临近带电体而产生的感应电荷泄入大地。

（3）发生突然来电时，可将电源电流短路接地，限制检修设备对地电压升高。

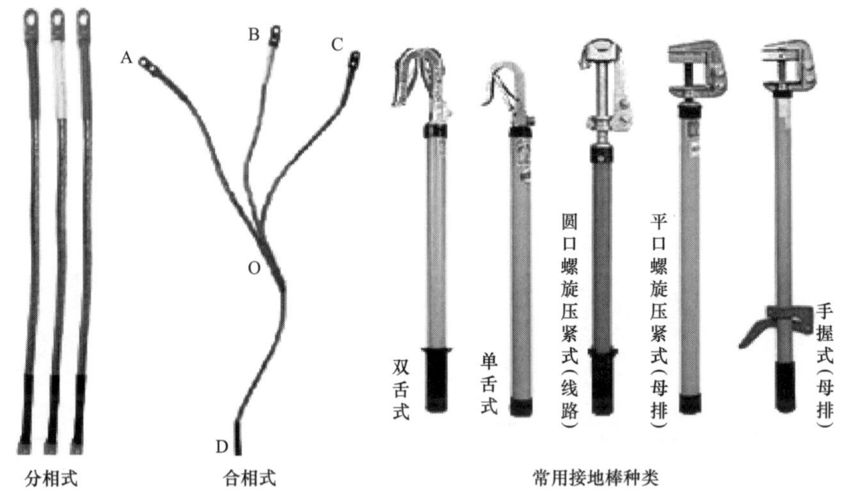

图 11-9　常用的接地线

二、检修作业装设接地线的原则

（1）对于可能送电至停电设备的各方面都应接地，所装接地线与带电部分的距离应考虑接地线摆动时仍符合安全距离的规定。

（2）检修部分若分为几个在电气上不相连接的部分（如分段母线以隔离开关或断路器隔开分成几段），则各段应分别验电接地。

（3）接地线、接地开关与检修设备之间不得连有断路器或熔断器。

（4）装设接地线应先接接地端，后接导体端，接地线应接触良好，连接应可靠。拆接地线的顺序与此相反，接线前需验电，验明无电方可操作。

（5）装、拆接地线均应使用绝缘棒和戴绝缘手套；人体不得碰触接地线或未接地的导线，以防止触电。

（6）带接地线拆设备接头时，应采取防止接地线脱落的措施。

（7）成套接地线应用有透明护套的多股软铜线组成，其截面不得小于 25 mm^2，同时应满足装设地点短路电流的要求。

（8）禁止使用其他导线作接地线或短路线。

（9）接地线应使用专用的线夹固定在导体上，禁止用缠绕的方法进行接地或短路。

（10）禁止工作人员擅自移动或拆除接地线。

（11）每组接地线均应编号，并存放在固定地点。存放位置亦应编号，接地线号码与存放位置号码应一致。

（12）装、拆接地线，应做好记录，交接班时应交代清楚。

（13）装设接地线应由两人进行。

三、接地线的使用注意事项

（1）工作之前必须检查接地线。接地线应在试验周期以内；软铜线是否断头、断股，螺栓连接处有无松动，线钩的弹力是否正常，不符合要求应及时调换或修好后再使用。

（2）要爱护接地线。接地线在使用过程中不得扭花，不用时应将软铜线盘好。

（3）按不同电压等级选用对应规格的接地线。

（4）不准把接地线夹接在油漆面或锈蚀的金属构架、烤漆的金属板上。

第五节　常见施工错误解析

（1）零排、地排色标不规范、混用，零、地不分（零排、地排混用如图 11-10 所示）。

零排使用绝缘子支撑，对地绝缘，有“N”标志；地排直接固定在盘柜外壳上，有“⏚”标志。零排、地排不得混用。

在图 11-10 中，黄绿的地线接在了对地绝缘的零排上，属于典型的“零地混用”，应接在下部的地排上。

（2）高压电动机单点接地或接地线截面面积不足（电动机本体接地线截面面积不足如图 11-11 所示）。

在图 11-11 中，高压电动机外壳接地线仅有 6 mm^2，不满足电动机对地击穿时通过接地电流的需要。

高压电动机必须两点接地，一般布置在电动机对角的外壳上。

图 11-10　零排、地排混用

图 11-11　电动机本体接地线截面面积不足

当电动机相线截面面积小 25 mm^2 时，接地线应等同相线的截面面积；当电动机相线截面面积为 25～50 mm^2 时，接地线截面面积应为 25 mm^2；当电动机相线截面面积大于 50 mm^2 时，接地线截面面积应为相线截面面积的 1/2；380 V 配电箱、检修电源箱、照明电源箱接地铜裸线截面应大于 4 mm^2，铝裸线截面应大于 6 mm^2，有绝缘铜线截面应大于 2.5 mm^2，有绝缘铝线截面应大于 4 mm^2。

（3）电动机接地线接在风扇罩或接线盒外部螺栓上，如图 11-12 所示。

风扇罩或接线盒外部螺栓截面面积小，且与电动机本体为间接连接或与电动机本体间有绝缘垫圈，为不可靠接地。且不符合“保护接地端子除作保护接地外，不应兼作他用”的规定（GB 50169—2016《电气装置安装工程　接地装置施工及验收规范》）。

电动机外壳上有接地螺栓的电动机，接地线必须与接地螺栓连接；电动机外壳上无接地螺栓的电动机，要求在电动机外壳适当位置加装接地螺栓与接地线相连接。

（4）电缆桥架接地不规范（如图 11-13 所示）。

图 11-12　电动机接地线在接线盒或风罩上

图 11-13　电缆桥架接地不规范

金属电缆桥架的接地应符合下列规定：

1）宜在电缆桥架的支吊架上焊接螺栓，和电缆桥架主体采用两端压接铜鼻子的铜绞线跨接，跨接线最小截面面积不应小于 4 mm^2。

2）电缆桥架的镀锌支吊架和镀锌电缆桥架之间无跨接接地线时，其间的连接处应有不少于 2 个带有防松螺母或防松垫圈的螺栓固定。

（5）接地点、临时接地端子油漆没有清除干净（如图 11-14 所示）。

接地部位油漆应清除干净，接地端子上的螺栓缺失。

（6）高压电缆电缆头的接地线没有通过零序电流互感器后接地，由电缆头至穿过零序电流互感器的一段电缆金属护层和接地线与地不绝缘。

高压电缆电缆头的接地线应通过零序电流互感器后接地。

（7）接地网施工中垂直接地极水平间距小于接地极长度的 2 倍。垂直接地体的间距一般不宜小于接地体长度的 2 倍，否则，接地极之间会产生屏蔽作用，降低接地效果。

（8）使用单股铜线作为电气设备接地线。单股铜线振动或损伤易折断，导致接地失效。电气设备接地线应使用多股软铜绞线或接地扁铁。

（9）电缆金属软管段接地不连续（如图 11-15 所示）。

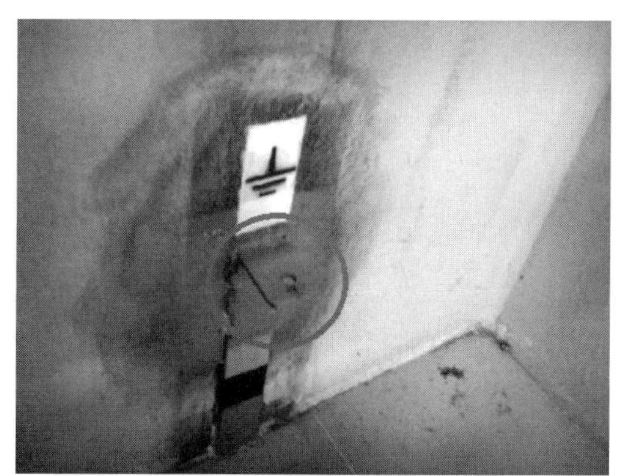

图 11-14　接地点油漆没有清除

图 11-15　电缆金属软管段接地不连续

金属软管没有使用自固式接头，且接地跨接线未贯通金属软管全长。

金属软管两端应采用自固接头或软管接头，且金属软管段应与钢管段有良好的电气连接。

金属软管两端应采用自固接头或软管接头，且金属软管段应与钢管段有良好的电气连接。金属软管两端可使用跨接线可靠连通。

（10）燃油、燃气管道连接法兰没有跨接接地线（如图 11-16 所示）。

燃油、燃气等易燃易爆管道跨接线应齐全、连接可靠，消除法兰垫片处可能存在的接地不连续情况，确保系统安全。

（11）安装高度距地小于 2.4 m 的灯具金属外壳没有接地（如图 11-17 所示）。

为确保人员安全，高度距地面小于 2.4 m 的灯具金属外壳需要接地，但安装在已接地的金属构架上的电气设备不需要重复接地。因此，在吸收塔、烟道等已接地的设备上安装的灯具，虽然高度低于 2.4 m，也不需要另设接地线。

图 11-16　油管道法兰没有跨接线

图 11-17　灯具金属外壳没有接地

（12）配电柜地排没有做到两点接地或接地线截面不足。成列安装盘、柜的基础型钢和成列开关柜的接地母线，应有明显且不少于两点的可靠接地；宜使用多股铜线作为地排接地线，其截面面积不小于相线的一半。

第十二章 电缆防火封堵

脱硫系统动力、控制电缆大部分沿电缆桥架密集敷设，虽然采用了阻燃或耐火电缆，但因电缆数量多、电流密度大、散热条件差等问题，仍存在一定的火灾风险。一旦发生电缆火灾，将会对电力生产和社会生活造成不可估量的损失。电缆防火封堵措施是预防电缆火灾的主要手段之一。

对脱硫系统检修、维护工作来说，电缆防火封堵设施需要日常检查、定期维护，不但要维护好现有防火封堵设施，还要按规程检查现有防火封堵设施的合理性，必要时需增加防火封堵设施。在技改工程中，会增加敷设大量的电缆，必须对因施工拆除或破坏的防火封堵设施进行及时维护、恢复，还要对新增电缆按照规定进行防火封堵施工。因此，正确掌握电缆防火封堵知识和施工方法，做好电缆防火封堵工作，对保证脱硫系统安全、稳定运行具有重要意义。

第一节 概　　述

一、电缆防火封堵的作用与原理

电缆防火封堵，是利用防火封堵材料在电缆贯穿孔洞或电气建筑缝隙处进行密封或填塞，形成物理隔断，使其在规定的耐火时间内与相应构件协同工作，以阻止热量、火焰和烟气蔓延扩散的一种技术措施。电缆防火封堵的作用是防止电缆自身发热自燃或外界明火使火灾或烟雾扩散，达到保护人员和设备安全的目的。

电缆防火封堵的原理是利用封堵材料的膨胀吸热及隔热特性，来对电气电缆设施及可燃物燃烧后所产生的缝隙进行密封。

二、常用的防火封堵材料

1. 有机防火堵料

有机防火堵料是以有机合成树脂为黏接剂，添加防火剂、填料等经碾压而成的柔性堵料。有机防火堵料长久不固化，可塑性好，使用方便。电力行业常用的“防火泥”就属于有机防火堵料。有机防火堵料主要应用在楼层之间、电缆隧道、盘柜进出线和电线电缆贯穿孔洞等需要填充密封的防火封堵中，并与无机防火堵料、阻火包等配合使用（电缆防火堵料及防火涂料如图 12-1 所示）。

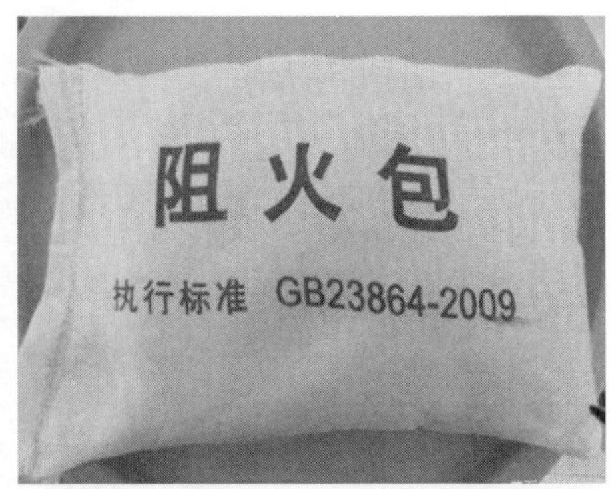

图 12-1　电缆防火堵料及防火涂料

2. 无机防火堵料

无机防火堵料也叫速固型防火堵料，是以快干胶黏剂为基料，添加防火剂、耐火材料等经研磨、混合而成，与快固水泥施工方法类似。无机防火堵料对较大的盘柜孔洞、楼层间孔洞等封堵效果较好，不仅达到所需的耐火极限，而且还具备相当高的机械强度，与楼板的硬度接近。由于为流体状的浇灌施工工艺，施工前需装好模板，配合有机防火堵料填充缝隙与孔洞，限制无序流动。

3. 阻火包

阻火包是一种膨胀型柔性枕袋状阻火材料。阻火包在施工时紧密堆砌，实现对孔洞、电缆间隙等的封堵，起到隔热阻火作用。

4. 防火涂料

防火涂料是涂刷在电缆外护套上，阻止电缆火灾延燃的特种涂料。

5. 自黏性防火包带

自黏性防火包带用于缠绕在电缆或电缆接头处，阻止电缆火灾延燃的一种特殊包带。

6. 耐火（难燃）隔板

耐火（难燃）隔板是由耐火（难燃）材料制作具有不燃性能的板材，可用作电缆层之间、通道或孔洞的耐火（难燃）分隔（如图 12-2 所示）。

图 12-2　防火电缆槽盒及耐火板

7. 防火槽盒

防火槽盒也称难燃槽盒。防火槽盒是用无机材料与增强玻璃纤维构成，有效防止电缆自燃及外部火种危害的一种全封闭式或半封闭的、阻燃型或耐火型的电缆槽盒。

8. 阻火模块

阻火模块是一种用防火材料压制成型的带凹凸槽、能够互锁、交叉组合的阻火产品，典型尺寸是 240 mm × 120 mm × 60 mm，适用于较大孔洞的防火封堵。由于阻火模块采用的防火材料为软性材料，质量轻、安装简单、方便，外形美观（阻火模块及其应用如图 12-3 所示）。

图 12-3　阻火模块及其应用

三、防火封堵设施

1. 阻火墙

阻火墙也称防火墙。阻火墙（如图 12-4 所示）是用防火封堵材料砌筑而成的能阻止电缆着火后延燃的墙体。一般布置在电缆隧道或电缆沟中。

图 12-4　阻火墙

2. 阻火段

阻火段是用防火封堵材料、防火槽盒、防火涂料等组成的一段构件的总称。一般布置在电缆桥架或电缆支架上。

第二节　电缆防火封堵基本规定

电缆穿墙、穿楼板的孔洞处，电缆进盘、柜、箱的开孔部位及电缆穿保护管的管口处均需实施防火封堵，防火封堵应符合密封及防爆要求，符合 DL/T 5707—2014《电力工程电缆防火封堵施工工艺导则》的规定。

一、电缆防火封堵的设置要求

（1）电缆沿电缆隧道或电缆沟敷设时，需在下列部位设置阻火段：

公用沟道的分支处；多段配电装置对应的沟道分段处；长距离沟道中每间距约 100 m 或通风区段处；至控制室或配电装置的沟道入口、厂区围墙处。

（2）电缆采用桥架架空敷设时，需在下列部位采取阻火措施：

每间距约 100 m 处；电缆桥架分支处；穿越建筑物隔墙处；两台机组及母线分段处。

（3）电缆竖井的防火封堵应符合下列规定：

电缆竖井穿过楼板处应进行防火封堵；当竖井高度大于 7 m 时，宜每隔 7 m 进行防火封堵。

二、电缆防火封堵施工的基本规定

（1）柔性有机堵料的施工，应符合下列规定：

1）封堵严密，表面平整，并密实填充电缆周围缝隙。

2）与其他防火材料配合使用时，其厚度应高于其他防火材料 20 mm。

3）需要加热软化时，应使用温水浸泡法进行加热，禁止使用明火直接对有机防火堵料加热。

（2）无机堵料的施工，应符合下列规定：

1）模板安装牢固、无缝隙。

2）浇筑前应搅拌均匀，配合比和固化时间应符合产品技术文件的要求。

3）封堵面积较大的孔洞时，应设置支撑结构。

（3）阻火模块的施工，应符合下列规定：

1）层间错缝砌筑，表面平整、接缝严密。

2）砌筑时，需使用无机堵料黏合勾缝（自粘型阻火模块无需黏结剂）。

3）模块与电缆之间的缝隙应采用柔性有机堵料或防火密封胶密封，柔性有机堵料的填充厚度不小于 20 mm。

（4）阻火包的施工，应符合下列规定：

1）应无破损，施工时应交叉堆砌、层间错缝、密实、稳固。

2）阻火包与电缆之间的缝隙，应采用柔性有机堵料或防火密封胶严密封堵。

（5）电缆阻燃包带的施工，应符合下列规定。

1）需包绕的部位应清洁，无污染。

2）采取半重叠包绕，包绕长度和厚度符合设计要求。

3）包绕段两端的电缆缝隙应采用柔性有机堵料或防火密封胶密封。

（6）电缆中间接头防火封堵保护盒的施工，应符合下列规定：

1）防火封堵保护盒两端应用柔性有机堵料或防火密封胶封堵严密。

2）进出电缆接头保护盒的两端及临近电缆接头保护盒的其他电缆，应涂刷电缆防火涂料或缠绕阻燃包带。

（7）防火涂料的施工，应符合下列规定：

1）电缆表面清洁、干燥。

2）使用前应搅拌均匀，必要时可使用机械搅拌器搅拌。

3）涂刷均匀。按产品说明书规定的间隔时间、多次涂刷达到设计厚度及长度要求。

4）密集或成束电缆宜分开涂刷。

5）感温电缆表面禁止涂刷防火涂料。

三、电缆防火封堵的其他规定

（1）非阻燃电缆不宜与阻燃电缆并列敷设，若在同一通道中，则应对非阻燃电缆缠绕阻燃包带或涂刷电缆防火涂料进行防火处理。

（2）电力电缆中间接头两侧各约 3 m 区段及其邻近并行敷设的其他电缆，宜采用阻燃包带或电缆防火涂料实施阻燃。

（3）在潮湿、可能积水的电缆隧（沟）道内的防火封堵，应选用具有防水性能的封堵材料。

（4）在已封堵的电缆孔洞、阻火墙等处增减电缆，应及时恢复封堵。

（5）防火封堵板材的安装应牢固、平整。采用对接施工时，接缝处宜采用柔性有机堵料或防火密封胶密封；搭接施工时，搭接宽度不应小于 50 mm。

（6）电缆防火封堵不应遮盖、污损电缆号牌。

（7）电缆防火封堵施工或修复完毕，应及时填写施工、维护记录。

第三节　电缆防火封堵施工工艺

电缆防火封堵施工一般应按照清理封堵区域 – 整理电缆 – 装设隔板 – 填充空间 – 阻火段密封 – 涂刷防火涂料 – 清理现场的工序执行。

本节结合脱硫电气检修维护工作，介绍几种常见的电缆防火封堵施工工艺规范。

一、电缆穿墙封堵

（1）采用耐火隔板和阻火包封堵，可按如图 12-5 所示的电缆穿墙采用耐火隔板和阻火包封堵示意图施工。具体施工流程及工艺要求如下：

1）将电缆孔洞处的建筑垃圾、施工遗留物及电缆表面清理干净。

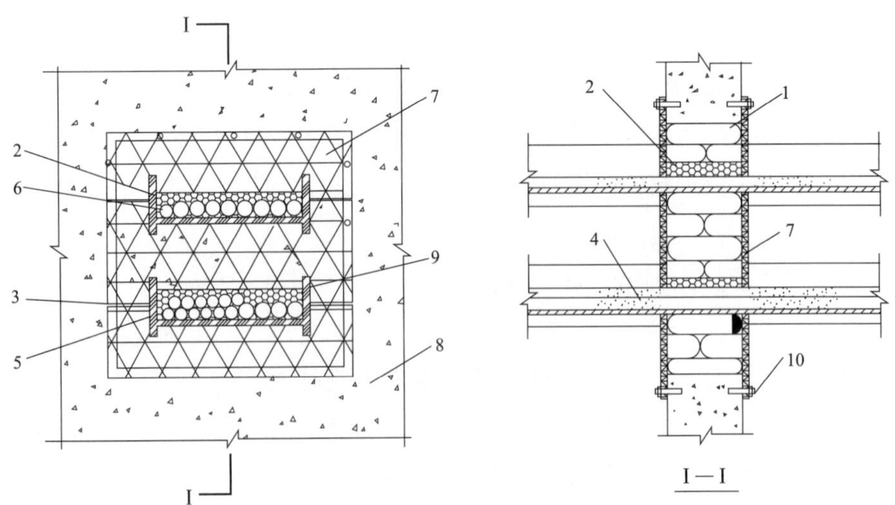

图 12-5　电缆穿墙采用耐火隔板和阻火包封堵示意图

1—阻火包；2、3—柔性有机堵料；4—防火涂料；5—电缆桥架；6—电缆；7—耐火隔板；8—混凝土墙或砖墙；9—备用电缆通道；10—膨胀螺栓

2）采用柔性有机堵料或防火密封胶填充电缆间的缝隙，并将电缆束整理整齐。

3）用柔性有机堵料包绕应封堵的电缆束外围。包绕厚度不小于 20 mm。

4）采用交叉错缝方式堆砌阻火包。阻火包堆砌应整齐、稳固，厚度与墙体平齐。同时在紧靠电缆处贯穿墙体每层预置柔性有机堵料作为备用电缆通道；阻火包与电缆及墙体间的缝隙应用柔性有机堵料严密封堵。

5）测量待封堵的孔洞及电缆桥架的尺寸。按现场实际形状切割耐火隔板，切割时，耐火隔板尺寸比孔洞大 80～100 mm；同时在耐火隔板上预留备用电缆孔洞。

6）拼装、固定耐火隔板。按实际尺寸钻孔，间距不大于 240 mm，用膨胀螺栓将耐火隔板固定在电缆孔洞墙体上。

7）将耐火隔板拼缝间、耐火隔板与墙体及与电缆间的缝隙、耐火隔板上备用电缆通道用柔性有机堵料密封整形。

8）封堵部位应无缝隙、外观平整。

9）在电缆封堵墙体的两侧电缆表面均匀涂刷电缆防火涂料。厚度不小于 1 mm，长度不小于 1500 mm。

10）将施工作业区的施工遗留物、垃圾、杂物清理干净。

（2）采用阻火模块封堵，可按如图 12-6 所示的电缆穿墙采用阻火模块封堵示意图施工。具体施工流程及工艺要求如下：

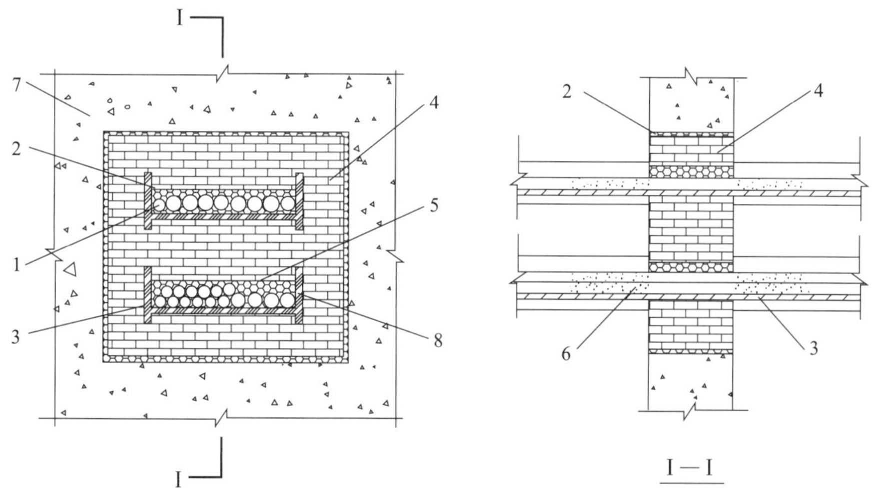

图 12-6 电缆穿墙采用阻火模块封堵示意图

1—电缆；2、5—柔性有机堵料；3—电缆桥架；4—阻火模块；6—防火涂料；7—混凝土墙或砖墙；8—备用电缆通道

1）将电缆孔洞处的建筑垃圾、施工遗留物及电缆表面清理干净。

2）将电缆束打开，采用柔性有机堵料或防火密封胶填充电缆间的缝隙，并将电缆束整理整齐。

3）用柔性有机堵料包绕应封堵的电缆束外围。包绕厚度不小于 20 mm。

4）采用交叉错缝方式砌筑阻火模块，宽度与墙面平齐。砌筑时，在每层电缆桥架内的电缆上部，贯穿阻火段预置柔性有机堵料作为备用电缆通道。

5）自粘型阻火模块直接砌筑，其阻火模块与墙体的缝隙应填充柔性有机堵料或防火密封胶密封。非自粘型阻火模块砌筑，采用混合好的无机堵料进行勾缝、抹平。

6）在阻火模块与电缆、墙体缝隙以及备用电缆通道处，用柔性有机堵料严密封堵并整形。

7）封堵部位应无缝隙、外观平整。

（3）采用耐火隔板和无机堵料封堵，可按如图 12-7 所示的电缆穿楼板采用耐火隔板和无机堵料封堵示意图施工。具体施工流程及工艺要求如下：

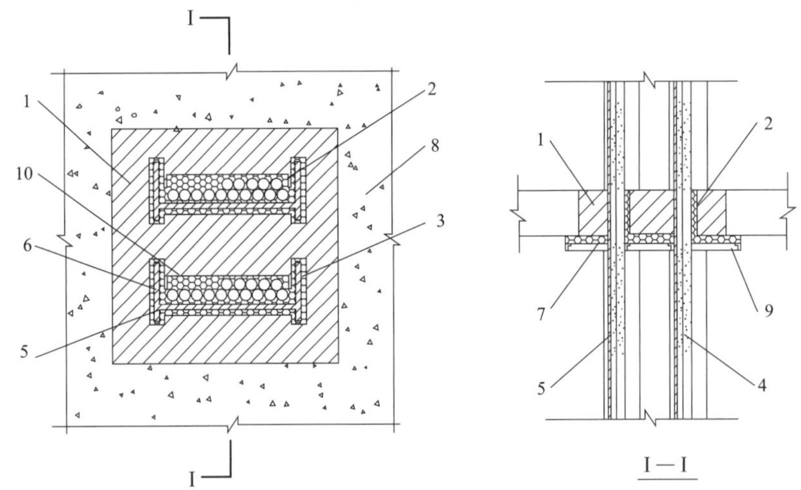

图 12-7　电缆穿楼板采用耐火隔板和无机堵料封堵示意图

1—无机堵料；2、3—柔性有机堵料；4—防火涂料；5—电缆桥架；6—电缆；7—耐火隔板；8—楼板；9—支架；10—备用电缆通道

1）将电缆孔洞处的建筑垃圾及电缆表面清理干净。

2）将电缆束打开，采用柔性有机堵料或防火密封胶填充电缆间的缝隙，并将电缆束整理整齐。

3）用柔性有机堵料包绕电缆束外围。包绕厚度不小于 20 mm。

4）安装承托支架。当孔口与孔内桥架间隙大于 300 mm 时，应在楼板孔洞中间设置承托无机堵料的支架，承受自重载荷的支架间距不大于 240 mm；承受作业巡视人员载荷的支架间距不大于 200 mm。

5）测量待封堵的孔洞及电缆桥架的尺寸。按现场实际形状切割耐火隔板，切割时，耐火隔板尺寸比孔洞大 80～100 mm，同时在每层紧靠电缆处预留备用电缆通道。

6）拼装、固定耐火隔板。按实际尺寸钻孔，间距不大于 240 mm，用膨胀螺栓将耐火隔板及其固定支架固定在电缆孔洞的楼板下部。

7）在备用电缆通道位置贯穿楼板层填充有机堵料。

8）将混合好的无机堵料浇筑至耐火隔板上，振匀捣实，厚度符合设计或填注至与楼板厚度平齐。

9）封堵部位表面应平整、无裂缝。

10）在封堵处两侧的电缆表面均匀涂刷电缆防火涂料。厚度不小于 1 mm，长度不小于 1500 mm。

11）将施工作业区的施工遗留物、垃圾、杂物清理干净。

（4）采用耐火隔板和阻火包封堵，可按如图 12-8 所示的电缆穿楼板采用耐火隔板和阻火包封堵示意图施工。具体施工流程及工艺要求如下：

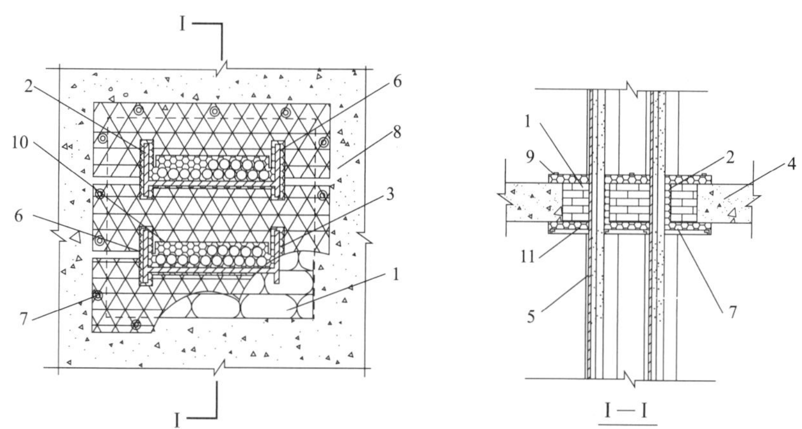

图 12-8　电缆穿楼板采用耐火隔板和阻火包封堵示意图

1—阻火包；2、3—柔性有机堵料；4—防火涂料；5—电缆桥架；6—电缆；7—耐火隔板；8—楼板；9—膨胀螺栓；10—备用电缆通道；11—支架

1）将电缆孔洞处的建筑垃圾及电缆表面清理干净。

2）将电缆束打开，采用柔性有机堵料或防火密封胶填充电缆间的缝隙，并将电缆束整理整齐。

3）用柔性有机堵料包绕电缆束外围。包绕厚度不小于 20 mm。

4）测量待封堵孔洞及电缆桥架的尺寸。孔口与桥架间隙大于 300 mm 时，应在耐火隔板下安装承托支架。

5）按现场实际形状切割耐火隔板。切割时，耐火隔板尺寸比孔洞大 80～100 mm，同时在每层桥架内紧靠电缆处预留备用电缆通道。

6）拼装、固定耐火隔板。按实际尺寸钻孔，间距不大于 240 mm，用膨胀螺栓将耐火隔板及其固定支架固定在电缆孔洞的楼板下部。同时在备用电缆通道的位置贯穿楼板层预置柔性有机堵料。

7）在待封堵孔洞内采用交叉错缝方式堆砌阻火包。阻火包堆砌应整齐、稳固，厚度与楼板平齐，阻火包与电缆及楼板的间隙采用柔性有机堵料严密封堵。

8）阻火包上部安装耐火隔板，上、下耐火隔板及备用电缆通道位置应一致。

9）在耐火隔板拼缝间、耐火隔板与楼板、耐火隔板与电缆间的缝隙及备用电缆通道，采用柔性有机堵料密封。

10）封堵部位表面应无缝隙，外观平整。

11）在封堵处两侧的电缆表面均匀涂刷电缆防火涂料，厚度不小于 1 mm，长度不小于 1500 mm。

12）将施工作业区的施工遗留物、垃圾、杂物清理干净。

此施工方式也适用于盘孔楼板封堵及临时封堵。

二、电缆进盘、柜、箱封堵

电缆进盘、柜、箱一般采用耐火隔板和柔性有机堵料封堵，可按如图 12-9 所示的耐火隔板和柔性有机堵料封堵示意图施工。

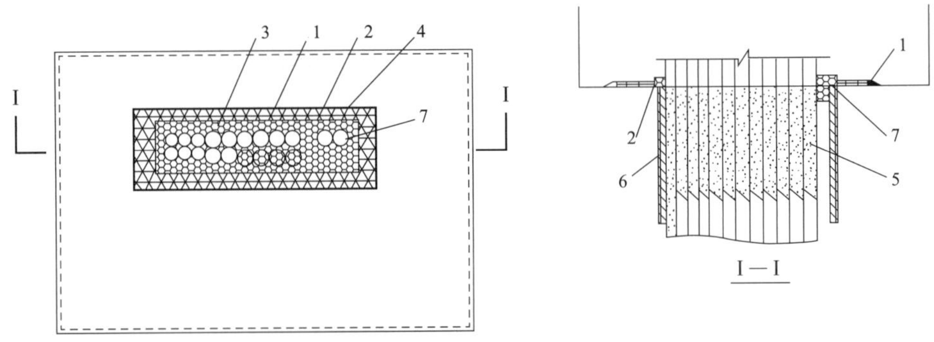

图 12-9　耐火隔板和柔性有机堵料封堵示意图

1、3—柔性有机堵料；2—耐火隔板；4—电缆；5—防火涂料；6—电缆桥架；7—备用电缆通道

具体施工流程及工艺要求如下：

（1）将待封堵孔洞周围建筑垃圾、施工遗留物及电缆表面清理干净。

（2）将电缆束打开，采用柔性有机堵料或防火密封胶填充电缆间的缝隙，并将电缆束整理整齐。

（3）用柔性有机堵料包绕电缆束外围。包绕厚度不小于 20 mm。

（4）测量待封堵孔洞尺寸；按实际形状切割耐火隔板；耐火隔板尺寸比盘、柜、箱孔尺寸大 50 mm，预留备用电缆通道。

（5）拼装、固定耐火隔板。上进线、下进线的耐火隔板采用柔性有机堵料或防火密封胶黏结固定在盘、柜、箱孔处；侧进线耐火隔板按现场实际，确定钻孔位置，钻孔后用螺栓将耐火隔板固定在盘、柜、箱的侧面盘孔位置，螺栓间距不大于 240 mm。

（6）电缆与耐火隔板间隙、耐火隔板拼缝以及备用电缆通道，填充柔性有机堵料密封。

上进线时，柔性有机堵料高出耐火隔板表面不小于 50 mm；侧进线时，采用防火密封胶密封；下进线时，柔性有机堵料高出耐火隔板表面不小于 20 mm。

（7）对封堵部位进行整形。整形后的形状宜规则，表面无缝隙，外观平整。

（8）在封堵部位外侧的电缆表面均匀涂刷电缆防火涂料。电缆防火涂料的厚度不小于 1 mm，长度不小于 1500 mm。

（9）将施工作业区的施工遗留物、垃圾、杂物清理干净。

脱硫区域其他部位的电缆防火封堵施工和维护均可参照以上工艺要求进行，不再赘述。

第四节　电缆防火封堵的维护管理

一、基础管理

（1）电缆防火封堵设施竣工投入使用后，应制定相应的维护管理制度，明确管理部门及管理责任，落实维护资金，制定防火封堵拆装审批程序及监督制度，以确保电缆防火封堵设施有正常的维护管理，电缆防火封堵设施能正常发挥作用。

（2）建立电缆防火封堵台账，对每一处电缆防火封堵进行分类、编号，标明详细位置［电缆防火封堵台账（示例）见表 12-1］，做好日常巡检和定期开展专项检查。在日常巡检的基础上，每月应组织一次电缆防火设施专项检查，并做好记录。

表 12-1　　电缆防火封堵台账（示例）

序号	编号	分类	位置	备注
1	TLFH-CQ-001	穿墙封堵	脱硫电控楼电缆夹层南墙	
2	TLFH-CL-011	穿楼板封堵	电子间东南角	
3	TLFH-QJ-023	桥架阻火隔断	脱硫工艺楼两台磨机之间	
4	TLFH-PG-061	盘柜封堵	脱硫 6 kV 配电室进线柜底部	
5	TLFH-PG-043	盘柜封堵	脱硫 400 V 配电室母联柜底部	
⋮	……	……	……	

（3）为了维护电缆防火封堵设施的正常管理，防止出现混乱情况，任何人未经主管部门同意，严禁拆除电缆防火封堵设施。拆开施工超过 24 h 的，应采取临时性封堵措施，以防止万一发生火灾事故。

（4）应保持充足的防火封堵材料库存，随时准备对损坏、失效的电缆防火封堵设施进行必要的维护。防火封堵材料的保管地点应有防雨、防潮、防晒等措施。

（5）在电缆隧（沟）道内及易燃、易爆区周围进行电缆防火封堵施工，需要动用明火或进行可能产生火花的作业时，应办理动火作业票，作业时应设专人监护。

（6）在带电区域（如盘柜处）进行防火封堵施工，应办理电气工作票，并应有专人进行监护。

（7）在密闭或受限空间（如石灰石卸料间底层、电缆竖井内）进行电缆防火封堵施工，应采取通风措施，并设专人监护。

（8）高空防火封堵作业搭设的脚手架应牢固可靠，并有防坠落、防落物措施。

（9）施工作业人员应配备手套、口罩、防护眼镜等必要的劳动保护用品。

（10）耐火隔板加工应减少粉尘、噪声对环境的影响。

（11）应选用环保型防火涂料，涂刷时必须加强通风，并对施工区域下方的地面及周边设备采取遮盖措施，防止污染。

二、日常维护

应将电缆防火封堵检查作为日常巡检内容，查看各防火部位封堵情况，并按照缺陷管理流程登录缺陷，组织消缺。

电缆防火封堵日常检查要点：

（1）阻火段及穿墙封堵：固定型钢锈蚀或开焊；耐火隔板变形、开裂或脱落；阻火段内空虚，没有实在的填充；编号褪色、不清晰；有机防火堵料流出；电缆防火设施被拆开后没有及时封堵；新敷设电缆在封堵两端没有涂刷防火涂料。

（2）盘柜孔洞：柜底防火堵料龟裂、收缩、裂缝、脱落等；柜顶耐火隔板固定不牢固，有机防火堵料受热流出；楼板下部孔洞耐火隔板脱落或膨胀螺栓松脱。

（3）电缆竖井：封堵位置不在电缆穿楼板处，没有每隔 7 m 再做封堵；电缆没有使用防火材料与钢制竖井外壁隔离，竖井外部火灾时，会导致电缆烧毁；耐火隔板下部没有支撑件，易脱落、坍塌；没有限制阻火包膨胀的措施；无机堵料龟裂、破碎。

（4）电缆管口：有机防火堵料脱落、空洞。

（5）电缆隧道及电缆沟：封堵不严密；底部排水通道堵塞。

在电缆防火封堵产品使用达到有效期满时或在使用过程中出现变形、龟裂、收缩、裂缝、脱落、变色、固定构件破坏等情况，不能满足使用要求时，应及时对电缆防火封堵材料进行更换，以防止万一发生火灾的情况下，电缆防火封堵部位能有效地发挥作用，防止火灾的蔓延。

日常维护工作遵循及时、可靠的原则，发现问题，立即处理，若有增加或者减少阻火段或防火封堵设施，应及时完善台账，便于管理。

第五节　电缆防火封堵常见问题及措施

电力生产自动化程度高，电缆布置密集，走向复杂，散热不良，因此电缆防火封堵施工是电力消防安全的关键控制环节。但在电缆防火封堵施工中，依然存在较多问题。

（1）电缆敷设杂乱，导致电缆防火施工困难，封堵不严［如图 12-10（a）所示］。电缆敷设应按工艺要求，排列整齐，特别是在电缆竖井处，必须提前做好策划，根据竖井安装位置设计开门方向和数量。根据电缆进出竖井的方向，安装合适的分层支架，按层敷设。废旧电缆及时抽出，以腾出空间，利于新增电缆规范敷设。

（2）电缆夹层阻火段施工错误（如图 12-10 所示）。

(a)

(b)

图 12-10 电缆夹层阻火段施工错误

图 12-10（a）中，阻火段没有设置在电缆桥架的关键分支部位，且阻火段下部没有封闭，不能完全阻止火势蔓延。

图 12-10（b）中，整个电缆夹层没有设置阻火段，不符合电缆防火封堵设计要求。

（3）电缆竖井防火封堵施工错误（如图 12-11 所示）。

(a)

(b)

图 12-11 电缆竖井阻火段施工错误

图 12-11（a）中，电缆防火封堵部位设置在竖井穿楼板处的上方，当下层建筑内或竖井中发生火灾时，极易蔓延到上层建筑内，不能阻断楼层间火灾蔓延。

图 12-11（b）是个较为典型的电缆竖井防火封堵施工错误：竖井电缆封堵设置在防静电地板上方，而不是在穿楼板处。且使用了易导热的彩钢板作为隔板，强度也不足以支撑安装在上面的防火材料。这种防火封堵，在竖井下部或下层建筑物内发生火灾时，严重危及防静电地板下的电缆安全，必须坚决整改。

图 12-12　阻火包施工错误

电缆竖井穿楼板处的防火封堵宜使用无机防火堵料，施工方便、封堵严密、强度高。

（4）阻火包施工错误（如图 12-12 所示）。

阻火包没有按要求交叉堆砌，结构松散，且没有使用耐火板及骨架密封，不能限制阻火包的膨胀，不能起到有效的阻火效果。

如图 12-11（a）所示中电缆竖井内的阻火包也没有限制膨胀的措施，属无效封堵。

（5）防火涂料施工错误（如图 12-13 所示）。

(a)

(b)

(c)

图 12-13　防火涂料施工错误

图 12-13（a）中，电缆竖井使用了无机防火堵料封堵，工艺平整、严密，但没有按规定涂刷防火涂料。

图 12-13（b）中，防火涂料涂刷不均匀，没有将电缆束分开涂刷或分层涂刷。

图 12-13（c）中，防火涂料涂刷厚度不足 1 mm。

图 12-13（b）中的红线为感温电缆，也被涂刷了防火涂料，将会导致降低感温效果，延迟感温时间，致使火灾报警系统反应迟钝，贻误最佳灭火时机。

图 12-11（a）中电缆竖井内新增的电缆也没有涂刷防火涂料。

电缆防火涂料涂刷厚度不足 1 mm、长度不足 1500 mm 是比较常见的施工质量问题。

（6）未按照规范要求预留备用电缆通道，致使新增电缆时需要沿整个电缆走向逐个拆除阻火段。

电缆预留通道的设置可以根据实际情况，灵活使用电缆管、阻燃槽盒等易于安装和封堵的材料，也可只预留空间，不做预埋。但应在电缆封堵两端明确标注预留通道位置及轮廓，便于有针对性地打开预留通道。

（7）较高的电缆竖井没有按规定每隔 7 m 重新设置阻火段。

（8）没有使用柔性防火堵料包绕在电缆周围，有机防火堵料铺设厚度不足 20 mm。

（9）穿墙阻火段填充不足，封堵不严（如图 12-14 所示）。

图 12-14 中为电缆桥架穿低压配电室墙壁的电缆阻火段，穿墙部位内部没有使用阻火包或其他防火材料密实地封堵，封堵不严，耐火隔板固定不牢固，没有使用柔性防火堵料或防火密封胶带包裹电缆，且部分电缆的防火涂料涂刷厚度不足，尚未盖住电缆底色。

图 12-14　穿墙阻火段填充不足，封堵不严

（10）上进线盘柜耐火隔板缝隙大，导致有机防火堵料受热后流淌、脱落。

（11）在竖井穿楼层处可能承受作业、巡视人员荷载的部位，没有安装足够强度的支撑结构即进行防火封堵施工，存在人员坠落的安全隐患。

附录一： 某脱硫公司电气专业的定期工作计划表

序号	设备名称	定期工作项目	周期	工作标准	备注
1	高低压电动机	轴承加脂	3 个月	高压电动机前后轴承均加注 7008 润滑脂 200 g；低压电动机前后轴承均加注 3 号锂基脂 100 g（有加油孔时）	油脂型号参见给油给脂标准
2	高低压电动机	风扇滤网清堵	3 个月	滤网孔洞 100% 无堵塞	杨絮、柳絮较多的季节，改为每周清理一次
3	增压风机	油站控制柜	1 个月	双电源切换实验	
4	高低压配电柜	综合保护装置	1 个月	综保报警信息核对、统计	
5	高压开关	“五防”试验	每年	盘柜前后标识齐全、正确；“五防”闭锁正确	在机组等级检修期间执行
6	低压电动机	实测电流	3 个月	与 DCS 及就地仪表显示电流相比，应在误差范围内。否则，应查明原因	
7	低压盘柜	清灰	6 个月	柜内外无积灰和无杂物，电气元件上无积灰，散热风扇转动灵活、滤网无积灰（含 PC、MCC、保安段、直流及 UPS 等）	
8	就地控制柜	清灰	3 个月	柜体内外无积灰和无杂物，电气元件上无积灰，散热风扇及滤网无积灰。变频器内外部清理干净，本体散热风扇转动灵活，无积灰	
9	检修电源箱	（1）剩余电流动作保护器试验。 （2）清灰	1 个月	（1）按下试验按钮，剩余电流动作保护器跳闸；复位后，合闸正常。粘贴试验合格证。 （2）柜内外无积灰和无杂物，电气元件上无积灰	每 6 个月，对全厂剩余电流动作保护器检测一次实际漏电保护电流
10	全厂接地系统	接地电阻检测	每年 10 月	打开脱硫区域与主厂的 4 个接地连接点，脱硫区域接地电阻应小于 4 Ω	
11	照明系统	正常照明与事故照明检查	1 个月	现场各区域、配电室、各生产场所照明灯具全亮	

续表

序号	设备名称	定期工作项目	周期	工作标准	备注
12	电缆	（1）测温。 （2）阻火段检查	偶数月份	（1）使用红外热像仪在测量电缆主通道、分支通道、电缆竖井等电缆温度无大的偏差且不超过 50 ℃（经验值）。 （2）防火封堵严密，防火材料无破损、变形	测温截面已标注，主要布置在电缆竖井进出口桥架及主要的电缆通道分支处
13	电气接线及端子	测温	2 个月	使用红外热像仪测量所有电缆接头及电气接线端子，温度无异常	
14	空调	清灰	3 个月	冷凝器无积灰、无堵塞、翅片无变形；室内机滤网清洁，安装牢固。室内机不漏水	
15	轴流风机	试转	3 个月	试转所有轴流风机应控制可靠、转动灵活、转向正确、无异音	
16	电动工器具	检查、检验	每年 3 月、9 月	按 GB/T 3787—2017《手持式电动工具的管理、使用、检查和维修安全技术规程》执行	
17	绝缘安全工器具	检验	按 GB 26860—2011《电力安全工作规程 – 发电厂和变电站电气部分》附录 E 规定的检验周期执行		
18	高低压电气设备	预防性试验	大修时或必要时	按 DL/T 596—2021《电力设备预防性试验规程》执行	一般随机组大修进行
19	综保装置	（1）定值核对。 （2）定期检验	（1）每年。 （2）大修时或必要时	（1）定值正确。 （2）按 DL/T 995—2016《继电保护和电网安全自动装置检验规程》执行	
20	快切装置	试验	每年	动作、闭锁正确，切换正常	
21	直流系统及 UPS	（1）蓄电池充放电试验。 （2）实测蓄电池电压。 （3）清灰	（1）每年。 （2）每 2 个月。 （3）每 3 个月	（1）按照 DL/T 724—2021《电力系统用蓄电池直流电源装置运行与维护技术规程》执行。 （2）实测电压正常，与蓄电池巡检仪显示电压对比无偏差，或偏差在规定的范围内。 （3）柜体及柜内模块、蓄电池表面无积灰	第 1 项在等级检修期间执行
22	UPS	电源切换试验	每年	主路、蓄电池、旁路电源、维修旁路切换正常	等级检修期间执行
23	保安 MCC	电源切换试验	每年	主备电源互切正常	等级检修期间执行

附录二： 某脱硫公司电气专业的备品配件储备范围

备品配件大类	细分类别	储备范围
常规备品配件	电动机	轴承；接线板（柱）；低压电动机接线盒、风叶、风罩、前后端盖；空间加热器；高压电动机出线套管；骨架油封等
	配电柜、就地盘箱柜	指示灯；按钮；转换开关；交流接触器及其辅助触头；塑壳断路器；热继电器；中间继电器；时间继电器；1-3p 微型断路器，电流变送器；各类熔断器；抽屉开关一次、二次插头及其把手、操作手柄等。柜内照明灯具；行程开关；储能电动机电刷；分闸、合闸线圈，剩余电流动作保护器；接近开关；柜门锁；起重机械控制手柄、断火限位器等
	直流及 UPS 装置	冷却风扇；直流断路器、直流接触器、直流熔断器、滤波电容器等
	其他	现场、办公灯具类（含镇流器、启辉器等）；电缆桥架、槽盒及其附件等
计划检修用备品配件		根据计划检修项目，列出所需备品配件；技改物资单独列出，不计入检修费用等
事故备品配件		石灰石浆液箱搅拌器电动机；吸收塔搅拌器电动机；地坑搅拌器电动机，磨机低压油泵电动机；6 kV TV 熔断器；400 V TV 熔断器，直流充电模块综保装置（或板子，电源板）；高压熔断器（TV、FC）；直流熔断器，综保装置等
消耗性材料		润滑脂；电缆热缩材料；电气清洗剂；电线、电缆；三爪插头；齿形管；金属软管及接头；尼龙扎带；铜鼻子（含针形、管形、开口形等）；绝缘漆、绝缘纸、黄蜡管、尼龙绑扎线；锡条、焊锡丝；墙壁开关、插座（明装、安装）；防火板、防火堵料、防火涂料；阻燃 PVC 线槽；电动工具电刷、开关；镀锌扁铁；膨胀塞及膨胀螺栓等

附录三： 脱硫等级检修电气专业工艺质量纪律

序号	必须	不准
1	电动机端盖、空冷器打开后，必须采取防雨措施并使用篷布遮盖保护定子线圈	不准损伤定子线圈
2	电动机抽转子时必须在轴颈上包裹橡胶板，保护轴颈不受损伤	不准使用钢丝绳直接套在轴上使用
3	抽出的电动机转子必须放在专用托架上或铺垫胶皮后采取防止滚动的措施	不得随意防止或不采取防止滚动的措施
4	电动机烘干作业时必须专人值守，配备足够的灭火器	不准无人值守、无消防设备
5	电气设备必须应有专用、明显的接地线，检修后应及时恢复	不准随意拆除和乱接
6	进入电动机内部必须穿着无金属饰品的服装	不准穿着带金属饰品服装进入电动机内部
7	电动机电缆拆除后必须使用软铜线可靠接地	不准使用硬线接地或者不接地
8	轴承加热必须使用轴承加热器或油浴加热	不准使用明火加热
9	轴承游隙测量必须对称取三个点的数据取平均数作为测量值	不准以单点测量值判断轴承游隙是否合格
10	记录绝缘电阻时必须读取 1 min 时的数据	不准随意取值作为绝缘电阻值
11	拆开的各种水管、油管必须立即使用塑料布或专用堵板封口	不准敞口或使用棉纱、布头、纸团封堵
12	防止油类渗漏的橡胶密封垫必须使用耐油橡胶材质	不准随便乱用
13	所有检修的电气设备除按工作票做好措施外，电气回路必须具有明显的断开点	不准只分开负荷开关作为断电工作的依据
14	加油桶、加油枪必须标明油、脂型号	不同品牌油、脂不准混用
15	检查盘柜母线螺栓紧固情况时必须使用力矩扳手	不准凭手感紧固
16	打开变频器前必须先对地放电，以防电容器静电伤人	不准不放电即打开变频器检修
17	电气试验结束必须对试件进行充分放电	不准在试件内遗留电荷
18	蓄电池组在放电过程中，只要有一只蓄电池的电压已低于极限值时，必须立即停止放电	不准过放电，损坏蓄电池
19	拆接蓄电池连片及接线时必须使用带绝缘手柄的工具	不准在拆接线时导致短路或接地
20	对有发热痕迹的电缆、电线、插件等，必须查明原因	不准原因不明投入运行

续表

序号	必须	不准
21	换下的备品配件必须及时清理入废品库	不准堆放在配电室内
22	二次接线必须排列整齐，编号准确，清晰、线头压接良好	不准交叉乱接，编号不清或无编号
23	拆除一次、二次接线之前必须做好标记和记录，以便回装	不准不做书面记录
24	压在一个端子上的接线必须是相同截面面积的导线	不准将不同截面面积的导线压在一个端子上
25	压在一个端子上的导线必须少于等于两根	不准将多根导线压在一个端子上
26	保护传动试验，必须用电流、电压法	不准拔继电器触点试验
27	二次电流回路拆动后必须测直流电阻	不准二次电流回路开路
28	二次回路上的工作必须以图纸为准	不准凭记忆工作
29	检修区域和运行区域必须设置硬质隔离	不准威胁运行设备安全
30	短路电流互感器二次绕组必须使用短路片或短路线	不准用导线缠绕
31	接触集成模板、插件前，必须佩戴防静电手环	不准未经释放静电或无释放静电措施就接触集成模板插件
32	二次线备用芯必须套上号头	不准出现备用芯不明确的情况
33	配电柜、控制柜柜门必须及时关闭、上锁。	不准敞开柜门
34	进出配电室必须随手关门。	配电室不准开门运行
35	更换电源的熔断器或控制回路熔断器，必须按规定的容量更换	不准任意改变熔断器的容量
36	定值调整必须按规定填报定值调整审批单	不准随意改变定值
37	定值核对及修改必须至少有两人进行，一人读数、另一人核对	不准单人作业
38	拔插卡件及设备之间的连接电缆插头时，相关设备必须先停电，对于方向性不明显的插头要做好方向标记	不准带电拔插卡件
39	拔插卡件时必须抓住卡边缘	不准接触卡上的元器件
40	卡件清扫卫生时，必须使用洁净的仪用空气，毛刷应经常对地放电，吹出的灰尘要用吸尘器吸净	不准用金属管子接在气源管前部
41	高压试验的试验电压必须符合规程要求	不准超过规定的数值
42	高压试验工作必须有两人及以上人员参加	不准少于两人
43	高压试验被试设备两端不在同一地点时，另一端必须派人看守	不准另一端无人看守

续表

序号	必须	不准
44	绝缘测量必须采用相应电压等级的绝缘电阻表	不准降低绝缘电阻表的电压等级
45	试验接线必须有接线人和复查人	不准接线复查是同一人
46	临时电源线必须从检修箱下部穿出	不准从柜门处拉出
47	临时电源线必须使用绝缘挂钩挂起，挂起高度必须符合要求	不准将临时电缆直接铺在地面上或缠绕在栏杆及脚手架上
48	检修新增的电缆必须涂刷防火涂料，电缆防火设施必须恢复完好	不准遗漏电缆防火措施、不恢复电缆防火封堵
49	电气检修作业必须办理工作票	不准无票作业
50	电气设备检修前必须验电	不准不验电即开展作业
51	高压验电必须戴绝缘手套	不准无防护措施使用高压验电器
52	接地线必须使用专用的线夹固定在导体上	不准用缠绕的方法进行接地或短路
53	安装接地线必须先装接地侧，后装电源侧；拆除接地线与此相反	不准违反接地线拆装顺序
54	装设接地线工作必须在验明确无电压后立即进行	不准拖延装设接地线时间
55	H 点必须经过现场验收方可进行下一道工序	不准跨过质检点开展后续工序
56	检修工作间断，隔日复工时必须重新检查安全措施	不准盲目复工
57	检修工作结束时，必须实现工完料净场地清、标牌齐全、标识清晰、设备见本色	不准不开展文明生产治理即终结工作票

参　考　文　献

［1］ 安勇 . 电气设备故障诊断与维修手册 . 北京：化学工业出版社，2014.

［2］ 王建 . 实用电工手册 . 北京：中国电力出版社，2014.

［3］ 张校铭 . 高低压电工超实用技能全书 . 北京：化学工业出版社，2016.

［4］ 高春如 . 大型发电机组继电保护整定计算与运行技术 .2 版 . 北京：中国电力出版社，2010.

［5］ 高春如 . 发电厂厂用电及工业用电系统继电保护整定计算 . 北京：中国电力出版社，2012.

［6］ 王维俭 . 电气主设备继电保护原理与应用 .2 版 . 北京：中国电力出版社，2002.

［7］ 王维俭 . 大型机组继电保护理论基础 .2 版 . 北京：中国电力出版社，1989.

［8］ 苏海霞 . 变电站微机保护入门原理及程序逻辑 . 北京：中国电力出版社，2014.

［9］ 杨尊轩、郭涛、邢德绪 . 低压配电设备常见故障与处理分析 . 中国新技术新产品，2016（23）：85-86.

［10］ 曾成山 . 试论直流电源系统设备的运行维护管理 . 机电信息，2012（21）：67-68.

［11］ 戴玮玮 . 免维护蓄电池及充电设备的运行与维护探讨 . 冶金动力，2013（1）：1-4.

［12］ 罗应文 . 浅谈装设接地线安全技术措施 . 科技资讯，2013（28）：80，83.

［13］ 武丽君、姚明、孟德峰 . 浅谈电气设备接地 . 中国科技博览，2014（18）：278.

［14］ 张松波 . 浅析电气设备预防性试验 . 科技创新与应用，2013（19）：151.

［15］ 张云建 . 电气设备预防性试验的探析 . 北京电力高等专科学校学报：自然科学版，2012（9）：63.

［16］ 郝斌 . 发电厂电气设备预防性试验中常见问题分析 . 黑龙江科技信息，2013（15）：22.